普通高等教育"十二五"规划教材

Access 数据库技术及应用

余建坤　李春宏　沈俊媛　主编

科学出版社

北　京

内 容 简 介

本书以 Microsoft Access 2010 数据库系统为教学数据库，结合非计算机专业学生和财经院校的特点，融入计算思维理念，以应用为目的、案例为引导、任务为驱动，突出应用性和实用性。本书主要内容包括数据库的基础、数据库和表、查询设计和 SQL、窗体设计、报表设计、宏设计、VBA 应用、数据库安全及管理等。

本书可作为普通高等学校非计算机专业学生学习数据库理论和应用的教材用书，也可作为 Access 数据库应用技术培训及全国计算机等级考试(二级 Access)的参考用书。

图书在版编目(CIP)数据

Access 数据库技术及应用：含实践教程 / 余建坤等主编 . —北京：科学出版社，2015

普通高等教育"十二五"规划教材

ISBN 978-7-03-043300-8

Ⅰ．①A⋯　Ⅱ．①余⋯　Ⅲ．①关系数据库系统－高等学校－教材　Ⅳ．①TP311.138

中国版本图书馆 CIP 数据核字(2015)第 026396 号

责任编辑：李淑丽 / 责任校对：胡小洁
责任印制：徐晓晨 / 封面设计：华路天然工作室

科 学 出 版 社 出版
北京东黄城根北街 16 号
邮政编码：100717
http://www.sciencep.com

北京虎彩文化传播有限公司 印刷
科学出版社发行　各地新华书店经销

*

2015 年 2 月第　一　版　　开本：787×1092　1/16
2021 年 1 月第八次印刷　　印张：14 1/4
字数：337 000

定价：49.00 元(全套)

(如有印装质量问题，我社负责调换)

前　言

随着信息技术和社会信息化的发展，以数据库系统为核心的办公自动化系统、管理信息系统、决策支持系统等得到了广泛应用，数据库技术已成为计算机应用的一个重要方面。数据库原理及应用已是高等学校非计算机专业，尤其是经管类专业的一门重要公共课程。随着计算机科学技术的快速发展，高校学生计算机知识起点的不断提高，大学计算机基础课程教学改革的不断深入，以及教育部高等学校计算机教学指导委员会提出了以计算思维培养为导向的大学计算机课程改革，基于这样的背景，我们结合普通高等学校非计算机专业学生的特点，以应用为目的、案例为引导、任务为驱动编写了本书。本书将计算思维能力的培养融于案例与实验教学中，全面讲述了关系数据库系统的特点及应用开发技术，旨在提高学生的数据库操作能力和应用能力。

本书以 Access 2010 为应用环境，介绍数据库原理及应用的基本理论和基本方法。全书共 9 章，各章内容如下。

第 1 章介绍数据库技术的发展、数据库的基本概念、关系数据模型、数据库体系结构、数据库设计基础等内容。

第 2 章对数据库设计理论与方法、Access 功能与界面、数据库构成等内容进行介绍，使读者对管理信息系统开发及 Access 有大体的了解。

第 3 章～第 7 章对创建 Access 数据库、表、查询、窗体、报表、宏和 VBA 菜单等内容进行重点介绍，这些内容也是 Access 的基本功能。

第 8 章介绍数据库安全与管理等方面的内容。

第 9 章以罗斯文系统为例，重点介绍 VBA 数据库编程方面的知识。

为了便于实验教学和学生学习，同时编写了与本书配套的实验指导书。

本书由李春宏、余建坤和沈俊媛主编，其中第 1 章由余建坤编写，第 2 章由陈振兴编写，第 3 章由沈俊媛编写，第 4 章由陶冶编写，第 5 章由周荣华编写，第 6 章由尹传娟编写，第 7 章由谭瑛编写，第 8 章由李春宏编写，第 9 章由冯涛编写。全书由李春宏、余建坤和沈俊媛统稿和定稿。

本书的编写得到了云南财经大学信息学院张新明教授的大力支持和其他老师的热心帮助，在此表示衷心的感谢！

由于时间紧迫，编者水平有限，书中难免有不足之处，恳请广大读者批评指正。

编　者

2014 年 10 月

目　　录

第1章 概　　论

　　数据库技术是计算机应用领域最重要且应用极为广泛的技术之一，是软件学科的一个独立分支。本章介绍数据管理的发展过程及数据库技术所涉及的基本概念，包括数据库、数据模型、数据库系统的体系结构、关系数据库的基本理论等，最后给出建立关系数据库的方法及实例，使读者通过本章的学习对数据库技术有全面的了解。

　　数据库技术是信息社会中信息资源管理与利用的基础，是计算机软件学科的一个重要分支，是研究如何存储、使用和管理数据的一门学科。随着计算机应用的发展，数据库应用领域已从数据处理、信息管理、事务处理扩大到计算机辅助设计、人工智能、办公信息系统和网络应用等新的应用领域。

　　经过40多年的发展，数据库技术已形成完整的理论体系和一大批实用系统。关系运算理论和模式设计理论不断完善，数据库管理系统软件日益丰富，为数据库的应用与开发奠定了基础。

1.1　数据管理的发展

　　数据管理是对数据的组织、分类、编码、存储、检索和维护。与任何其他技术的发展一样，计算机数据管理也经历了由低级到高级的发展过程。计算机数据管理随着计算机硬件(主要是外存储器)、软件技术和计算机应用范围的发展而不断发展，多年来大致经历了五个阶段：人工管理阶段、文件系统阶段、数据库系统阶段、分布式数据库系统阶段、数据仓库与数据挖掘阶段。

1.1.1　人工管理阶段

　　20世纪50年代中期以前，计算机主要用于科学计算。当时在硬件方面，外存储器只有卡片、纸带、磁带，没有像磁盘这样可以随机访问、直接存取的外部存储设备；软件方面，没有专门管理数据的软件，数据由计算或处理它的程序自行携带，数据处理方式基本是批处理，这种方式使得程序依赖于数据，如果数据的类型、格式或者数据量、存取方法、输入/输出方式等改变了，那么程序必须作相应的修改，数据与程序不具有独立性；由于数据是面向应用程序的，程序运行结束后就退出计算机系统，在一个程序中定义的数据占用的空间随程序空间一起被释放，一个程序中的数据无法被其他程序利用，因此程序与程序之间存在大量的重复数据。另外，由于系统中没有对数据进行管理的软件，对数据管理的任务，包括存储结构、存取方法、输入/输出方式等完全由程序设计人员自负其责，这就给应用程序设计人员增加了很大的负担。

1.1.2 文件系统阶段

20世纪50年代后期到60年代中后期，计算机开始广泛用于管理中的数据处理工作，大量的数据存储、检索和维护成为紧迫需求。在硬件方面，可直接存取的磁鼓、磁盘成为联机的主要外存；在软件方面，出现了高级语言和操作系统，操作系统中的文件系统(有的也称为信息处理模块)是专门管理外存的数据管理软件，数据处理方式有批处理，也有联机实时处理。

在这一阶段，程序与数据有了一定的独立性，程序和数据分开存储，有了程序文件和数据文件的区别。数据文件可以长期保存在外存储器上多次存取，如进行查询、修改、插入、删除等操作。数据的存取以记录为基本单位，并出现了多种文件组织形式，如顺序文件、索引文件、随机文件等。

在文件系统的支持下，数据的逻辑结构与物理结构可以有一定的差别，逻辑结构与物理结构之间的转换由文件系统的存取方法来实现。数据与程序之间具有设备独立性，程序只需通过文件名访问数据，不必关心数据的物理位置。这样，程序员可以将精力集中在数据处理的算法上，而不必考虑数据存储的具体细节(图1-1)。

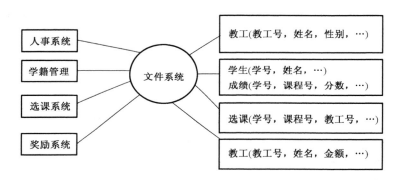

图 1-1　文件管理中数据与程序的关系

文件系统阶段对数据的管理虽然有了长足的进步，但一些根本性问题仍然没有得到彻底解决，主要表现在以下三方面。

(1)数据冗余度大。数据冗余是指不必要的重复存储，同一数据项重复出现在多个文件中。在文件系统中，数据文件基本与各自应用程序相对应，数据不能以记录和数据项为单位共享。即使有部分数据相同，只要逻辑结构不同，用户就必须各自建立文件，这不仅浪费存储空间，增加更新开销，更严重的是，由于不能统一修改，容易造成数据不一致。

(2)数据无法集中管理。除了对记录的存取由文件系统承担以外，文件没有统一的管理机制，其安全性与完整性无法保障。数据的维护任务仍然由应用程序来承担。

(3)文件是无弹性、无结构的数据集合。所谓无弹性，是指由于记录的内部结构是由应用程序自己定义，而不是由系统来统一管理的，所以对现有数据文件的应用不易扩充、不易移植，也难以增删数据项来适应新的应用要求；无结构是指各个数据文件之间是独立的，缺乏联系，不能反映现实世界事物之间的联系。

这些问题阻碍了数据处理技术的发展，满足不了日益增长的信息处理的需求，这正是数据库技术产生的源动力，也是数据库系统产生的背景，应用需求和计算机技术的发展促使人们开始研究一种新的数据管理技术——数据库技术。

1.1.3　数据库系统阶段

从 20 世纪 60 年代后期开始，计算机应用于管理的规模更加庞大，需要计算机管理的数据量急剧增长，并且对数据共享的需求日益增强，大容量磁盘（数百兆字节以上）系统的采用，使计算机联机存取大量数据成为可能；软件价格上升，硬件价格相对下降，使独立开发系统维护软件的成本增加，文件系统的数据管理方法已无法适应开发应用系统的需要。为解决数据独立性问题，实现数据的统一管理，达到数据共享的目的，发展了数据库技术。

数据库（database）是通用化的相关数据集合，它不仅包括数据本身，而且包括相关数据之间的联系。数据库中的数据是面向多种应用的，可以被多个用户、多个应用程序共享。例如，某学校的数据库存储了教工信息、学生信息、课程信息等，这些数据可以被人事系统、学籍管理系统等多个应用程序共享。其数据结构独立于使用数据的程序，对于数据的添加、删除、修改和检索由数据库管理系统统一控制，而且数据模型也有利于将来应用的扩展。

为了让多种应用程序并发地使用数据库中具有最小冗余度的共享数据，必须使数据与程序具有较高的独立性。这就需要一个软件系统对数据实行专门管理，提供安全性和完整性等统一控制机制，方便用户以交互命令或程序方式对数据库进行操作。

为数据库的建立、使用和维护而配置的软件称为数据库管理系统（database management system，DBMS），它是在操作系统支持下运行的。目前较流行的数据库管理系统包括 Oracle、Informix、Sybase、DB2 等大型数据库管理系统和在微机上应用较广泛的数据库管理系统 Access 2010、Visual FoxPro 6.0、SQL Server 2008 等。

现在，数据库已成为各类信息系统的核心。在数据库管理系统的支持下，数据与程序的关系如图 1-2 所示。

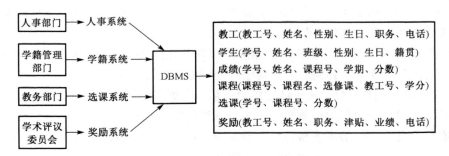

图 1-2　数据库管理中数据与程序的关系

数据库系统的主要特点如下。

（1）实现数据共享，减少数据冗余。在数据库管理系统中，对数据的定义和描述已经从应用程序中分离开来，通过数据库管理系统来统一管理。数据的最小访问单位是数据项，既可以按数据项的名称存取数据库中某一个或某一组数据项，也可以存取一条记录或一组记录。

建立数据库时，应当以面向全局的观点组织库中的数据，而不能像文件系统那样仅考虑某一部门的局部应用，这样才能发挥数据共享的优势。

（2）采用特定的数据模型。整个组织的数据不是一盘散沙，必须表示出数据之间所存在的有机关联，才能反映现实世界事物之间的联系。也就是说，数据库中的数据是有结构的，这种结构由数据模型表示，如关系数据模型。

(3)具有较高的数据独立性。在数据库管理系统中，DBMS 提供映像功能，确保应用程序对数据结构和存取方法有较高的独立性。数据的物理存储结构与用户看到的逻辑结构可以有很大差别，用户只以简单的逻辑结构来操作数据，而不需要考虑数据在存储器上的物理位置与结构。

(4)有统一的数据控制功能。数据库作为多个用户和应用程序的共享资源，对数据的存取往往是并发使用，即多个用户同时使用同一个数据库。数据库管理系统必须提供并发控制功能、数据的安全性控制功能和数据的完整性控制功能。

1.1.4　分布式数据库系统阶段

在 20 世纪 70 年代后期之前，数据库系统多数是集中式的，分布式数据库系统是数据库技术和网络技术相结合的产物，在 20 世纪 80 年代中期已有商品化产品问世。分布式数据库是一个逻辑上统一、地域上分布的数据集合，是计算机网络环境中各个节点局部数据库的逻辑集合，同时受分布式数据库管理系统的控制和管理，如图 1-3 所示。

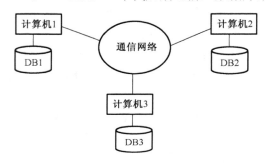

图 1-3　分布式数据库系统

分布式数据库在逻辑上像一个集中式数据库系统，实际上数据存储在处于计算机网络的不同地点的各个节点上。每个节点都有自己的局部数据库管理系统，它有很高的独立性。用户可以由分布式数据库管理系统(网络数据库管理系统)，通过网络通信相互传输数据。分布式数据库管理系统具有高度透明性，每台计算机上的用户并不需要了解他所访问的数据究竟在什么地方，就像在使用集中式数据库一样。分布式数据库管理系统的主要优点如下。

(1)局部自主。网络上每个节点的数据库系统都具有独立处理本地大量事务的能力，而且各局部节点之间也能够互相访问、有效地配合处理更复杂的事务。

(2)可靠性和可用性。分布式系统比集中式系统有更高的可靠性，在个别节点或个别通信链路发生故障的情况下可以继续工作。一个局部系统发生故障不至于导致整个系统停顿或破坏，只要有一个节点上的数据备份可用，数据就是可用的。可见，支持一定程度的数据冗余是充分发挥分布式数据库系统优点的先决条件之一。

(3)效率和灵活性。分布式系统分散了工作负荷，缓解了单机容量的压力。数据可以存储在临近的常用节点，如果本节点的数据子集包含要查询的全部内容，显然比集中式数据库在全集上查找节省时间。

1.1.5　数据仓库与数据挖掘阶段

随着数据库应用技术的日趋成熟，大量管理信息系统在企事业单位得到了广泛应用，人们积累了大量的数据资料，但数据库中隐藏的丰富的知识远远没有得到充分的发掘和利用。Internet 的日益普及，使每个网络用户都可以借助先进的通信手段，获取信息或发布信息，促进了信息的倍增，信息量呈几何放大式增长，在这样大量的信息环境中，如何提取有用信息，抛却冗余信息，已成为信息管理者日益关注的问题。在知识是全世界主要财富的今天，仅依靠数据库管理系统的查询检索机制和统计学方法已经远远不能满足需求，迫切需要一种自动和智能地将待处理的数据转化为有用信息和知识的技术，数据仓库与数据挖掘就是为迎合这种要求而被提出并迅速发展的。

数据挖掘是从大量数据中挖掘隐含的、未知的、对决策有潜在价值的知识和规则，这些规则蕴涵了数据库中一组对象之间的特定关系，为经营决策、市场策划、政策法规制定等提供依据。数据仓库技术是面向主题的、集成的、稳定的、不同时间的数据集合，用以支持经营管理中的决策制定过程，为支持海量存储和决策分析提供了一种很好的解决方案。

从 20 世纪 80 年代后期到现在，数据仓库和 OLAP 技术、数据挖掘和知识发现已成为数据库技术的重要研究对象，引起了学术界和工业界的广泛关注，在数据库产品 Oracle、SQL Server 2005 等大型数据库中已有体现，IBM Almaden 和 GTE 及众多的学术单位都在这个领域开展了各种各样的研究计划，研究的主要目标是发展有关方法论、理论和工具，以支持从大量数据中提取有用的知识和模式。

1.2　数据库系统

1.2.1　数据库与数据库管理系统

数据库是长期存储在计算机内、有组织的、可共享的大量数据集合。数据库具有下列特征。

(1) 数据按一定的数据模型组织、描述和存储。

(2) 可为各种用户共享。

(3) 冗余度较小。

(4) 数据独立性较高。

(5) 易扩展。

数据库管理系统是位于用户与操作系统之间的一层数据管理软件。常见的数据库管理系统软件有桌面型的 VFP、Access，以及大型的 Oracle、SQL Server、MySQL 等，其主要功能如下。

(1) 数据库定义功能。

提供数据定义语言(data description language，DDL)或者操作命令，以便对各级数据模式进行精确的描述。为此，系统必须包含 DDL 的编译或解释程序。

(2) 数据库操纵功能。

为了对数据库中的数据进行追加、插入、修改、删除、检索等操作，DBMS 提供了语言或者命令，称为数据操纵语言(data manipulation language，DML)。不同的 DBMS 语言的语法格式也不相同，以其实现方法而言，可分为两种类型：一类 DML 不依赖于任何程序设计语言，可以独立交互式使用，称为自含型或自主型语言；另一类是宿主型 DML，嵌入宿主语言中使用，如嵌入 Fortran、COBOL、C 等程序设计语言中，在使用高级语言编写的应用程序中，需要调用数据库中的数据时，则要用宿主型 DML 语句来操纵数据。因此，DBMS 必须包含 DML 的编译或解释程序。

(3) 数据库运行控制功能。

数据库中的数据是提供给多个用户共享的，用户对数据的存取可能是并发的，即多个用户同时使用同一个数据库。DBMS 必须提供以下四方面的数据控制功能。

① 并发控制功能。对多用户并发操作加以控制、协调。例如，当某个用户正在修改某些数据项时，其他用户同时执行存取操作，就可能导致错误结果。如果两个用户同时修改同一数据，先存储的修改就会丢失，数据库管理系统对要修改的记录采取一定的措施，如加锁，暂时不让其他用户访问，待完成修改存盘之后再开锁。

② 数据的安全性控制。数据安全性控制是对数据库采用的一种保护措施，防止非授权用户存取造成数据泄密或破坏。例如，设置口令、确定用户访问密级和数据存取权限，系统审查通过后才执行允许的操作。

③ 数据的完整性控制。数据完整性是数据的准确性和一致性的测度。系统应采取一定的措施确保数据有效、与数据库的定义一致。例如，当输入或修改数据时，不符合建立数据库时的定义或范围等规定的数据系统不予接受。另外，当突然停电、出现硬件故障、软件失效或严重误操作时，系统应提供恢复数据库的功能，如定期转储、恢复备份等，使系统有能力将数据库恢复到损坏之前的某一个状态。

④ 数据字典。数据字典(data dictionary，DD)中存放着对实际数据库各级模式的定义，即对数据库结构的描述。这些数据是数据库系统中有关数据的数据，称为元数据(metadata)。DD 提供了对数据库数据描述的集中管理手段，对数据库的使用和操作都要通过查阅数据字典来进行。

上述几方面是一般的 DBMS 所具备的功能，通常在大、中型计算机上实现的 DBMS 功能比较齐全，而在小型机，尤其是在微机上实现的 DBMS 功能相应有不同程度的减弱。

1.2.2 数据库系统的组成

数据库系统(database system，DBS)是指在计算机系统中引入数据库后的系统构成。在不引起混淆的情况下常常把数据库系统简称数据库，它一般由五部分组成：硬件系统、数据库集合、数据库管理系统及相关软件、数据库管理员和用户。

1. 硬件系统

运行数据库系统的计算机需要有足够大的内存、足够大容量的磁盘等联机直接存取设备和较高的通道能力，以支持对外存的频繁访问，还需要足够数量的脱机存储介质，如软盘、磁盘来存放数据库备份。

2. 数据库集合

系统包括若干设计合理、满足应用需要的数据库。

3. 数据库管理系统及相关软件

数据库管理系统是为数据库的建立、使用和维护而配置的软件，它是数据库系统的核心组成部分，当然也离不开支持其运行的操作系统，例如，用数据库管理系统自含的语言开发应用系统，还需要使用其他程序设计语言及工具软件。

4. 数据库管理员

对于较大规模的数据库系统，必须有人全面负责建立、维护和管理数据库系统，承担此任务的人员称为数据库管理员（database administrator，DBA）。数据库管理员的职责包括：定义并存储数据库的内容，监督和控制数据库的使用，负责数据库的日常维护，必要时重新组织和改进数据库。DBA 的作用见图 1-4。

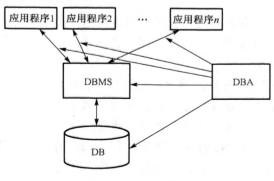

图 1-4 DBA 的作用

5. 用户

数据库系统的用户分为两类：一类是最终用户，主要对数据库进行联机查询或通过数据库应用系统提供的界面来使用数据库，这些界面包括菜单、表格、图形和报表；另一类是专业用户，即应用程序员，他们负责设计应用系统的程序模块，为最终用户开发适用的数据库应用系统。

数据库系统的层次结构如图 1-5 所示。

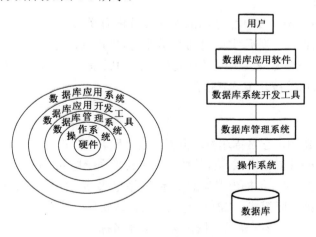

图 1-5 数据库系统的层次结构

1.3 数据与数据模型

1.3.1 数据和数据联系的描述

所谓数据，通常指用符号记录的可加以鉴别的信息。数据的概念包括两方面：①数据内容是事物特性的反映或描述；②数据是符号的集合。在现实世界里，事物及事物之间存在着联系，这种联系是客观存在的。例如，职工和部门，职工在部门中就职；教师、学生、课程，教师为学生授课，学生选修课程并取得成绩等。如果管理的对象多或者比较特殊，事物之间的联系就可能较为复杂。为了表达现实世界中的数据及其联系，经过选择、命名、分类等抽象过程构成概念模型，概念模型是现实世界到机器世界必然经过的中间层次。

1. 建立概念模型术语

(1) 实体(entity)。客观存在并可相互区别的事物称为实体。实体可以是实际事物，也可以是抽象事件。例如，一个学生、一个部门属于实际事物；一次订货、借阅若干本图书、一场演出是比较抽象的事件。

同一类实体的集合称为实体集。例如，全体职工的集合、全馆图书等。用命名的实体型表示抽象的实体集，实体型"职工"表示全体职工的概念，并不具体指职工甲或职工乙。以后在不致引起混淆的情况下，本书中的实体指实体型。

(2) 属性(attribute)。描述实体的特性称为属性。例如，学生实体用若干属性(学号，姓名，性别，出生日期，专业)来描述。属性的具体取值称为属性值，用以刻画一个具体实体。例如，属性(0986，吴大伟，男，10/26/1948，计算机科学与技术)在教工名册中就表征了一个具体人。又如，图书实体用属性(总编号，分类号，书名，作者，单价)来描述。属性值(098765，TP298，数据库导论，C. J. Date，12.50)具体代表一本书。

(3) 关键字(key)。如果某个属性或属性组合的值能够唯一地标识出实体集中的每一个实体，就可以作为关键字。用作标识的关键字也称为码。学生实体中的"学号"可作为关键字，由于可能有重名者，所以"姓名"不宜作为关键字。图书实体的"总编号"为关键字，"分类号"则不宜作为关键字。

(4) 联系(relationship)。实体集之间的对应关系称为联系，它反映现实世界事物之间的相互关联。联系分为两种，一种是实体内部各属性之间的联系。例如，相同专业的有很多人，但一个学生当前只有一个专业。另一种是实体之间的联系。例如，一位读者可以借阅若干本图书；同一本书可以相继被几个读者借阅。

2. E-R 模型

E-R 模型简称 E-R 图，它是描述概念世界，建立概念模型的实用工具。数据库设计工作比较复杂，将现实世界的数据组织成符合具体数据库管理系统所采取的数据模型，一般情况下不可能一次到位。Chen 于 1976 年提出形象的实体-联系方法。通过绘制 E-R 图可以描述组织模式，如一个企业的整体数据关联模式。E-R 图有三要素，即实体、属性和实体之间的联系。

(1) 实体(型)——用矩形框表示，框内标注实体名称。

(2) 属性——用椭圆形表示，并用连线与实体连接起来。如果属性较多，为使图形更加简明，有时也将实体与其相应的属性另外单独用列表表示。

(3) 实体之间的联系——用菱形框表示，框内标注联系名称，并用连线将菱形框分别与有关实体相连，并在连线上注明联系类型。

实体间的联系类型是指一个实体型所表示集合中的每一个实体与另一个实体型中多少个实体存在联系，实体间的联系虽然复杂，但都可以分解到少数实体间的联系，最基本的是两个实体间的联系。联系抽象化后可归结为三种类型。

(1)一对一(1：1)联系。设 A、B 为两个实体集。若 A 中的每个实体至多和 B 中的一个实体有联系，反过来，B 中的每个实体至多和 A 中的一个实体有联系，则称 A 对 B 或 B 对 A 是 $1：1$ 联系，如图 1-6 所示。例如，一个公司只有一个总经理，同时一个总经理不能在其他公司兼任。

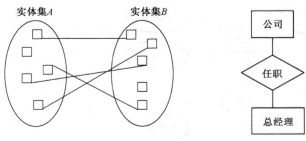

图 1-6 一对一联系

(2)一对多(1：n)联系。如果 A 中的每个实体可以和 B 中的几个实体有联系，而 B 中的每个实体至多和 A 中的一个实体有联系，那么 A 对 B 属于 $1：n$ 联系，这类联系较为普遍，例如，部门与职工是一对多联系。因为一个部门有多名职工，而一名职工只在一个部门就职(只占一个部门的编制)。又如，一个学生只能在一个系注册，而一个系有很多个学生，如图 1-7 所示。

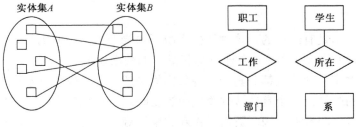

图 1-7 一对多联系

一对一的联系可以看作一对多联系的特殊情况，即 $n=1$ 时的特例。

(3)多对多($m：n$)联系。若 A 中的每个实体可与 B 中的多个实体有联系，反过来，B 中的每个实体也可以与 A 中的多个实体有联系，则称 A 对 B 或 B 对 A 是 $m：n$ 联系，例如，一个学生可以选修多门课程，一门课程由多名学生选修，学生和课程间存在多对多联系。图书与读者之间是 $m：n$ 联系：一位读者可以借阅若干本图书;同一本书可以相继被几个读者借阅。多对多联系如图 1-8 所示。

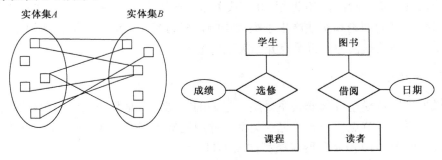

图 1-8 多对多联系

例如，在超市数据库中，涉及顾客(顾客号，顾客名，联系电话)、商品(商品编号，商品名称，商品分类，库存量)、销售人员(员工编号，员工姓名，所在部门)及部门(部门编号，部门名称)四个实体，其 E-R 图描述如图 1-9 所示。

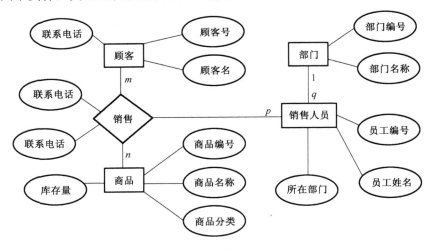

图 1-9　超市数据 E-R 图

1.3.2　数据模型

　　数据库中的数据是有结构的，这种结构反映了事物及事物之间的联系，概念模型中的实体及实体间的联系要进一步表示成便于计算机处理的数据模型。

　　任何一个数据库管理系统都是基于某种数据模型的，它不仅管理数据的值，而且要按照模型管理数据间的联系，一个具体数据模型应当反映全组织数据之间的整体逻辑关系。数据模型由三部分组成，即数据结构、数据操作和完整性规则。其中，数据结构是数据模型最基本的部分，它将确定数据库的逻辑结构，是对系统静态特性的描述；数据操作提供对数据库的操纵手段，主要有检索和更新两大类操作，数据操作是对系统动态特性的描述；完整性规则是对数据库有效状态的约束。

　　数据库管理系统所支持的数据模型分为四种：层次模型、网状模型、关系模型、面向对象模型。传统的说法有三种数据模型，即前三种。其中层次模型和网状模型统称非关系模型。

　　20 世纪 70 年代是数据库蓬勃发展的年代，层次系统和网状系统占据了整个商用市场，而关系系统仅处于实验阶段，20 世纪 80 年代关系系统逐步代替网状和层次系统占领了市场，关系模型对数据库的理论和实践产生了很大影响，成为当今最流行的数据库模型，下面首先简单地介绍非关系数据模型，再重点介绍关系模型。

　　1. 非关系模型

　　层次模型和网状模型统称非关系模型，它们的共同特点是与图论中的图相对应，以实体型作为节点，每一个节点代表一个记录类型，并用连接节点的连线(在图论中称为边)表示联系。层次模型如图 1-10 所示，网状模型如图 1-11 所示。

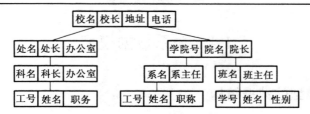

图 1-10 学校行政组织的层次结构

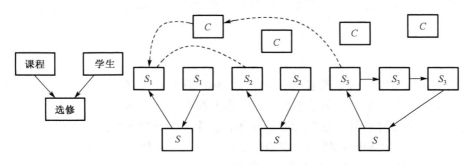

图 1-11 学生选课网状模型

从图 1-10 和图 1-11 中可以看出网状模型与层次模型的区别。

(1)网状模型允许多个节点没有双亲节点。

(2)网状模型允许节点有多个双亲节点。

(3)网状模型允许两个节点之间有多种联系(复合联系)。

(4)网状模型可以更直接地描述现实世界。

(5)层次模型实际上是网状模型的一个特例。

其实,网状模型和层次模型在本质上是一样的。从逻辑上看,它们都是基本层次联系的集合,用节点表示实体,用有向边(箭头)表示实体间的联系;从物理上看,它们每一个节点都是一条存储记录,用链接指针来实现记录之间的联系。当存储数据时这些链接指针就固定了,数据检索时必须考虑存取路径问题;数据更新时,涉及链接指针的调整,缺乏灵活性;系统扩充相当麻烦,网状模型中的指针更多,纵横交错,从而使数据结构更加复杂。

2. 面向对象模型

虽然在数据处理领域普遍使用关系模型数据库,但是随着计算机技术的飞速发展,新的应用领域不断出现,它们对数据处理技术的要求也比一般事务处理环境复杂得多。在很多领域,一个对象由多个属性来描述,而其中某些属性本身又是另一个对象,也有自身的内部结构,构成复杂对象。例如,计算机辅助设计(CAD)的图形数据;多媒体应用的图像、声音和文档等。应用领域的扩展对数据库技术提出了许多新的要求,面向对象的数据库是面向对象的概念与数据库技术相结合的产物。

由于面向对象模型中不仅包括描述对象状态的属性集,而且包括类的方法及类层次,具有更加丰富的表达能力,因此,面向对象的数据库比层次、网状、关系数据库使用更方便,但由于模型复杂,系统实现难度大,虽然已出现了一些面向对象的数据库系统,但未被广泛使用。

1.4　关系数据模型

1.4.1　关系数据模型的数据结构

计算机数据管理的发展中，出现过两次飞跃。第一次是数据库技术的出现，使数据管理技术步入了一个新的时代。第二次是关系数据模型的诞生，标志着数据库技术走向成熟。

1. 二维表

关系模型是用二维表的形式来表示实体和实体间联系的数据模型，从用户观点来看，关系的逻辑结构是一个二维表。关系模型的用户界面简单，有严格的设计理论，目前已成为几种数据模型中最重要的模型。自 20 世纪 80 年代以来，新推出的数据库管理系统几乎都支持关系模型，早期的层次和网状模型系统的产品也加上了关系接口，我国微机上运行的关系数据库管理系统应用很广泛，这对促进我国数据库的应用有极大的推动作用。本书介绍的 Access 就是一个微机关系数据库管理系统。

2. 关系术语

(1)关系：一个关系就是一张二维表，每个关系有一个关系名。

(2)元组：表中的行称为元组。一行为一个元组，对应存储文件中的一个记录值。

(3)属性：表中的列称为属性，每一列有一个属性名。这里的属性与前面讲的实体属性相同，属性值相当于记录中的数据项或者字段值。

(4)域：属性的取值范围，即不同元组对同一个属性的取值所限定的范围。例如，逻辑型属性只能从逻辑真或逻辑假两个值中取值。

(5)关键字(码)：属性或属性组合，其值能够唯一地标识一个元组。例如，订单关系中的订单号、库存关系中的货号，一个关系中可以有多个码，例如，在学生关系中，若姓名属性唯一，学号和姓名都可以作为码，可以选择其中的一个码为主码。

(6)关系模式：对关系的描述称为关系模式，其格式如下：

关系名(属性名 1，属性名 2，…，属性名 n)

在讨论问题时，简单起见，往往用字母表示关系，如 $R(A_1, A_2, \cdots, A_n)$。一般用大写字母 A、B、C、…表示属性；用大写字母…、U、V、W、X、Y、Z 表示几个属性构成的属性组；用小写字母表示属性值。

(7)元数：关系模式中属性的数目是关系的元数。

理解上述术语之后，又可以将关系定义为元组的集合。关系模式是命名的属性集合，元组是属性值的集合，一个具体的关系模型是若干关系模式的集合。

在关系模型中基本数据结构就是二维表，记录之间的联系是通过不同关系中的同名属性来体现的，由此可见，关系模型中的各个关系模式不应当孤立起来，它不是随意拼凑的一堆二维表，必须满足一定的要求。

3. 关系模型的特点

(1)关系必须规范化。所谓规范化是指关系模型中的每一个关系模式都必须满足一定的要求。规范化有许多层次，但对关系最基本的要求是每个属性值必须是不可分割的数据单元，即表中不能再包含表。

(2)模型概念单一。在关系模型中，无论实体本身还是实体间的联系均用关系表示。多对多联系在非关系模型中不能直接表示，但可以用两个一对多联系来表示多对多联系。

(3)集合操作。在关系模型中，操作的对象和结果都是元组的集合，即关系。

关系模型的上述特点也是它的优点。由于关系模型用户界面简单、操作方便，它虽然出现较晚，但发展迅速，已成为受到用户普遍欢迎的数据模型。

1.4.2 关系数据模型的运算

从集合论的观点来定义关系，关系是一个元数为 K 的元组集合。即这个关系有若干元组，每个元组有 K 个属性值。对关系数据库进行查询时，需要找到用户感兴趣的数据，这就需要对关系进行特定的运算操作。关系的基本运算有两类：一类是传统的集合运算(并、差、交等)，另一类是专门的关系运算(选择、投影、连接等)，有些查询需要几个基本运算进行组合。

1. 传统的集合运算

(1)并(union)。设有两个关系 R 和 S，它们具有相同的结构。R 和 S 的并是由属于 R 或属于 S 的元组组成的集合。

(2)差(difference)。设有两个关系 R 和 S，它们具有相同的结构。R 和 S 的差是由属于 R 但不属于 S 的元组组成的集合。

(3)交(intersection)。设有两个关系 R 和 S，它们具有相同的结构，R 和 S 的交是由既属于 R 又属于 S 的元组组成的集合。

2. 选择运算

从关系中找出满足给定条件的诸元组称为选择。其中的条件是以逻辑表达式给出的，该逻辑表达式的值为真的元组将被选取。这是从行的角度进行的运算，即水平方向抽取元组。经过选择运算得到的结果元组可以形成新的关系，其关系模式不变，但其中元组的数目小于等于原来的关系中元组的个数，它是原关系的一个子集。

3. 投影运算

从关系模式中挑选若干属性组成新的关系称为投影，这是从列的角度进行的运算，相当于对关系进行垂直分解。经过投影运算可以得到一个新关系，其关系模式所包含的属性个数往往比原关系少，或者属性的排列顺序不同，因此，投影运算提供了垂直调整关系的手段。

投影之后不仅减少了某些列，也可能减少了某些元组。因为取消了某些属性之后，其余属性可能有相同的值，造成元组重复，应当删除完全相同的元组。

4. 连接运算

选择和投影运算都属于单目运算，它们的操作对象只是一个关系，连接运算是二目运算，需要两个关系作为操作对象。

连接是将两个关系模式的属性名拼接成一个更宽的关系模式，生成的新关系中包含满足连接条件的元组。运算过程是通过连接条件来控制的，连接条件中将出现不同关系中的公共属性名，或者具有相同语义、可比的属性，连接是对关系的结合。

连接运算比较费时间，尤其是在包括许多元组的关系之间连接更是如此。设关系 R 和 S 分别有 m 和 n 个元组，则 R 与 S 的连接过程要访问 $m \cdot n$ 个元组。

1.4.3　关系数据模型的完整性规则

关系数据模型必须满足实体完整性和参照完整性，用户定义的完整性体现了应用领域需要遵循的约束条件，体现了具体领域的语义约束。

1. 实体完整性规则

规则 1.1　实体完整性(entity integrity)规则　若属性 A 是基本关系 R 的主属性，则属性 A 不能取空值。

关于实体完整性规则的说明如下。

(1)实体完整性规则是针对基本关系而言的。一个基本表通常对应现实世界的一个实体集。

(2)现实世界中的实体是可区分的，即它们具有某种唯一性标识。

(3)关系模型中以主码作为唯一性标识。

(4)主码中的属性即主属性不能取空值。

例如，在学生选课关系"选修(学号，课程号，成绩)"中，学号、课程号为主码，这两个属性都不能取空值。

主属性取空值，就说明存在某个不可标识的实体，即存在不可区分的实体，这与第(2)点相矛盾，因此这个规则称为实体完整性规则。

2. 参照完整性规则

关系模型中实体及实体间的联系都是用关系来描述的，因此可能存在关系与关系间的引用。例如，学生实体与专业实体，专业号将两个实体联系起来，专业号称为外码。

学生(学号，姓名，性别，专业号，年龄)

专业(专业号，专业名)

外码：设 F 是基本关系 R 的一个或一组属性，但不是关系 R 的码。如果 F 与基本关系 S 的主码 Ks 相对应，则称 F 是基本关系 R 的外码。基本关系 R 称为参照关系(referencing relation)，基本关系 S 称为被参照关系(referenced relation)或目标关系(target relation)。

规则 1.2　参照完整性规则　若属性(或属性组)F 是基本关系 R 的外码，它与基本关系 S 的主码 Ks 相对应(基本关系 R 和 S 不一定是不同的关系)，则对于 R 中每个元组在 F 上的值必须取空值(F 的每个属性值均为空值)或者等于 S 中某个元组的主码值。

例如，专业号是学生关系的外码，它与专业关系的专业号主码相对应，则学生关系中的专业号只能取空值，表明未分专业，或者取专业关系中的主码值。

3. 用户自定义完整性

针对某一具体关系数据库的约束条件，反映某一具体应用所涉及的数据必须满足的语义要求。关系模型应提供定义和检验这类完整性的机制，以便用统一的、系统的方法处理它们，而不要由应用程序承担这一功能。

1.5 数据库系统结构

从数据库管理系统的角度看，数据库系统通常采用三级模式结构，是数据库系统内部的系统结构；从数据库最终用户角度看（数据库系统外部的体系结构），数据库系统的结构分为单用户结构、主从式结构、分布式结构、客户机/服务器、浏览器/应用服务器/数据库服务器多层结构等。

1.5.1 数据库系统内部结构

1. 数据库系统的三级模式

模式：数据库的整体逻辑描述，所有用户的公共数据视图，不涉及物理存储，也与具体的应用无关，模式也称为逻辑模式。

一个数据库只有一个模式，它是数据库系统模式结构的中间层，与数据的物理存储细节和硬件环境无关，与具体的应用程序、开发工具及高级程序设计语言无关。

外模式：数据库用户（包括应用程序员和最终用户）使用的局部数据的逻辑结构和特征的描述，也称为子模式或用户模式。

外模式介于模式与应用之间，是数据库用户的数据视图，是与某一应用有关的数据的逻辑表示。模式与外模式的关系是一对多联系，外模式通常是模式的子集，一个数据库可以有多个外模式，反映了不同用户的应用需求、看待数据的方式、对数据保密的要求。同一外模式也可以为某一用户的多个应用系统所使用，但一个应用程序只能使用一个外模式。

内模式：是数据物理结构和存储方式的描述，也称为存储模式，它是数据在数据库内部的表示方式，如记录的存储方式（顺序存储，按照 B 树结构存储，按散列方法存储）、索引的组织方式、数据是否压缩存储等，一个数据库只有一个内模式。

数据库系统的三级模式结构如图 1-12 所示。

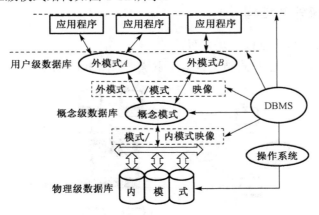

图 1-12 数据库系统的三级模式结构

2. 数据库的二级映像

DBMS 的映射功能使用户能抽象地处理数据，用户只需关心自己的局部逻辑结构，而不必关心在系统内的表示与存储。

1) 外模式/模式映像

当模式改变时，由数据库管理员对各个外模式/模式映像作相应的改变，可以使外模式保持不变，应用程序是依据数据的外模式编写的，从而应用程序不变，保证了逻辑独立性(由系统提供数据的总体逻辑结构和面向某个具体应用的局部逻辑结构之间的映像或转换功能，当数据总体逻辑结构改变时，通过映像保持局部逻辑结构不变，从而程序也不需要修改)，如图 1-13 所示。

2) 模式/内模式映像

系统提供数据的物理结构与逻辑结构映像或转换功能，当数据库的存储结构改变时，由数据库管理员对各个模式/内模式映像作相应的改变，可以使模式保持不变，保证了物理独立性(由系统提供数据的总体逻辑结构和存储结构之间的映像或转换功能，当数据存储结构改变时，通过映像逻辑结构不变，程序也不需要修改)，如图 1-14 所示。

图 1-13　外模式/模式映像　　　　　　　　图 1-14　模式/内模式映像

综上所述，模式是内模式的逻辑表示，内模式是模式的物理实现，外模式是模式的部分抽取。三个模式反映了对数据库的三种不同观点，模式表示概念级数据库，体现了对数据库的总体观；内模式表示物理级数据库，体现了对数据库的存储观；外模式表示用户级数据库，体现了对数据库的用户观，一般而言，外模式对应视图、部分基本表；模式对应基本表；内模式对应存储文件。在三级模式中，只有内模式才是真正存储数据的，而模式和外模式是一种逻辑表示数据的方法，但值得注意的是模式(全局逻辑结构)是数据库的中心，独立于其他层次，应首先确定，因为内模式依赖于模式，但独立于外模式，外模式依赖于模式，但独立于内模式。

1.5.2　数据库系统外部结构

数据库系统外部结构包括以下几方面。

(1) 分时系统环境下的主从式结构数据库系统，如图 1-15 所示。

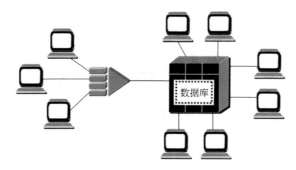

图 1-15　分时系统环境下的主从式结构数据库系统

(2) 微型计算机上的单用户数据库系统。

(3) 网络环境下的客户机/服务器数据库系统,如图 1-16 所示。

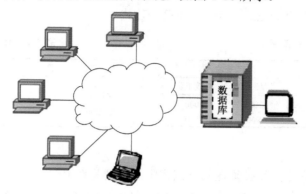

图 1-16 网络环境下的客户机/服务器系统

(4) 分布式数据库系统。

(5) 因特网上的数据库(浏览器/应用服务器/数据库服务器多层结构)。

1.6 建立关系数据库

1.6.1 关系规范化

在数据库中,数据之间存在着密切的联系。关系数据库由相互联系的一组关系组成,每个关系包括关系模式和关系值两方面。关系模式是对关系的抽象定义,给出关系的具体结构;关系值是关系的具体内容,反映了关系在某一时刻的状态。一个关系包含许多元组,每个元组都是符合关系模式结构的一个具体值,并且都分属于相应的属性。在关系数据库中的每个关系都需要进行规范化,使之达到一定的规范化程度,从而提高数据的结构化、共享性、一致性和可操作性。

关系模型原理的核心内容就是规范化概念,规范化是把数据库组织成在保持存储数据完整性的同时最小化冗余数据的结构的过程。规范化的数据库必须符合关系模型的范式规则。范式可以防止在使用数据库时出现不一致的数据,并防止数据丢失。关系模型的范式有第一范式、第二范式、第三范式和 BCNF 等多种。

在这些定义中,高级范式根据定义属于所有低级范式。BCNF 中的关系属于第三范式,第三范式中的关系属于第二范式,第二范式中的关系属于第一范式。

1. 第一范式

第一范式是第二范式和第三范式的基础,是最基本的范式。第一范式包括下列指导原则。

(1) 数据组的每个属性只可以包含一个值。

(2) 关系中的每个数组必须包含相同数量的值。

(3) 关系中的每个数组一定不能相同。

如果关系模式 R 中的所有属性值都是不可再分解的原子值,就称关系 R 是第一范式(first

normal form，1NF)的关系模式。在关系型数据库管理系统中，涉及的研究对象都是满足 1NF 的规范化关系，不是 1NF 的关系称为非规范化的关系。

例如，表 1-1 为非第一范式，表 1-2 为第一范式。

表 1-1　非第一范式

职工编号	职工姓名	工资收入	
		岗位工作	绩效工资
ZZ1200	张明	1000	2000
ZZ1300	李华	900	1500

表 1-2　第一范式

职工编号	职工姓名	岗位工作	绩效工资
ZZ1200	张明	1000	2000
ZZ1300	李华	900	1500

2. 第二范式

第二范式(2NF)规定关系必须在第一范式中，并且关系中的所有属性依赖于整个候选键，不存在部分依赖。候选键是一个或多个唯一标识每个数据组的属性集合。

例如，学生成绩(学号，课程号，成绩，系别，联系电话)，该关系显然满足第一范式，但不满足第二范式。因为该关系的主码为(学号，课程号)，而学号→系别，系别对主码存在部分依赖，即(学号，课程号)→系别。

3. 第三范式

第三范式(3NF)同 2NF 一样依赖于关系的候选键。为了遵循 3NF 的指导原则，关系必须在 2NF 中，非键属性相互之间必须无关，不存在传递依赖，必须依赖于键。

例如，学生(学号，姓名，性别，系别，联系电话，系办公楼)，该关系显然满足第二范式，但不满足第三范式。因为该关系中存在传递依赖，即

学号→系别，而系别不能决定学号，系别→系办公楼，学号→系办公楼。

4. BCNF

BCNF 是在第三范式的基础上，要求每个决定因素都包含码。

例如，课程(课程号，课程名，学分)，该关系显然满足第三范式，也满足 BCNF，因为该关系中只有一个主码，决定因素都包含码，即课程号。

实际上，一个关系模式如果属于 BCNF，那么在函数依赖的范畴内，已实现了彻底的分裂，消除了插入和删除异常。

1.6.2　建立关系数据库

建立一个关系数据库的主要工作有确定基本表、表的规范化、建立表的索引、建立视图、确立表之间的联系等。

建立关系数据库的一项主要工作就是将日常中以各种格式存放的数据转换成表，主要是确定一张表由哪些字段组成，即确定表头。这是一项手工工作，确定了表头以后，就可以在关系型 DBMS 支持下建立表的结构，然后输入数据，就可以将一个表建立起来，最后将多个相关的表组织到一个数据库中，就建立了一个数据库。

下面介绍建立关系数据库的步骤。

1)找出直接表

复杂表格是由多个直接表构造的。对于日常中的各种表格，设法找出它们中的二维表(直

接表)，直接表一般是对存在的人、物品和事物等的描述数据，例如，学生(学号，姓名，…)、科室(名称，科长，业务，人数，…)，然后确定每个表的键(候选键或主键)，键最好是单个字段，常常可以人为地设计一个编号，如学号、工号、部门号等。

2)确定直接表之间的联系

表之间有联系才能构造复杂表格，简单地说，将几张表中有一定联系的数据抽出来放到一张表格中就构成了复杂表格，表之间的联系常常可以用这样的语句表示：一个职工只在一个科室工作，而一个科室可以有多个职工(一个科室对多个职工)。要尽可能找出直接表之间的联系，将它们表示成如下形式。

科室对职工为一对多联系，一个科室可以有许多职工，而一个职工只在一个科室工作。

学生对课程为多对多联系，一个学生可以选修多门课程，而一门课程可被许多学生选修。

联系共有一对多、一对一和多对多三种，需要注意的是，每一个直接表都应参与至少一个联系，如果有某个表不和任何其他表发生联系，则表明该表对应一个独立的应用，就没有必要将它放在同一个数据库中，也就是说该表应单独建立一个数据库。

3)用表来放映联系

当找出了直接表之间的联系后，就可以将联系放映到表中。

对于一对多联系：将"一"方的表的键放入"多"方的表中，如果联系本身还有一些描述它的字段(如到该科室工作的时间)，则将它们一并放入。

对于多对多联系：构造一个新表，它的字段为两个相连的直接表的键。如果联系本身还有一些描述它的字段(如选修课程的成绩)，则将它们一并放入。而这两个相关的直接表和产生的新表之间的联系都是"一对多"型的，这就是说，加入一个新表的做法就是用两个"一对多"型的联系来表示"多对多"型这种复杂的联系。

4)构造表头

构造表头的工作分为两部分：首先给每个表及其字段命名；然后确定字段的数据类型。假如已经有了好几张表，那么首先要做的是给每张表命名。建议用直观、通用和易理解的词语来给表命名(如"学生"表用 STUDENT 来命名)，但必须做到所有表名互不相同，其次是给字段命名，同样也用直观、通用和易理解的词语来给字段命名，但必须做到相同的字段名在任何表中都表示相同的意思，另外，所给出的命名必须是 DBMS 所能接受的。

5)确定数据库

将相互之间有联系的表归入一个数据库中，如果有一个表不和任何其他表发生联系，则将它单独归入一个数据库中；如果有几组相互之间有联系的表，则将每一个组归入一个数据库，这样就产生了多个数据库。

一般来讲，如果要处理的问题规模比较小或比较单一，则所用到的表之间应该是有联系的，也就是说只要一个数据库即可，如果出现多个数据库的情况，则首先应该重新分析表之间的联系，看看是否有遗漏。

1.6.3 一个实例

罗斯文商贸系统是一个实现客户订货、供应商供货的食品销售系统，可以对经销商的订单及销售进行全面管理，方便各级管理人员及时掌握各种产品的销售数据，可以对企业的运作进行快速有效的管理和决策。

在对该系统需求分析的基础上，可以得到如图 1-17～图 1-21 所示的实体属性 E-R 图。

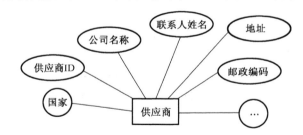

图 1-17　供应商属性 E-R 图

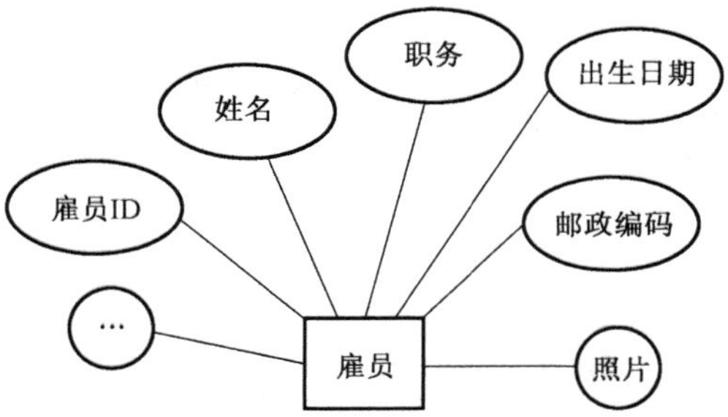

图 1-18　雇员属性 E-R 图 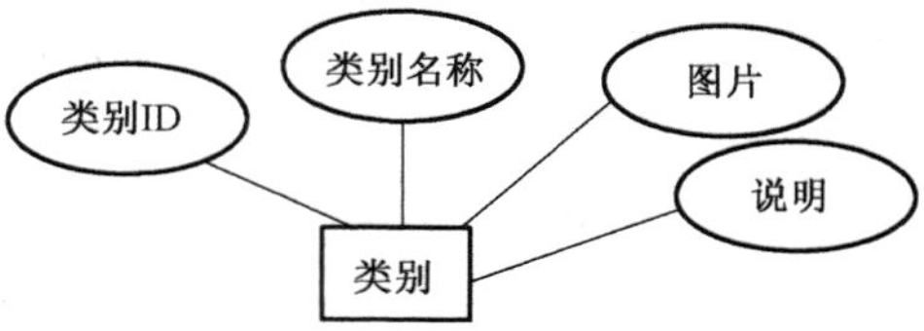　　　　　　　　　图 1-19　类别属性 E-R 图

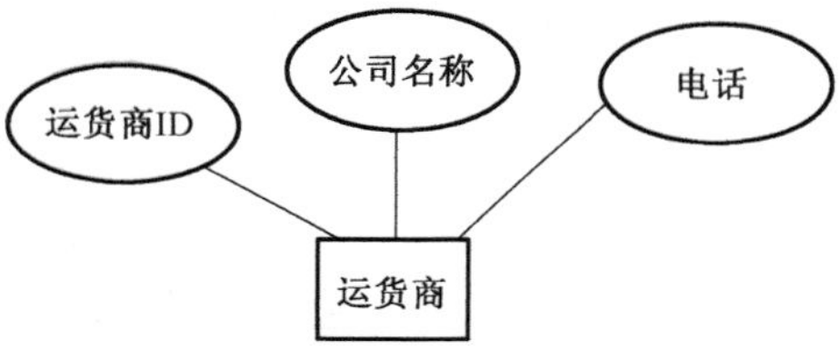

图 1-20　运货商属性 E-R 图 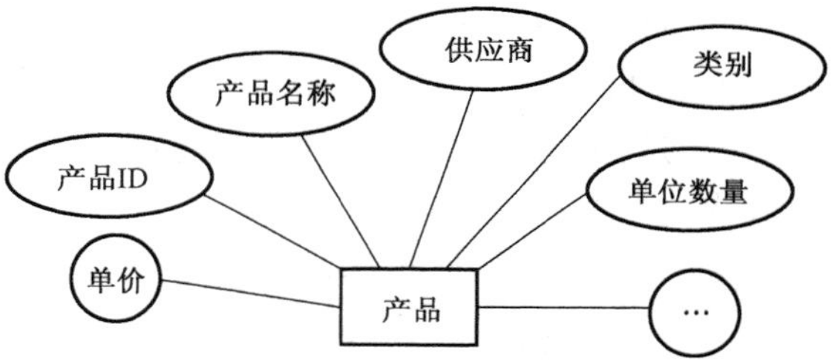　　　　　　　　图 1-21　产品属性 E-R 图

限于篇幅，其他几个实体属性的 E-R 图略。实体之间存在以下关系：供应商和产品之间是一对多的关系，类别和产品之间是一对多的关系，产品和订单明细之间是一对多的关系，订单和订单明细之间是一对多的关系，雇员和订单之间是一对多的关系，客户和订单之间是一对多的关系，供应商和订单之间是一对多的关系，系统 E-R 图如图 1-22 所示。

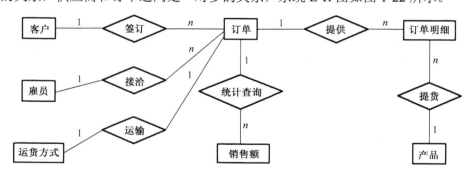

图 1-22　系统 E-R 图

根据 1.6.2 节建立数据库的步骤，建立下列二维表。

（1）供应商实体：供应商（供应商 ID，公司名称，联系人姓名，联系人职务，地址，城市，地区，邮政编码，国家，电话，传真，主页）。

（2）产品实体：产品（产品 ID，产品名称，供应商，类别，单位数量，单价，库存量，订购量，再订购量，中断）。

（3）类别实体：类别（类别 ID，类别名称，说明，图片）。

（4）订单明细实体：订单明细（订单 ID，产品 ID，单价，数量，折扣）。

（5）雇员实体：雇员（雇员 ID，姓名，职务，出生日期，雇佣日期，地址，城市，地区，邮政编码，国家，电话，照片，备注）。

（6）订单实体：订单（订单 ID，客户，雇员，订购日期，到货日期，发货日期，运货商，运货费，货主名称，货主地址，货主城市，货主地区，货主邮政编码，货主国家）。

（7）客户实体：客户（客户 ID，公司名称，联系人姓名，联系人头衔，地址，城市，地区，邮政编码，国家，电话，传真）。

（8）运货商实体：运货商（运货商 ID，公司名称，电话）。

本 章 小 结

本章介绍了计算机数据管理发展的五个阶段（人工管理阶段、文件系统阶段、数据库系统阶段、分布式数据库系统阶段和数据仓库与数据挖掘阶段）及特点，数据库系统的组成、四种数据模型（层次模型、网状模型、关系模型、面向对象模型，传统的说法有三种数据模型，即前三种，其中层次模型和网状模型可统称为非关系模型），并重点介绍了关系模型的有关术语、特点、运算及关系数据模型的完整性规则，DBMS 的主要功能，数据库系统结构（数据库系统内部结构及数据库系统外部结构），关系规范化及建立关系数据库的方法及步骤，最后以罗斯文商贸系统为例介绍了数据库二维表的建立过程。

习　　题

1. 简述计算机数据管理经历的几个发展阶段。

2. 文件系统与数据库系统有什么区别和联系？

3. 举例说明什么是数据的结构化。

4. 解释名词：数据、数据库、数据库管理系统、数据库系统、DDL、DML、数据字典。

5. 举例说明事物、实体和记录之间的区别和联系。

6. 举例说明两个实体之间联系的类型。

7. 什么叫做概念模型？概念模型有什么用途？如何表示概念模型？

8. 假定一台机器可以由若干工人操作，加工若干种零件，某个工人加工某种零件是在一台机器上完成这道工序，而一个零件需要多道工序才能完成。用 E-R 图表示机器、零件和工人这 3 个实体之间的多对多联系。

9. 假定允许每个仓库存放多个零件，每种零件也可在多个仓库中存放，而每个仓库中保存的零件都有库存数量。仓库的属性有仓库号、面积、电话号码。零件的属性有零件号、名称、规格、单价。根据上述说明画出 E-R 图。

10. 假定每个读者最多可借阅 5 本书，同一本书允许多人相继借阅，一个读者每借一本书都要登记借书日期。借书人的属性有借书证号、姓名、单位。图书的属性有馆内编号、书号、书名、作者、位置。根据上述说明画出 E-R 图。

11. 数据库系统主要由哪几部分组成？各有什么作用？

12. 什么是数据库系统的三级模式结构？

13. 什么是数据与程序的物理独立性和逻辑独立性？在三级模式结构中如何保证数据与程序的逻辑独立性和物理独立性？

14. 简述客户机/服务器数据库系统的特点。

15. 不同种类的用户使用数据库的方式有什么不同？

16. 举例说明桌面型 DBMS 和客户机/服务器型 DBMS 各有什么特点。

第 2 章　数据库设计与 Access 功能浏览

数据库设计是建立数据库及其应用系统的技术，是信息系统开发和建设中的核心技术。Microsoft Access 作为一种关系桌面数据库管理系统，是中小型数据库应用系统的理想开发环境。本章介绍数据库设计的一般理论、方法和技术，并对 Microsoft Access 产品的功能进行简要概述，最后结合数据库设计的内容给出贯穿全书的实例——罗斯文商贸数据库。

2.1　数据库设计理论与方法

2.1.1　数据库系统设计概述

人类在总结信息资源开发、管理和服务的各种手段中，认为最有效的是数据库技术。数据库的应用已越来越广泛，从小型的单项事务处理系统到大型复杂的信息系统大都采用先进的数据库技术来保持系统的整体性、完整性和共享性。目前，一个国家的数据库建设规模、数据库信息量的大小和数据库信息使用的广度和深度已成为衡量这个国家信息化程度的重要标志之一。

数据库设计是建立数据库及其应用系统的技术，是信息系统开发和建设中的核心技术，具体来说，数据库设计是指对于一个给定的应用环境，通过合理的逻辑设计和有效的物理设计构造最优的数据库模式，建立数据库及其应用系统，使之能有效地存储数据，满足各种用户的应用需求（信息要求和处理要求）。

数据库设计是研制数据库及其应用系统的技术，是数据库在应用领域主要的研究课题。在数据库领域，常常把数据库的各类系统统称为数据库应用系统。

在数据库系统中，数据库管理系统可以从市场上销售的软件产品中购买，如 SQL Server、Oracle 等 DBMS 产品，而数据库和相关应用程序则必须根据用户的具体要求进行分析和设计。

2.1.2　数据库设计的特点

数据库设计既是一项涉及多学科的综合性技术，又是一项庞大的工程项目。有人说"三分技术，七分管理，十二分基础数据"是数据库建设的基本规律，这是有一定道理的。数据库建设是硬件、软件、技术和管理的结合，这是数据库设计的特点之一。

数据库设计应该和应用系统设计相结合，也就是说，整个设计过程中要把结构（数据）设计和行为（处理）设计密切结合起来，这是数据库设计的特点之二。

早期的数据库设计致力于数据模型和建模方法研究，注重结构特性的设计而忽视对行为的设计，例如，结构化设计和逐步求精的方法比较注重在给定的应用环境下，采用什么原则、方法来建造数据库的结构，而没有考虑应用环境要求与数据库的关系，导致结构设计与行为设计相分离。现代软件工程以面向对象分析和设计为主，将数据和处理封装成一个整体（对象）来设计，形成各种数据实体与业务处理过程，较好地组织和管理这些数据与业务对象。

2.1.3　数据库设计方法

由于信息结构复杂，应用环境多样，在相当长的一段时间内数据库设计缺乏工程化方法的指导，手工设计质量难于保证，增加了系统运行、维护代价。十几年来，人们努力探索，提出了各种数据库设计方法，这些方法运用软件工程的思想和方法，提出了各种规范化设计方法。

数据库设计可以使用 ERA（entity relationship attribute）方法。ERA 方法的基本思想是：在一个组织的有关数据成为数据库管理系统可以接受的模式之前，先设计一个与数据存储结构、存取方式无关的概念数据模型，然后将其转换为数据库管理系统上的数据模式。ERA 方法包括三个组成部分，即表示现实客观事物的实体（entity）、实体之间的联系（relationship）、实体或者联系之间的属性（attribute）。规范化设计方法是在数据库设计的不同阶段支持实施的具体技术和方法，其基本思想是过程迭代和逐步求精。

多年以来，数据库工作者和数据库厂商一直在研究和开发数据库设计工具。经过多年的努力，数据库设计工具已经实用化和产品化，并同时进行数据库设计和应用程序设计。人们开始选择不同的快速应用程序开发（RAD）工具，如 Microsoft Visual Studio、Borland 的 Delphi 和 C++ Builder、Sybase 的 PowerBuilder、Oracle 公司的 Design 2000 等。这些 RAD 工具允许开发者迅速设计、开发、调试和配置各种各样的数据库应用程序，并且能在性能、可扩展性和可维护性这些不断增长的需求上有所收获。RAD 工具之所以强大的一个原因是，它对应用程序开发工程生命周期中的每个阶段都提供支持。这些工具软件可以自动或辅助设计人员完成数据库设计过程中的很多任务。人们已经越来越认识到自动数据库设计工具的重要性，特别是大型数据库的设计需要自动设计工具的支持。

目前许多计算机辅助软件工程（computer aided software engineering，CASE）工具已经把数据库设计作为软件工程设计的一部分，如 Rational Rose、UML（unified modeling language）等。

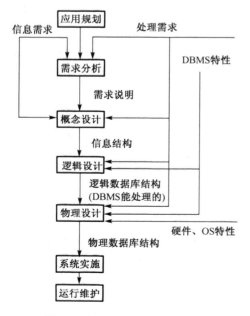

图 2-1　数据库设计的七个阶段

2.1.4　数据库设计的基本步骤

按照规范设计的方法，数据库设计过程可以分为七个阶段（图 2-1）：应用规划、需求分析、概念设计、逻辑设计、物理设计、系统实施、运行维护。

在数据库设计开始之前，首先必须选定参与设计的人员，包括系统分析人员、数据库设计人员、程序员、用户和数据库管理员。系统分析和数据库设计人员是数据库设计的核心人员，他们将自始至终参与数据库设计，他们的水平决定了数据库系统的质量。用户和数据库管理员在数据库设计中也是举足轻重的，他们主要参与需求分析和数据库的运行维护，他们的积极参与不但能加速数据库设计，而且是决定数据库设计质量的重要因素。程序员在系统实施阶段参与进来，分别负责编制程序和准备软硬件环境。

1. 应用规划

应用规划阶段进行系统的必要性和可行性分析,确定数据库系统在整个应用系统中的地位。规划阶段必须完成的任务包括:确定系统的适用范围;确定设计开发工作所需的资源(人员、硬件和软件);估算软件开发的成本;确定项目进度。

规划阶段产生的结果是可行性分析报告及数据库规划纲要,内容包括信息范围、信息来源、人力资源、设备资源、软硬件环境、开发成本估算、进度计划、现行系统向新系统过渡计划等。

2. 需求分析

需求分析的任务是通过详细调查现实世界要处理的对象(组织、部门、企业等),充分了解原系统(手工系统或计算机系统)工作概况,明确用户的各种需求,然后在此基础上确定新系统的功能。新系统必须充分考虑今后可能的扩充和改变,不能仅仅按当前的应用需求来设计数据库。

调查的重点是"数据"和"处理",通过调查、分析,获得用户对数据库的如下要求。

(1)信息要求,指用户需要从数据库中获得信息的内容与性质。由信息要求可以导出数据要求,即在数据库中需要存储哪些数据。通常用数据字典描述。

(2)处理要求,指用户要完成什么处理功能,对处理的响应时间有什么要求,处理方式是批处理还是联机处理等。通常用数据字典和数据流程图(data flow diagram)来描述。

(3)安全性与完整性要求。

确定用户的最终需求是一件很困难的事,这是因为一方面用户缺少计算机知识,开始时无法确定计算机究竟能为自己做什么,不能做什么,因此往往不能准确地表达自己的需求,所提出的需求往往会不断变化。另一方面,设计人员缺少用户的专业知识,不易理解用户的真正需求,甚至误解用户的需求。因此,设计人员必须不断深入地与用户交流,才能逐步确定用户的实际需求。

3. 概念设计

表达概念设计的结果称为概念模型,对概念模型有以下要求。

(1)有丰富的语义表达能力,能表达用户的各种需求。

(2)易于交流和理解,从而可以用它和不熟悉计算机的用户交换意见。

(3)易于更改。当应用环境和应用要求改变时,概念模型要能很容易地修改和扩充以反映这种变化。

(4)易于向各种数据模型转换。

在需求分析和逻辑设计之间增加概念设计阶段,可以使设计人员仅从用户的角度看待数据、处理要求和约束。在数据库的概念设计中,通常采用 E-R 数据模型来表示数据库的概念结构。E-R 数据模型将现实世界的信息结构统一用属性、实体以及它们之间的联系来描述。

通过概念设计得到的概念模型是从现实世界的角度对所要解决的问题的描述,不依赖于具体的硬件环境和 DBMS。把用户的信息要求统一到一个整体概念结构中,此结构能表达用户的要求,且独立于任何 DBMS 软件和硬件。

4. 逻辑设计

逻辑设计分为两部分，即数据库结构设计和应用程序的设计。从逻辑设计导出的数据库结构是 DBMS 能接受的数据库定义，这种结构有时也称为逻辑数据库结构。由于 DBMS 目前一般采用关系数据模型，所以数据库的逻辑设计就是将概念设计中所得到的 E-R 图转换成等价的关系模式，按照关系规范化理论进行数据模型的优化。关系数据库的逻辑设计过程如图 2-2 所示。

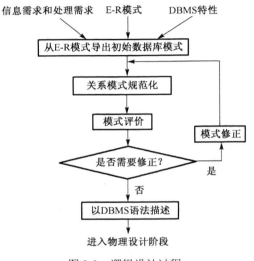

图 2-2   逻辑设计过程

5. 物理设计

物理设计也分为两部分：物理数据库结构的选择和逻辑设计中程序模块说明的精确化。这一阶段的工作成果是一个完整的能实现的数据库结构。

不同的 DBMS 所提供的物理环境、存取方法和存储结构有很大差别，提供给设计人员使用的设计选择范围也不相同，因此没有通用的物理设计方法可遵循，只能给出一般的设计内容和原则。希望设计优化的物理数据库结构，使得在数据库上运行的各种事务响应时间小，存储空间利用率高，事务吞吐量大。

数据库物理设计的目标如下。

(1) 提高数据库应用系统的性能，特别是满足主要应用的性能要求。

(2) 有效地利用存储空间。

为此，首先需要对主要的运行事务进行详细分析，获得选择物理数据库设计所需要的参数。其次，要充分了解所用的 RDBMS 的内部特征，特别是系统提供的存取方法和存储结构。了解查询和更新事务是确定关系的存取方法的主要依据。

6. 系统实施

根据物理设计的结果产生一个具体的数据库和它的应用程序，并把原始数据装入数据库。系统实施阶段主要有三项工作。

(1) 建立实际数据库结构。

(2) 录入试验数据对应用程序进行调试。

(3) 录入实际数据。

7. 运行维护

数据库系统的正式运行，标志着数据库设计与应用开发工作的结束和维护阶段的开始。运行维护阶段的主要任务有四项。

(1)维护数据库的安全性与完整性。

(2)监测并改善数据库运行性能。

(3)根据用户要求对数据库现有功能进行扩充。

(4)及时改正运行中发现的系统错误。

维护分为改正性维护、适应性维护、完善性维护和预防性维护。

数据库应用系统经过试运行后即可正式投入运行，在数据库系统运行过程中必须不断地对其进行评价、调整与修改。

根据上述设计过程，数据库设计的不同阶段形成数据库的各级不同模式。需求分析阶段综合各个用户的应用需求；在概念设计阶段形成独立于具体机器，独立于各个 DBMS 产品的概念模式，也就是 E-R 模型图；在逻辑设计阶段将 E-R 模型图转换成具体的数据库产品支持的数据模型，如关系模型，形成数据库逻辑模式；然后根据用户处理的要求、安全性的考虑，在基本表的基础上建立必要的视图(view)，形成数据库的外模式；在物理设计阶段，根据 DBMS 的特点和处理需要，进行物理存储安排，建立索引，形成数据库内模式，如图 2-3 所示。

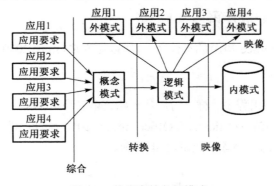

图 2-3　数据库的各级模式

2.2　Access 开发环境

2.2.1　Access 简介

Access 是一种关系型桌面数据库管理系统，是 Microsoft Office 组件之一。从 20 世纪 90 年代初的 2.0 版本到现在的 Access 2010 都得到了广泛应用。Access 提供了大量的工具和向导，即使没有任何编程经验的人，也可以通过可视化的操作来完成大部分数据库管理和开发工作。对于数据库开发人员，Access 提供了 VBA(visual basic for application)编程语言和相应的开发调试环境，可用于开发高性能、高质量的桌面数据库应用系统。

Access 可以管理文本、数字以及复杂的图片、动画、音频等各种类型的数据。用户可以通过 Access 构造应用程序来存储和归档数据，并可使用多种方式进行数据的筛选、分类和查询；还可以通过显示在屏幕上的窗体来查看数据或生成报表，将数据按一定格式打印出来。

本书以 Access 2010 为主，与其他版本相比，Access 2010 除了继承和发扬了以前版本的功能强大、界面友好、易学易用的优点之外，在界面的易用性方面和支持网络数据库方面均有很大改进。

2.2.2　Access 的主要用途

Access 2010 作为一数据库工具，具有强大的数据处理、统计分析能力，利用 Access 的查询功能，可以方便地进行各类汇总、平均等统计；同时，它还是一个非常强大的前端应用开发工具，可以像 Excel 一样方便地使用它。利用它可以方便地建立日常的管理数据库，并构建复杂而稳健的应用系统，因此目前 Access 被广泛应用于许多企业或公司的日常管理中。

Access 在个人理财、日记备忘、联系人管理等个人信息管理方面优势突出。

Access 同样可以在中小企业的仓库管理、财务、采购销售、生产管理、质量控制等多方面的企业信息管理中大显身手，甚至在 ERP 等软件中也可采用 Access 开发。

Access 可以和大型数据库 SQL Server 2008 完美结合，应用在对安全、效率、海量数据管理具有较高要求的场合。

Access 还可以单纯地存储数据，被其他程序所调用，作为这些应用程序的后台数据库等。此外，Access 数据库广泛应用在很多 ASP 应用程序的网站。

2.2.3　Access 2010 的操作窗口

由于 Access 2010 是 Office 2010 的组件之一，所以在安装 Office 2010 后即可使用 Access 2010。

1. 启动 Access 2010

同大部分 Windows 应用程序一样，可以从开始菜单启动 Access。具体方法是执行"开始"｜"所有程序"｜Microsoft Office｜Microsoft Office Access 2010 命令，即可进入 Access 2010 主界面，启动后的 Access 2010 的主界面如图 2-4 所示。

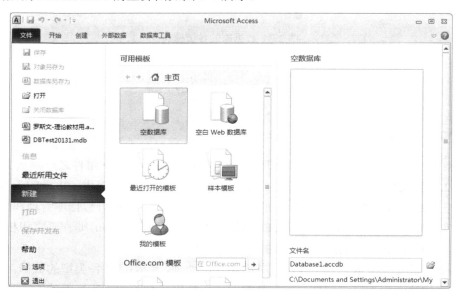

图 2-4　Access 2010 主界面

或者在资源管理器中双击打开已经存在的扩展名为.accdb 的 Access 数据库文件如图 2-5 所示为打开已存在的"罗斯文"数据库。

图 2-5　已存在的数据库文件

相对于 Access 2003，取消传统菜单操作方式而代之以功能区是 Access 2010 的显著改进之一，功能区由一系列包含命令的选项卡组成，用户可以在功能区中进行绝大多数的数据库管理相关操作。Access 2010 默认情况下有以下功能区，每个功能区根据命令的作用又分为多个组。

(1) 开始。"开始"功能区中包括视图、剪贴板、文本格式、记录、排序和筛选、查找、中文简繁转换 7 个分组，用户可以在"开始"功能区中对 Access 2010 进行操作，如复制/粘贴数据、修改字体和字号、排序数据等。

(2) 创建。"创建"功能区中包括模板、表格、窗体、报表、其他和宏与代码 6 个分组，"创建"功能区中包含的命令主要用于创建 Access 2010 的各种元素。

(3) 外部数据。"外部数据"功能区包括导入、导出、收集数据 3 个分组，在"外部数据"功能区中主要对 Access 2010 以外的数据进行相关处理。

(4) 数据库工具。"数据库工具"功能区包括宏、关系、分析、移动数据、加载项、数据库压缩修复工具 6 个分组，主要针对 Access 2010 数据库进行比较高级的操作。

除了上述 4 个功能区之外，还有一些隐藏的功能区默认没有显示。只有在进行特定操作时，相关的功能区才会显示出来。例如，在执行创建表操作时，会自动打开"数据表"功能区。

2. 退出 Access 2010

退出 Access 2010 的方法比较简单，常用的有如下两种方法。

(1) 单击"文件"菜单中的"退出"菜单项。

(2) 单击 Access 2010 窗口标题栏右边的"关闭"按钮 ⊠ 。

2.2.4　Access 的数据库构成

1. 表

表是 Access 2010 中最基本的对象，是存储数据的基本单元。表以行、列的格式组织数据，每一行称为一条记录，每一列称为一个字段，如图 2-6 所示。

字段中存放的信息种类很多，包括文本、数字、日期、货币、OLE 对象等，每个字段包含一类信息，大部分表中都要设置关键字，用以唯一标识一条记录。

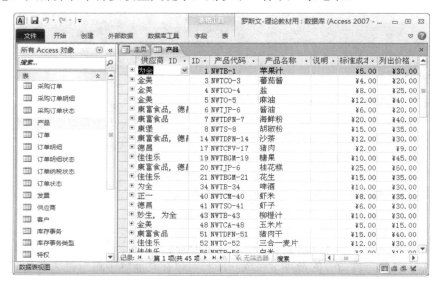

图 2-6　产品表

2. 查询

查询是通过设置某些条件，从表中获取所需要的数据。按照指定规则，查询可以从一个表、一组相关表和其他查询中抽取全部或部分数据，并将其集中起来，形成一个集合供用户查看。将查询保存为一个数据库对象后，可以在任何时候查询数据库的内容，也可将查询作为窗体和报表的记录源，如图 2-7 所示。

3. 窗体

窗体是 Access 数据库对象中最具灵活性的一个对象，是数据库和用户的一个联系界面，用于显示包含在表或查询中的数据和操作数据库中的数据。在窗体上摆放各种控件，如文本框、列表框、复选框、按钮等，分别用于显示和编辑某个字段的内容，也可以通过单击、双击等操作调用与之联系的宏或模块(VBA 程序)，完成较为复杂的操作。当数据表中的某一字段与另一数据表中的多个记录相关联时，可以通过子窗体进行处理，如图 2-8 所示。

4. 报表

报表可以按照指定的样式将多个表或查询中的数据显示(打印)出来。报表中包含了指定数据的详细列表。报表也可以进行统计计算，如求和、求最大值、求平均值等。报表与窗体类似，也是通过各种控件来显示数据的，报表的设计方法与窗体大致相同，如图 2-9 所示。

图 2-7　按类别产品销售查询

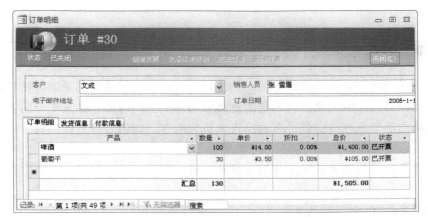

图 2-8　订单明细窗体

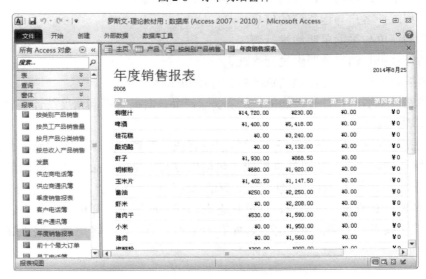

图 2-9　年度销售报表

5. 宏

宏是若干操作的组合，用来简化一些经常性的操作。用户可以设计一个宏来控制系统的操作，当执行这个宏时，就会按这个宏的定义依次执行相应的操作。宏可以打开并执行查询、打开表、打开窗体、打印、显示报表、修改数据及统计信息、修改记录、修改表中的数据、插入记录、删除记录、关闭表等操作。

6. 模块

模块是用 VBA 语言编写的程序段，它以 Visual Basic 为内置的数据库程序语言。对于数据库的一些较为复杂或高级的应用功能，需要使用 VBA 代码编程实现。通过在数据库中添加 VBA 代码，可以创建出自定义菜单、工具栏和具有其他功能的数据库应用系统。

2.3　应用案例——罗斯文数据库

2.3.1　罗斯文数据库需求分析

罗斯文公司是一个虚构的商贸公司，该公司进行世界范围的食品采购与销售，也就是所谓的食品类物流公司，罗斯文公司销售的食品分为几大类，每类食品又细分出各类具体的食品。这些食品由多个供应商提供，再由销售人员售给客户。销售时需要填写订单，并由货运公司将产品运送给客户。

通过对罗斯文公司销售管理工作的了解和分析，明确建立"罗斯文商贸"数据库的功能如下。

(1)录入和维护供应商信息。

(2)录入和维护产品信息，管理产品库存、成本价、零售价等信息。

(3)录入和维护客户与运货商的信息。

(4)对采购订单与采购单明细进行管理。

(5)对销售订单与销售单明细进行管理。

(6)能够按照各种方式方便地浏览产品、订单和库存信息。

(7)能够完成基本的统计分析功能，从雇员、产品、时间等不同角度统计销售额，并生成统计报表打印输出。

由于要在产品的供销过程中对各订单状态进行跟踪管理，并保证实物流、资金流的一致性，为分析统计做好准备，所以数据库应该包括供应商信息、产品信息、采购信息、订单信息、库存事务、员工信息、客户信息、运货商信息。根据上述分析，拟建立以下 14 个表：供应商表、产品表、发票表、订单表、订单状态表、订单明细表、订单明细状态表、采购订单表、采购订单明细表、采购订单状态表、库存事务表、员工表、客户表、运货商表，表间关系如图 2-10 所示。

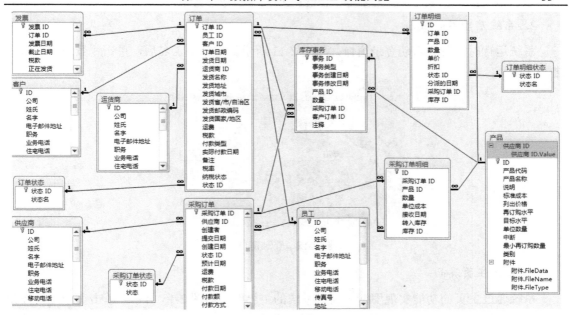

图 2-10　表及其关系

2.3.2　罗斯文系统设计

根据系统分析的结果，在 Access 中创建罗斯文商贸管理系统，并创建相应的基本表、查询、窗体和报表等对象。下面简要介绍系统模块与系统主要界面的构成，系统实现的详细介绍见后面章节。

1. 罗斯文商贸系统功能模块

罗斯文商贸系统各功能模块如图 2-11 所示。

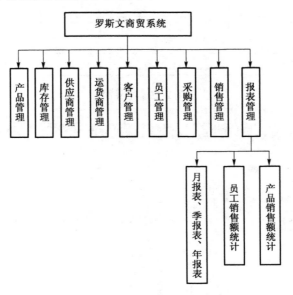

图 2-11　罗斯文商贸系统功能模块图

2. 系统启动界面

系统运行时，首先启动登录窗口，如图 2-12 所示，选择员工名后，单击"登录"按钮后进入系统。

图 2-12　登录窗口

3. 系统主页界面

系统通过主页的功能实现罗斯文商贸系统的主界面，如图 2-13 所示。单击每个功能按钮或快速链接按钮，可以进入相应的功能。例如，单击"新建客户订单"链接，屏幕出现销售订单窗口，如图 2-14 所示，可录入订单明细、发货、付款等信息；单击"新建采购订单"链接，出现采购订单窗口，如图 2-15 所示，可方便地录入采购订单信息。

图 2-13　主界面

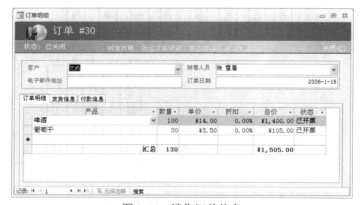

图 2-14　销售订单信息

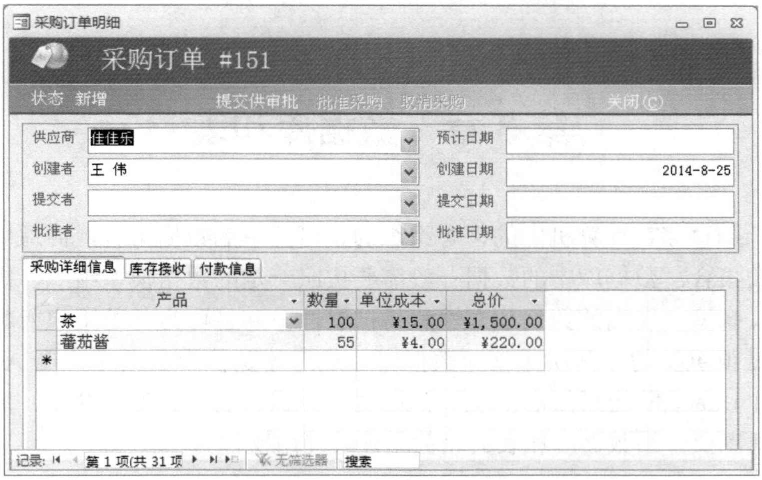

图 2-15　采购订单管理

本　章　小　结

　　本章首先介绍了数据库设计的一般理论、方法和技术，将数据库设计过程规范化为七个阶段，即应用规划、需求分析、概念设计、逻辑设计、物理设计、系统实施及运行维护，在数据库设计的不同阶段形成数据库的各级不同模式。然后对 Access 2010 开发环境、Access 2010 数据库系统的组成，以及罗斯文商贸系统进行简述。

　　Access 作为当今流行的关系型桌面数据库管理系统，具有简单、方便的操作界面。数据库中包含表、查询、窗体、报表、宏、模块六种对象，用户可以使用系统提供的向导或自定义创建各种数据库对象。通过使用 Access 2010 自带的示例数据库——罗斯文商贸系统，读者能够对 Access 2010 有感性的认识。

习　　题

1. 什么是数据库设计？简述数据库设计的过程。
2. 简述 Access 2010 的主要应用领域。
3. 简述 Access 2010 的六大数据库对象。

第 3 章　数据库和表

数据库是长期存储在计算机内的、有组织的、可共享的数据集合，而通俗地说，数据库就是相关数据的集合。数据库中的数据一般需要按照一定的数据模型组织、描述和存储，从而具有较小的冗余度、较高的数据独立性和易扩展性，并且可为各种用户所共享。合理地设计数据库结构是很重要的，其次是创建数据库，最后才是使用数据库。在 Access 里，数据库被组织为一个以.accdb 为后缀名的文件，该文件中包含表、查询、窗体、报表、宏与模块六种对象。本章主要介绍数据库和表的相关创建与使用操作。

3.1　创建数据库

3.1.1　使用数据库向导创建数据库

利用数据库向导即可为所选数据库类型创建必需的表、窗体和报表，这是创建数据库最简单的方法，该向导提供了有限的选项来自定义数据库。下面以建立罗斯文数据库为例介绍数据库的创建方法。

【例 3.1】 使用数据库向导创建空数据库。

具体操作步骤如下。

(1)选择"文件"选项卡下的"新建"命令。

(2)在"可用模板"窗格中单击打开"样本模板"窗格，如图 3-1 所示。

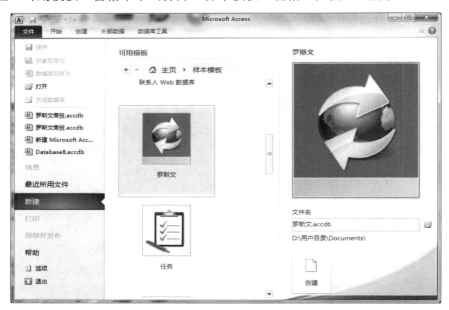

图 3-1　"样本模板"窗口

(3) 单击选中样本模板中的"罗斯文"图标，然后单击"文件名"文本框右侧的 📁 图标，打开"文件新建数据库"对话框，指定数据库的名称和位置，如图 3-2 所示，然后单击"确定"按钮。

图 3-2　"文件新建数据库"对话框

(4) 单击图 3-1 中"文件名"文本框下方的"创建"按钮，即可创建所选样本模板的数据库；或直接双击所选样本模板图标，如图 3-3 所示。

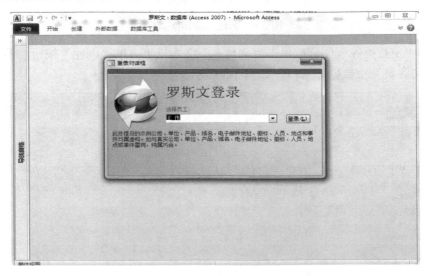

图 3-3　所选样本模板的数据库窗口

其他可用模板的具体操作由于向导提示得比较详细，所以在此不作介绍。但要说明的是除了样本模板以外，还可以在"Office.com 模板"上找到合适的模板下载使用。模板是一个包含表、查询、窗体和报表的 Access 数据库文件（*.accdb），但表中不含任何数据。打开数据库后，可以自定义数据库和对象。

3.1.2　不使用数据库向导创建空数据库

创建空数据库就是不使用模板，先建立一个没有任何数据对象的数据库文件，然后根据需要向里面添加表、查询、窗体等数据对象。下面以建立"罗斯文商贸"数据库为例，介绍空数据库的创建过程，怎样在这个空数据库里添加表将在后面章节进行介绍。

【例 3.2】　不使用数据库向导创建空数据库。

具体操作步骤如下。

(1)选择"文件"选项卡下的"新建"命令，打开新建空数据库窗口，在"文件名"文本框中指定数据库的名称，并指定其位置，如图 3-4 所示。

图 3-4　新建空数据库窗口

(2)双击"空数据库"图标或单击"文件名"文本框下方的"创建"按钮，便可打开所创建的"罗斯文商贸"空数据库窗口，如图 3-5 所示。

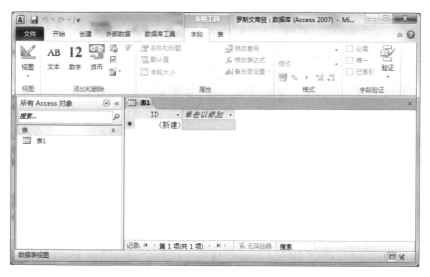

图 3-5　"罗斯文商贸"空数据库窗口

　　还可以在桌面上右击，在弹出的快捷菜单中选择"新建"命令，选中"Microsoft Access.数据库"选项，便可在桌面上创建一个空数据库，然后将其更名为"罗斯文商贸"数据库，双击其图标即可打开如图 3-5 所示的窗口。

3.2　数据库的打开与关闭

3.2.1　打开数据库

　　有多种方式打开一个已存在的数据库：使用"文件"选项卡中的"打开"命令或选中"文件"选项卡中最近刚使用过的数据库后，选择左侧的"打开"命令；或直接在桌面和资源管理器中双击要打开的数据库文件。下面以使用"文件"选项卡的"打开"命令为例进行介绍。

　　【例 3.3】　打开已创建的"罗斯文"数据库。

　　具体操作步骤如下。

　　(1) 启动 Microsoft Access 2010，如图 3-6 所示。

图 3-6　Microsoft Access 2010 启动窗口

　　(2) 单击"文件"选项卡中的"打开"命令。

　　(3) 在弹出的"打开"对话框中，打开包含所需数据库的文件夹，选中要打开的"罗斯文"数据库，如图 3-7 所示。

　　(4) 选择打开方式(如果不选择，则可直接单击"打开"按钮打开所选数据库)，如图 3-8 所示。

　　说明以下几点。

　　① 若要在多用户(多用户(共享)数据库：该数据库允许多个用户同时访问并修改同一数据集)环境下打开共享的数据库，使自己和其他用户都能读写数据库，请单击"打开"按钮。

图 3-7　选中"罗斯文"数据库

图 3-8　选择打开方式

②若要打开只读数据库，使用用户能查看但不能编辑，请单击"打开"按钮旁边的下拉按钮，从弹出的下拉菜单中选择"以只读方式打开"命令。

③若要独占(独占：对网络共享数据库中数据的一种访问方式。当以独占模式打开数据库时，也就禁止了他人打开该数据库)打开数据库，请单击"打开"按钮旁边的下拉按钮，再从弹出的下拉菜单中选择"以独占方式打开"命令。

④如果要以只读访问方式打开数据库，并且防止其他用户打开，可单击"打开"按钮旁的下拉按钮，并从弹出的下拉菜单中选择"以独占只读方式打开"命令。

(5)单击"打开"按钮，出现"罗斯文"数据库的登录对话框，如图 3-9 所示。

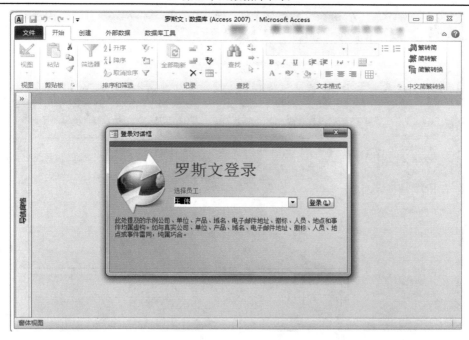

图 3-9　"罗斯文"数据库登录界面

(6) 选择员工后，单击"登录"按钮，打开"罗斯文"数据库的主页，如图 3-10 所示。

图 3-10　"罗斯文"数据库主页

(7) 单击界面左侧的"导航窗格"项，打开导航窗口，如图 3-11 所示。

(8) 在导航窗格中选中"对象类型"选项，打开"罗斯文"数据库的对象窗口，如图 3-12 所示。

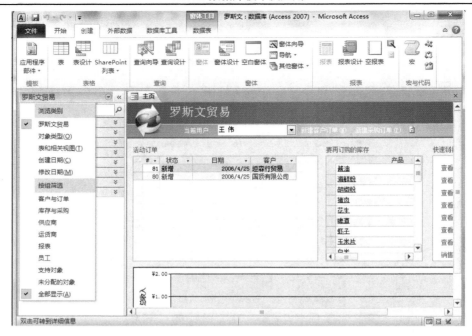

图 3-11　"罗斯文"数据库导航窗口

图 3-12　"罗斯文"数据库对象窗口

由图 3-11 可见，使用 Microsoft Access 2010 可以在一个数据库文件中管理所有的用户信息。在该文件中，可以执行的操作包括：①用表存储数据；②用查询查找和检索所需的数据；③用窗体查看、添加和更新表中的数据；④用报表以特定的版式分析或打印数据；⑤用宏实现自动执行重复性工作的功能；⑥用模块创建自定义菜单、工具栏和具有其他功能的数据库应用系统。

(9) 打开数据库中的一张表进行浏览。单击"表"对象右侧的 ⌄ 按钮，打开所有的表对象，如图 3-13 所示。

(10) 双击"产品"表，即可对表中的内容进行浏览，如图 3-14 所示。

图 3-13 "罗斯文"数据库的表对象

图 3-14 "罗斯文"数据库的"产品"表

3.2.2 关闭数据库

在"文件"选项卡中选择"关闭数据库"命令可关闭该数据库文件,或单击窗口右上角的 █ x █ 按钮即可关闭该数据库文件并退出 Microsoft Access 2010。

3.3　创　建　表

表是关系数据库里最重要的数据对象，以字段和记录的形式存放着数据库里需要管理的数据。因此创建数据库以后，接着首先就是创建表。一个数据库里一般会有多个表，每个表都是与特定主题(如产品信息或订单信息)有关的数据的集合。对每个主题使用一个单独的表意味着用户只需存储该数据一次，这可以提高数据库的效率，并减少数据输入错误。

属于表的主题的每个人或事物以及有关这个人或事物的数据形成一条记录。例如，有关佳佳乐供应商的详细信息形成一条记录。有关某个人或事物的每种特定类型的信息(如公司名称、联系人姓名或地址)是字段。在"供应商"表中，"供应商 ID"是表中的字段。每个字段和记录应当唯一。例如，供应商 ID 为 1 的数据不应当在另一条记录中重复；"公司名称"作为字段名只能出现一次。单个表中的项目的种类应当相同。"供应商"表只应当包含公司的名称以及供应商的相关数据。在"公司名称"字段中不应当存放公司名称以外的数据，这就需要根据实际需要来进行设置。

3.3.1　字段的类型与设置

数据表的设计实际上就是对字段的设计，在表结构中，字段是基本单位，字段的类型实际上就是数据的类型。灵活地设计字段的数据类型可以使表具有较好的可操作性。字段常用的数据类型如表 3-1 所示。

表 3-1　字段的数据类型

数据类型	说明	大小	示例
文本	文本或文本与数字的组合(默认值)	最长为 255 个字符	姓名，如"张三"
备注	长文本或文本与数字的组合	最长为 65535 个字符	说明或备注
数字	用于算术计算的数字数据	1、2、4 或 8B	身高，如 165
日期/时间	创建日期或时间的字段	8B	出生日期，如 10/10/2008
货币	可用于货币值的计算，其精度为小数点前 15 位及小数点后 4 位	8B	商品价格，如￥50.66
自动编号	再添加记录时自动插入的唯一顺序(每次递增 1)或随机编号，这些编号不能进行更新	4B	客户标识号，如 10001
是/否	用于只可能是两个值中的一个的数据。不允许为 Null 值	1bit	如"是/否"、"真/假"、"开/关"
OLE 对象	用于存储由 Access 以外的程序创建、链接或嵌入 Access 表中的对象	最多为 1GB(受可用磁盘空间的限制)	附件，如 Excel 工作表、Word 文档、图形或声音
超链接	用于保存超链接的地址，可以是 UNC 路径或 URL。以文本形式存储	最长为 64000 个字符	如 www.sina.com
附件	可允许向 Access 数据库附加外部文件的特殊字段	取决于附件	
计算	可输入一个表达式以计算其值	取决于表达式	Between<表达式>And<表达式>
查阅向导	用于使用列表框或组合框，它可以创建一个"查阅"字段	取决于用于执行查阅的主键字段的大小，一般为 4B	

3.3.2　使用"创建"选项卡中的"表"按钮创建表

【例 3.4】 使用"创建"选项卡中的"表"按钮创建"罗斯文商贸"数据库中的"产品"表。具体操作步骤如下。

(1)在"数据库"窗口中单击"创建"选项卡下面的"表"按钮，如图 3-15 所示。

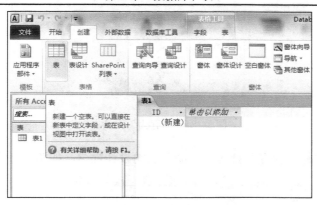

图 3-15　"创建"选项卡

(2) 单击"单击以添加"下拉按钮，在数据类型下拉列表框中选择合适的数据类型，再根据需要输入每个字段的名称，如图 3-16 所示。

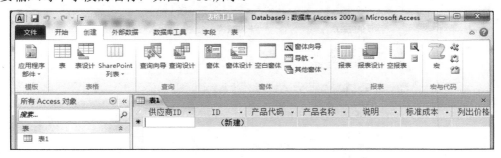

图 3-16　定义表中的字段

(3) 表中的所有字段定义完毕，设置主键。由于每个供应商的"供应商 ID"都是唯一的，所以可将其设为供应商表的主键。

右击表对象中的"表 1"选项，在弹出的快捷菜单中选择"设计视图"命令，如图 3-17 所示，弹出"另存为"对话框，输入表名"产品"，如图 3-18 所示。

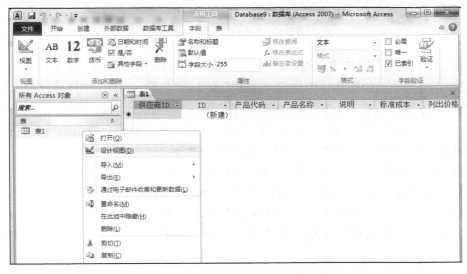

图 3-17　选择"设计视图"命令

图 3-18　"另存为"对话框

单击"确定"按钮，保存并打开"产品"表的设计视图，如图 3-19 所示。

图 3-19　"产品"表设计视图

选定"供应商 ID"字段所在行，然后单击表设计工具栏的 按钮，或右击"供应商 ID"字段所在行，在弹出的快捷菜单中选择"主键"命令，"供应商 ID"字段行首会出现一个小钥匙状图标，表明它已被设为主键(若要选择多个字段作为联合主键，应先按住 Ctrl 键，然后依次单击每个所需字段，最后单击表设计工具栏的"主键"按钮，或右击所选中字段区域，在弹出的快捷菜单中选择"主键"命令)，如图 3-20 所示。

(4)双击创建好的"产品"表，便可在光标插入点开始录入数据(注意：供应商 ID 为自动编号数据类型的数据，无须也不能输入数据，由 Access 自动分配)，如图 3-21 所示。

在数据录入和浏览过程中，还可以单击"开始"选项卡中的"视图"按钮，在弹出的菜单中选择"设计视图"命令，把表切换到设计视图观看和更改表结构，如图 3-22 所示。

图 3-20　设置"供应商 ID"字段为主键

图 3-21　录入数据

在设计视图中，单击"视图"切换按钮，在弹出的菜单中选择"设计视图"便又可以回到录入和浏览数据的数据表视图。

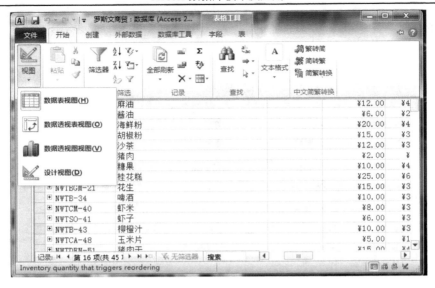

图 3-22 "视图"切换按钮

3.3.3 使用"创建"选项卡中的"表设计"按钮创建表

使用"创建"选项卡中的"表设计"按钮创建表时,可以先不创建表结构,直接在数据视图下输入数据,Access 会按照这些数据自动创建表,创建完成后,再根据需要对其中的字段名称、数据类型、属性等进行更改。下面以"运货商"表为例介绍其具体操作步骤。

【例 3.5】 通过先创建表结构,再录入数据的方式来创建罗斯文商贸数据库中的"运货商"表。

具体操作步骤如下。

(1)在新建的"罗斯文商贸"数据库窗口中单击"创建"选项卡中的"表设计"按钮,创建新表"表 1",如图 3-23 所示。

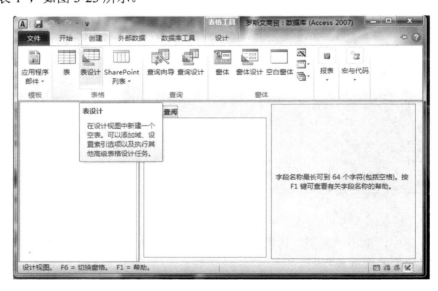

图 3-23 创建新表"表 1"

（2）根据需要输入相应的字段名称和数据类型，如图 3-24 所示。

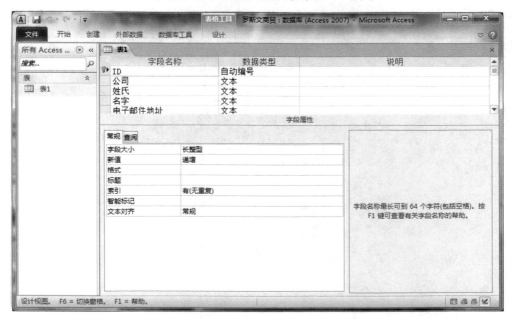

图 3-24　在"表 1"中输入相应内容

（3）单击左上角的"视图"按钮，在弹出的菜单中选择"设计视图"命令，弹出保存表对话框，如图 3-25 所示。

（4）单击"是"按钮，打开"另存为"对话框，把表名称改为"运货商"，如图 3-26 所示。

图 3-25　保存表对话框

图 3-26　"另存为"对话框

（5）单击"确定"按钮，弹出"尚未定义主键"对话框，如图 3-27 所示。

图 3-27　"尚未定义主键"对话框

（6）单击"是"按钮，为"运货商"表定义主键并打开"运货商"表的数据表视图，在数据表中输入数据。将每种数据输入相应的列中，如果输入的是日期、时间或数字，则输入一致的格式，这样 Microsoft Access 2010 能为字段创建适当的数据类型及显示格式。在保存数据表时，将删除任何空字段，如图 3-28 所示。

(7) 数据输入完毕后，右击"运货商"表的标题，在弹出的快捷菜单中选择"保存"命令，如图 3-29 所示。

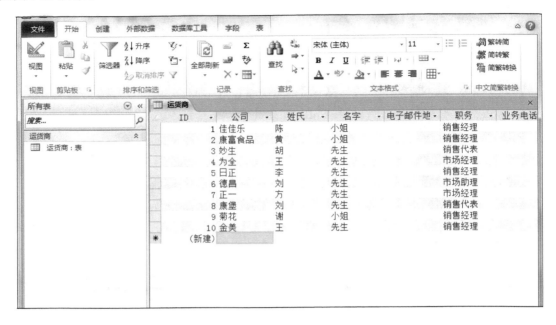

图 3-28 "运货商"表的数据表视图

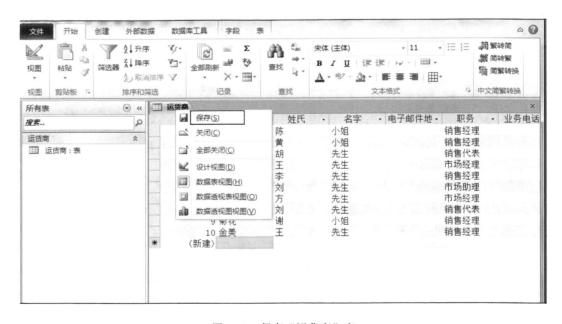

图 3-29 保存"运货商"表

(8) 再次右击"运货商"表的标题，在弹出的快捷菜单中选择"关闭"命令，便可关闭并退出"运货商"数据表，如图 3-30 所示。

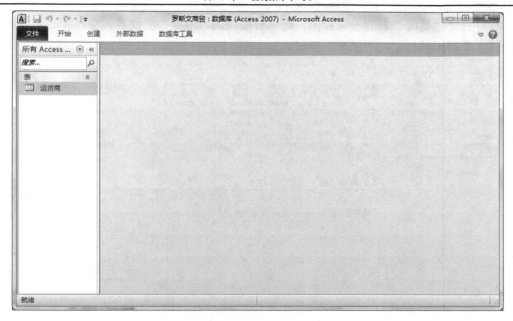

图 3-30 关闭并退出"运货商"表

3.3.4 表结构的维护

在数据表的创建过程完成后，还可以在数据表的设计视图中对数据表的结构进行修改，以适应数据变化的需求。字段的数据类型发生变化后，Access 会自动对表中已有的数据进行数据类型的转换，但对某些不兼容的数据类型进行相互转换时会造成表中数据丢失。因此，在表结构设计时就应对字段数据类型作慎重考虑，当表中已有大量数据时，就一般不要进行数据类型的转换。常见的表结构维护操作有字段的增加、修改和删除，下面就以"运货商"表为例，增加一个"地址"字段，然后修改，最后删除这个字段。

1. 添加字段

【例 3.6】 为"罗斯文商贸"数据库中的"运货商"表添加一个"地址"字段。
具体操作步骤如下。

(1)打开"运货商"表的设计视图，若要将字段插入表中，可单击要在其上方添加字段的行(若要将字段添加到表的结尾，单击最后一个空行)，然后单击工具栏上的"插入行"按钮，或右击要在其上方添加字段的行，在弹出的快捷菜单中选择"插入行"命令即可插入一空行，如图 3-31 所示。

(2)在插入的"地址"字段中输入相应信息，单击工具栏上的"保存"按钮保存该表，如图 3-32 所示。

2. 修改字段名

【例 3.7】 修改"罗斯文商贸"数据库中的"运货商"表的"地址"字段名为"联系地址"。
具体操作步骤如下。

(1)打开"运货商"表的设计视图，选中要修改的"地址"字段名，输入新的字段名"联系地址"，单击工具栏上的"保存"按钮。

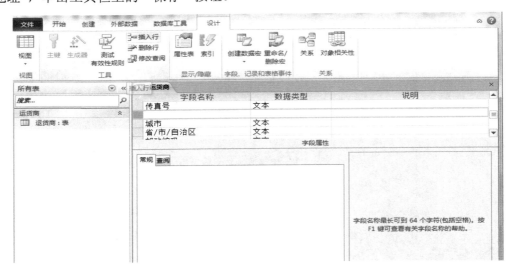

图 3-31 插入一个空行

图 3-32 完成字段添加

(2)选中要修改的字段数据类型，选择需要的数据类型，单击工具栏上的"保存"按钮保存，如图 3-33 所示。

若需要在数据表视图中显示与字段名不同的名称，则可以在该字段的"常规"属性的"标题"栏中输入需要显示的名称即可。

3. 删除字段

【例 3.8】 删除"罗斯文商贸"数据库中"运货商"表的"联系地址"字段。

具体操作步骤如下。

打开"运货商"表的设计视图，选中要删除的"联系地址"字段所在行，然后单击工具栏上的"删除行"按钮，或右击要删除的"联系地址"字段的行，在弹出的快捷菜单中选择"删除行"命令即可删除该字段，如图 3-34 所示。

图 3-33　完成字段名修改

图 3-34　完成字段的删除

4. 移动字段

【例 3.9】　将"罗斯文"数据库中"运货商"表的"城市"字段移到"省/市/自治区"字段的下面。

具体操作步骤如下。

(1)打开"运货商"表的设计视图,选择要移动的"城市"字段所在行,然后将鼠标指针指向"行选择器",当鼠标指针呈白色空心箭头形状时,就可以按住鼠标左键拖动该行,此时会有一条黑色粗线随着鼠标指针移动。当拖动到"省/市/自治区"字段的下方时,便可释放鼠标,效果如图 3-35 所示。

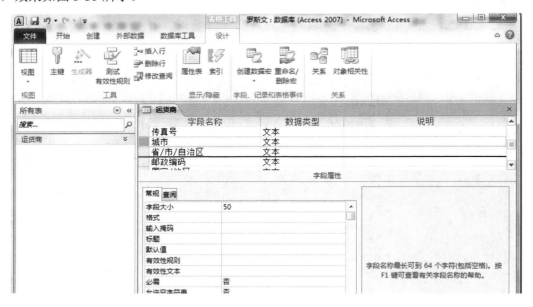

图 3-35　拖动要移动字段所在的行

(2)当把"城市"字段拖动到"省/市/自治区"字段的下方时,便释放鼠标,效果如图 3-36 所示。

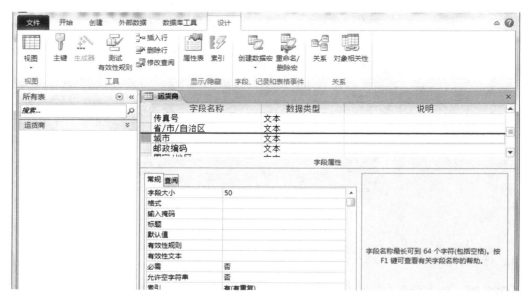

图 3-36　移动字段

也可以在数据表视图下操作。其具体操作步骤为：在"数据表视图"下选择要移动的"城市"字段上的"字段选定器"，然后将鼠标指针指向"字段选定器"，当鼠标指针呈白色空心箭头形状时，按住左键向右拖动该行，直至拖动到"省/市/自治区"字段的右边时，释放鼠标，效果如图 3-37 所示。

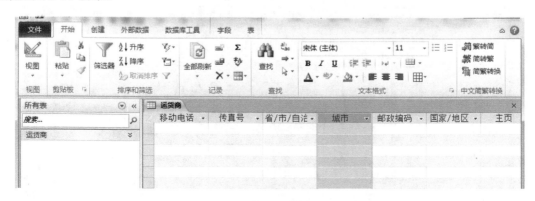

图 3-37　在"数据表视图"下移动字段

3.4　数据的导入与导出

Access 还提供了一个很有用的功能，即可以从 Access、Microsoft Excel、ODBC 数据库、文本文件、XML 文件、dBASE 文件、HTML 文档、Outlook、数据服务、SharePoint 列表等数据源中导入内部和外部数据。将外部数据源（如 Excel、文本文件的数据）导入当前 Access 数据库中，也可以很方便地将 Access 数据库中的数据导出为其他格式的数据文件。

3.4.1　导入数据

通过方便地导入其他格式的数据，用户就不必重新输入已有的数据。导入数据就是将其他格式的数据转为 Access 数据库的一部分，导入后的表和直接创建的表没有区别。

1. 从 Access 数据库中导入对象

【例 3.10】　从"罗斯文商贸"数据库中导入"罗斯文 1"中的"客户"表。

具体操作步骤如下。

（1）打开前面创建的"罗斯文商贸"数据库，单击"外部数据"选项卡中的 Access 按钮，如图 3-38 所示。

（2）打开"获取外部数据-Access 数据库"对话框，选中"将表、查询、窗体、报表、宏和模块导入当前数据库"单选按钮，再指定数据源的文件名，如图 3-39 所示。

（3）单击"确定"按钮，打开"导入对象"对话框，单击选中"客户"表，如图 3-40 所示。

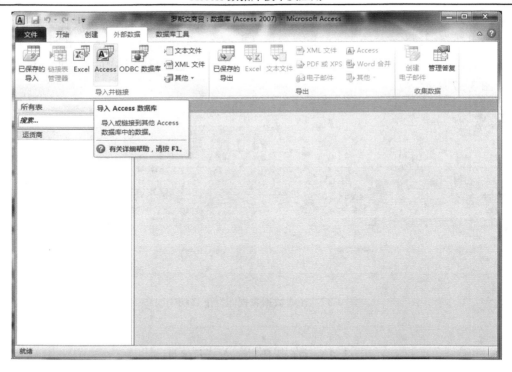

图 3-38 "外部数据"选项卡

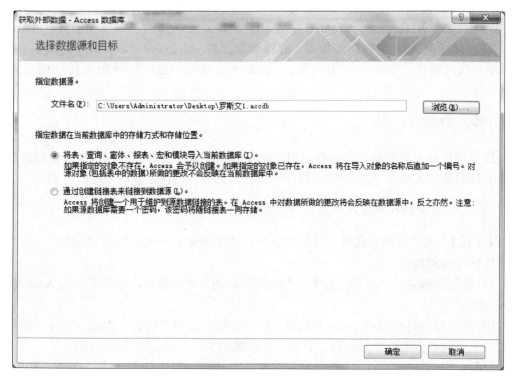

图 3-39 "获取外部数据-Access 数据库"对话框

图 3-40 "导入对象"对话框

(4)在"导入对象"对话框中选择"表"选项卡，在列表框中选择"客户"表，单击"确定"按钮，便将"罗斯文 1"数据库中的"客户"表导入"罗斯文商贸"数据库中，如图 3-41 所示。

图 3-41 导入"客户"表

如果需要同时导入多个数据表，可以多次选择，也可以全部选择一次导入，还可以保存导入步骤进行重复操作。此外，也可以使用以上方法导入数据库中的其他对象。

2. 从 Excel 电子表格中导入数据表

【例 3.11】 将"产品.xlsx"表中的数据导入"罗斯文商贸"数据库中存为产品表。

具体操作步骤如下。

（1）在打开的"罗斯文商贸"数据库中单击"外部数据"选项卡下的 Excel 命令。打开"获取外部数据- Excel 电子表格"对话框，指定数据源的文件名，如图 3-42 所示。

图 3-42 "获取外部数据-Excel 电子表格"对话框

（2）单击"确定"按钮，弹出"导入数据表向导"的第 1 个对话框，选择工作表"产品"，如图 3-43 所示。

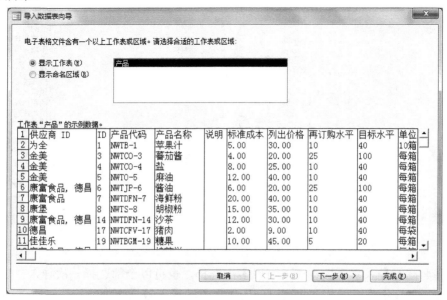

图 3-43 选择工作表

(3) 单击"下一步"按钮，弹出"导入数据表向导"的第 2 个对话框，确认要导入 Excel 表的第一行是否包含列标题，如果包含，则 Access 将把列标题作为字段名，如图 3-44 所示。

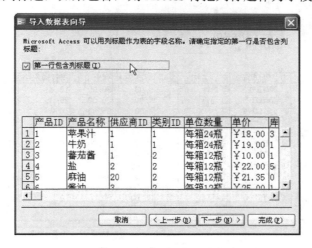

图 3-44　确认是否含列标题

(4) 单击"下一步"按钮，弹出"导入数据表向导"的第 3 个对话框，选择要导入的字段及根据需要修改字段信息，这里不作任何更改，如图 3-45 所示。

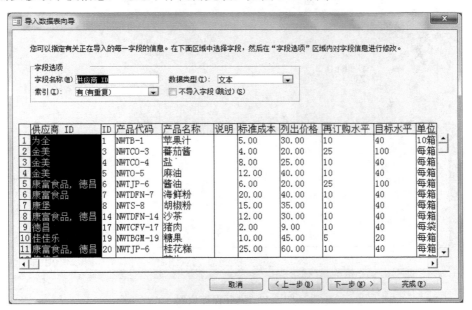

图 3-45　选择修改字段信息

(5) 单击"下一步"按钮，弹出"导入数据表向导"的第 4 个对话框，选择定义主键。这里选中"不要主键"单选按钮(可在数据导入完成后，在数据表的设计视图里定义主键)，如图 3-46 所示。

(6) 单击"下一步"按钮，弹出"导入数据表向导"的第 5 个对话框，选择数据的保存位置，如图 3-47 所示。

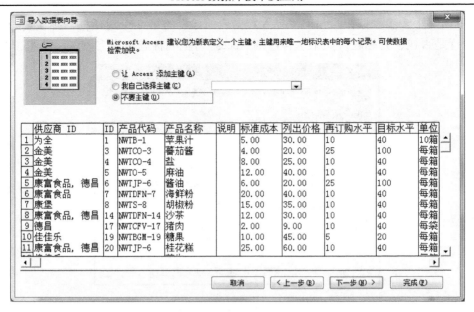

图 3-46　不定义主键

图 3-47　选择保存位置

（7）单击"完成"按钮，便将"产品.xlsx"表中的数据导入"罗斯文商贸"数据库中，还可以保存导入步骤进行重复操作，如图 3-48 所示。

3. 从文本文件导入数据

主机的数据通常以文本文件的形式输出，在桌面应用程序中使用。文本文件不带任何格式，所以可在各种应用程序，特别是不同数据库管理系统之间交换数据。文本文件分为"固定宽度"和"带分隔符"两种。Access 可以导入两种不同类型的文本文件数据。"固定宽度"

指文件中记录的每个字段数据的宽度是相同的。“带分隔符”的文件通常使用逗号、分号、Tab 键或其他字符作为分隔符。注意：“带分隔符”的文本文件有时被称为以逗号或制表符分隔的文件。每条记录都是文本文件中单独的一行，这一行的字段不包含尾随的空格，通常以逗号作为字段的分隔符，并且要求某些字段被包含在一个定界符(如单引号或双引号)中。“固定宽度”文本文件也是将每一条记录放在一个单独的行中，但是每条记录里的字段是定长的，如果字段内容不够长，则尾随的空格被加入字段中。Access 对两种类型的文本文件使用一个向导。

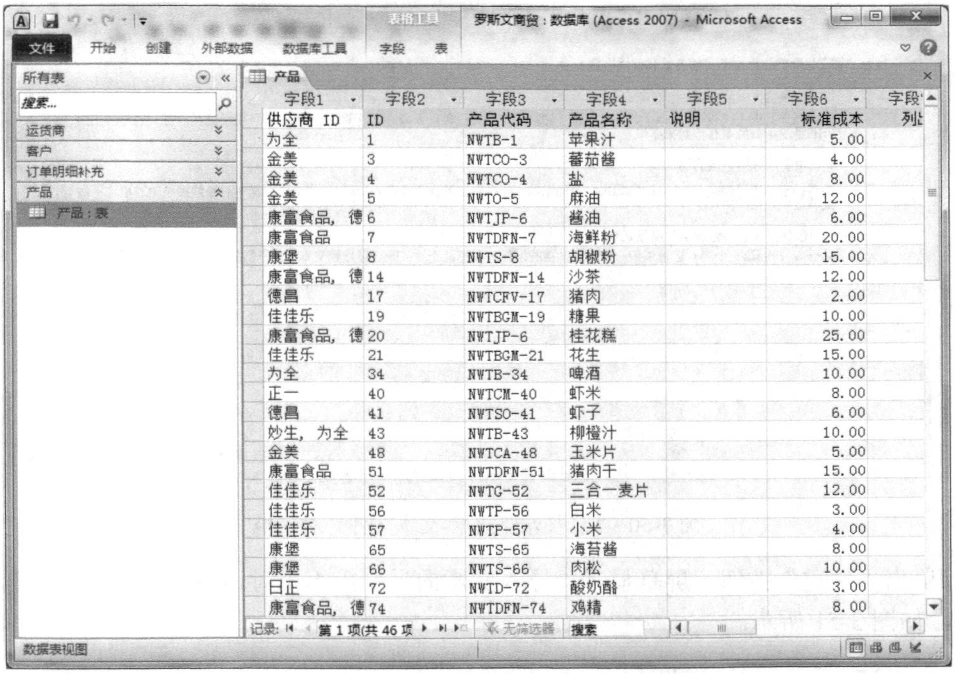

字段1	字段2	字段3	字段4	字段5	字段6
供应商 ID	ID	产品代码	产品名称	说明	标准成本
为全	1	NWTB-1	苹果汁		5.00
金美	3	NWTCO-3	蕃茄酱		4.00
金美	4	NWTCO-4	盐		8.00
金美	5	NWTO-5	麻油		12.00
康富食品，德	6	NWTJP-6	酱油		6.00
康富食品	7	NWTDFN-7	海鲜粉		20.00
康堡	8	NWTS-8	胡椒粉		15.00
康富食品，德	14	NWTDFN-14	沙茶		12.00
德昌	17	NWTCFV-17	猪肉		2.00
佳佳乐	19	NWTBGM-19	糖果		10.00
康富食品，德	20	NWTJP-6	桂花糕		25.00
佳佳乐	21	NWTBGM-21	花生		15.00
为全	34	NWTB-34	啤酒		10.00
正一	40	NWTCM-40	虾米		8.00
德昌	41	NWTSO-41	虾子		6.00
妙生，为全	43	NWTB-43	柳橙汁		10.00
金美	48	NWTCA-48	玉米片		5.00
康富食品	51	NWTDFN-51	猪肉干		15.00
佳佳乐	52	NWTG-52	三合一麦片		12.00
佳佳乐	56	NWTP-56	白米		3.00
佳佳乐	57	NWTP-57	小米		4.00
康堡	65	NWTS-65	海苔酱		8.00
康堡	66	NWTS-66	肉松		10.00
日正	72	NWTD-72	酸奶酪		3.00
康富食品，德	74	NWTDFN-74	鸡精		8.00

图 3-48 导入“产品”表

【例 3.12】 导入“固定宽度”文本文件(在固定宽度文本文件里，每个字段有固定的宽度和位置。当导入或导出这类文件时，必须制定一个导入/导出规格，可以在导入文本向导中用“高级”选项来创建这种规格)。从文本文件“订单明细补充.txt”向“罗斯文商贸”数据库中导入数据，要导入的文本文件如图 3-49 所示。

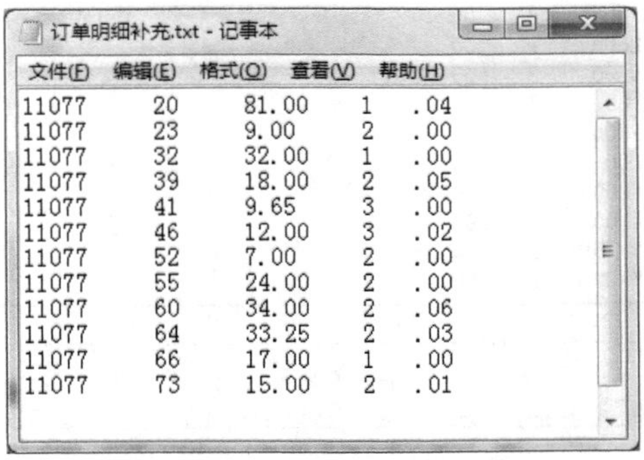

11077	20	81.00	1	.04
11077	23	9.00	2	.00
11077	32	32.00	1	.00
11077	39	18.00	2	.05
11077	41	9.65	3	.00
11077	46	12.00	3	.02
11077	52	7.00	2	.00
11077	55	24.00	2	.00
11077	60	34.00	2	.06
11077	64	33.25	2	.03
11077	66	17.00	1	.00
11077	73	15.00	2	.01

图 3-49 “订单明细补充”文本文件

(1) 打开"罗斯文商贸"数据库。

(2) 单击"外部数据"选项卡中的"文本文件"按钮，打开"获取外部数据-文本文件"对话框，指定数据源的文件名，如图 3-50 所示。

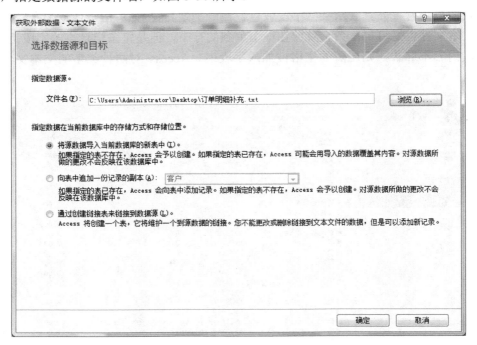

图 3-50　"获取外部数据-文本文件"对话框

(3) 单击"确定"按钮，屏幕显示"导入文本向导"第 1 个对话框，选中"固定宽度"单选按钮，如图 3-51 所示。

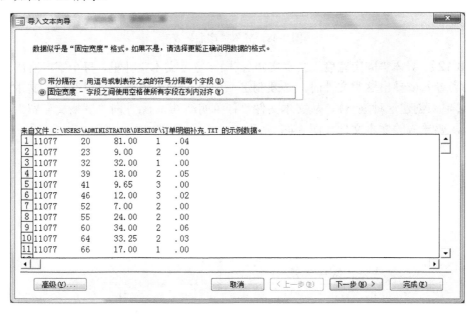

图 3-51　选择"固定宽度"数据格式

（4）单击"下一步"按钮，屏幕显示"导入文本向导"的第 2 个对话框，设置分隔线位置，如图 3-52 所示。

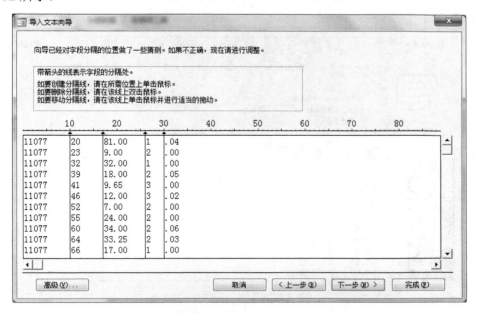

图 3-52　设置分隔线位置

（5）单击"下一步"按钮，屏幕显示"导入文本向导"的第 3 个对话框，设置字段选项，在此对话框中可以设置字段名称、索引、字段的数据类型以及是否跳过该字段。在下方的字段列表中依次单击字段 1～字段 5，分别设置字段名为"订单 ID"、"产品"、"单价"、"数量"、"折扣"，如图 3-53 所示。

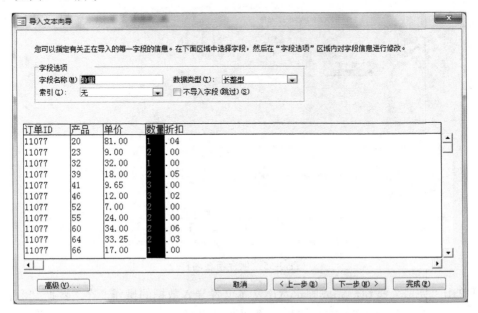

图 3-53　设置字段选项

(6)单击"下一步"按钮，屏幕显示"导入文本向导"的第 4 个对话框，用于设置主键，选中"我自己选择主键"单选按钮，在后面的下拉列表框中选择"订单 ID"字段作为主键，如图 3-54 所示。

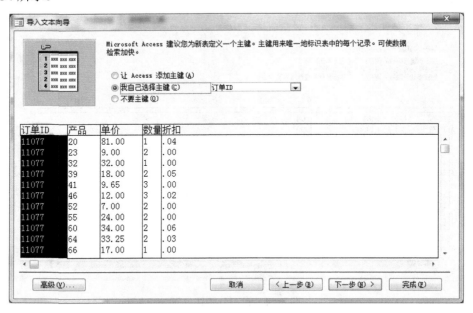

图 3-54   设置主键

(7)单击"下一步"按钮，屏幕显示"导入文本向导"的第 5 个对话框，用于指定保存导入数据的新表名称，输入"订单明细补充"，如图 3-55 所示。

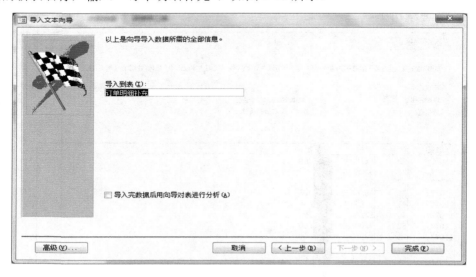

图 3-55   保存新表名称

(8)单击"完成"按钮，完成固定宽度文本文件导入数据的操作，在"罗斯文商贸"数据库表对象列表中可以看到文本文件被导入"罗斯文商贸"数据库中，还可以保存导入步骤进行重复操作，如图 3-56 所示。

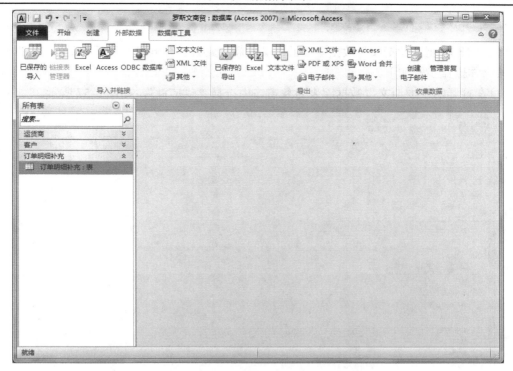

图 3-56　导入"订单明细补充"表

导入带分隔符文本文件的操作方法与导入固定宽度文本文件的操作方法基本相同，限于篇幅，这里不再赘述。

4. 从 Word 文件导入数据

Word 是 Microsoft Office 软件包的重要组成部分，因此对 Word 中的数据进行汇总、分析等操作是非常普遍的，而 Access 是功能强大的桌面数据库系统，对数据进行操作、存储是一件非常容易的事。因此，Access 提供了将 Word 文本导入或链接到数据库，从而获得外部信息的功能。

Access 没有提供从字处理文件导入数据的特定方法。在 Access 的"外部数据"选项卡中并没有提供 Microsoft Word 的文本类型。用户要将 Word 文本导入或链接到 Access 数据库，其操作步骤是将 Word 文档文件导入或链接之前，要先打开希望导入或链接的 Word 文档文件，并将该 Word 文档文件另存为用逗号或制表符分隔的文本文件，然后将该文本文件导入或链接。

3.4.2　导出数据

Access 不仅能从外部导入数据，而且可以将数据、Access 表或查询复制到一个新的外部文件中，这种将 Access 表复制到外部文件的过程称为导出。可以将表导出到许多不同的资源，如将 Access 数据库表中的数据导出到其他 Access 数据库、非 Access 数据库、Excel 电子表格、HTML 或文本文件等。

1. 导出数据到 Access 数据库

【例 3.13】 把"罗斯文"数据库中的"供应商"数据表导出到"罗斯文商贸"数据库中。其具体操作步骤如下。

(1)在打开的"罗斯文"数据库表对象窗口中选择"供应商",如图 3-57 所示。

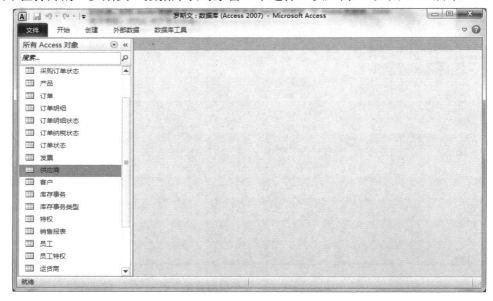

图 3-57　选择"供应商"表

(2)右击表对象"供应商",在弹出的快捷菜单中选择"导出"命令,打开其子菜单,如图 3-58 所示。

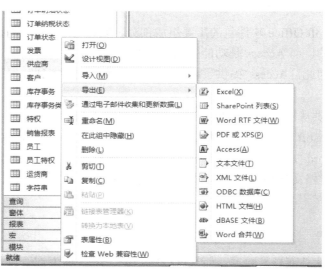

图 3-58　选择快捷菜单中的"导出"命令

(3)在子菜单中选择 Access 选项。打开"保存文件"对话框,在该对话框中指定导出到的数据库文件"罗斯文商贸.accdb",设置保存类型为"Microsoft Access(*.accdb)",保存位置为"桌面",如图 3-59 所示。

图 3-59　"保存文件"对话框

（4）单击"保存"按钮，弹出"导出"对话框，在"将供应商导出到"文本框中，系统默认给出数据表的名称为"供应商"，也可以修改成其他名字。在"导出表"选项组中有两个单选按钮，系统默认选中"定义和数据"单选按钮，如图 3-60 所示。

图 3-60　"导出"对话框

（5）单击"确定"按钮，完成导出操作。可以看到在"罗斯文商贸"数据库的数据表对象中增加了"供应商"数据表，如图 3-61 所示。

图 3-61　导入的"供应商"表

2. 导出数据到 Excel 电子表格

【例 3.14】 将"罗斯文商贸"数据库中的"运货商"表导出为 Excel 表。

具体操作步骤如下。

(1)打开"罗斯文商贸"数据库,在表对象列表区选定要导出的表"运货商",单击"外部数据"选项卡中的 Excel 按钮,如图 3-62 所示。

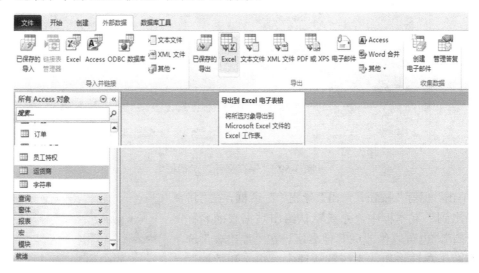

图 3-62　选定要导出的表

(2)在弹出的"导出-Excel 电子表格"对话框中选择文件名及文件格式,如图 3-63 所示。

图 3-63　指定目标文件名及格式

(3)单击"确定"按钮,将该表导出到桌面保存为 Excel 文件,还可以保存导出步骤进行重复操作,如图 3-64 所示。

图 3-64 导出的 Excel 文件

3.4.3 数据链接

数据链接指在 Access 数据库中为外部数据建立一个链接表,而数据仍保存在外部数据文件中。对于 Access 能够直接识别的数据格式、经常需要修改的共享外部数据,通常采用链接的方式使用。

Access 可以链接的外部数据源包括 Access 数据库、Microsoft Excel 电子表格、ODBC 数据库、文本文件、XML 文件、dBASE 文件、HTML 文档、Outlook、数据服务、SharePoint 列表等。

1. 数据链接与导入的区别

(1)对源数据的处理不同。导入是将源数据复制到了目标对象,而链接只是建立了引用关系,源数据仍然保留在原地。因此,导入过程的速度慢,但以后使用时操作速度快。链接过程的速度快,但以后使用链接数据的速度慢。

(2)与源数据的关系不同。源数据被导入新的对象后,导入的数据就与源数据没有任何关系了。而链接因源数据仍保留在原地,所以当源数据变化时,链接的数据同时发生变化,即可以保持与外部链接数据的一致性。

2. 数据导入或链接的选用规则

用户可根据具体情况参考以下规则进行选择。

(1)若目标文件太大,占用磁盘空间大,或根本无法导入,则应使用链接。

(2)若目标文件很小,并不会经常变化,应使用导入方式。若目标文件虽然不大,但经常变化,则应使用链接。

(3)若数据不需要与其他用户共享,可以使用导入,否则使用链接。

(4)若很重视操作速度,希望得到最佳的使用效率,则应使用导入。

(5)若目标文件虽然不大，但经常变化，则应使用链接。

3. 数据链接的操作过程

【例 3.15】　在"罗斯文商贸"数据库中链接"罗斯文"数据库中的"员工"表。

(1)打开"罗斯文商贸"数据库。单击"外部数据"选项卡中的 Access 按钮，打开"获取外部数据-Access 数据库"对话框，选中"通过创建链接表来链接到数据库"单选按钮，再指定数据源的文件名，如图 3-65 所示。

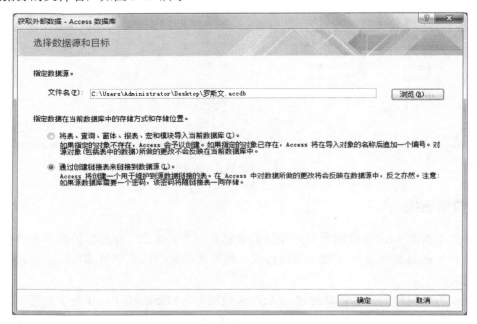

图 3-65　链接数据表对话框

(2)单击"确定"按钮，打开"链接表"对话框，在该对话框的"表"选项卡的列表框中，选择"员工"表作为链接的表对象，如图 3-66 所示。

图 3-66　"链接表"对话框

（3）单击"确定"按钮，完成链接表操作。可以看到"罗斯文商贸"数据库的"表"对象列表中增加了"员工"表，并在图标前有一个小箭头，如图 3-67 所示。

图 3-67　数据库窗口中链接 Access 表

其他外部数据的链接操作过程与外部数据导入过程相似，在此不再赘述。

4. 链接表的管理

管理链接表即修改链接表名称、删除链接表、查看和更新链接表等。

（1）修改字段属性。链接表与 Access 表的使用方式相同，只是不能修改链接表的结构，如添加字段、删除字段、修改字段名称和数据类型、改变字段顺序等，但允许修改字段的属性，如格式、小数位数、输入掩码、Unicode 压缩、IME 语句模式、显示控件。

（2）定义关系。可在"关系"窗口中为链接表、Access 表建立永久关系，并可将这种关系用于创建查询、窗体和报表。

（3）修改链接表名称。要修改一个链接表的名称，可在数据库窗口中右击链接表，在弹出的快捷菜单中选择"重命名"命令，使表名称进入编辑状态，然后将其修改为新的名称。

（4）删除链接表。在数据库窗口中单击要删除的链接表，按 Delete 键或在快捷菜单中选择"删除"命令，打开删除链接表对话框，单击"是"按钮就可完成删除操作。

（5）查看或更新链接表。如果重命名、移动或修改了链接的外部数据文件，可使用快捷菜单中的"链接表管理器"来查看或更新链接信息。具体步骤如下：右击链接表对象，在弹出的快捷菜单中选择"链接表管理器"命令，通过"链接表管理器"对话框可以完成所选中链接表的更新及链接信息的查看操作，如图 3-68 所示。

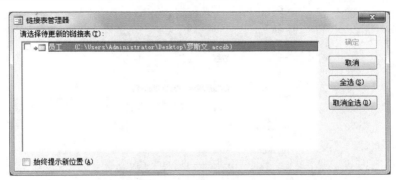

图 3-68　"链接表管理器"对话框

3.5　字段的常用属性设置

在数据表中除了输入每个字段的名称、说明和基本数据类型外，每一类型的字段还有相应的若干属性选择。常用的一些字段属性及其含义如表 3-2 所示。

表 3-2　常用字段属性说明

字段属性	说明	备注
字段大小	指定文本型字段的长度（最多字符数），或数值型字段的类型和大小	如中文名字可设置为 10B
格式	指定应如何显示和打印字段	如将入学时间显示为短日期：2013-9-10
输入掩码	为字段的数据输入指定模式	如输入值的哪几位才能输入数字，什么地方必须输入大写字母等。可用输入掩码向导来编辑输入掩码
标题	为窗体或报表上使用的字段提供标签	一般情况不设置，让它自动取这个字段的字段名，这样当在窗体上用到这个字段的时候就会把字段名作为它的标题来显示
默认值	为所有新记录提供默认信息	在某些确定的情况下，可减少用户输入的数据量。例如，学生地址的默认值可设为"云南财经大学"
有效性规则	在保存用户输入的数据之前验证数据	如可设置学生的出生日期必须小于当前的计算机系统日期
有效性文本	在因数据无效而被拒绝时显示一则消息	如显示"请输入正确的出生日期"
必填字段	将字段定义为填写记录所必需的数据	如学生必须有学号
允许空字符串	允许要填写的记录有不包含数据的字段	
索引	设置对该字段是否进行索引以及索引的方式	索引可以提高数据查询或排序的速度，但会使数据更新的速度变慢

3.5.1　字段的显示格式属性设置

【例 3.16】　以"罗斯文商贸"数据库中的"员工"表为例，设置"出生日期"字段的显示格式属性。

具体操作步骤如下。

（1）打开"员工"表的表设计视图。

（2）选择"出生日期"字段，在"常规"选项卡的"格式"编辑栏内打开下拉列表选择"短日期"选项，如图 3-69 所示。

（3）单击工具栏上的"保存"按钮，完成属性设置。

图 3-69　出生日期格式属性设置

3.5.2　字段的输入掩码设置

【**例 3.17**】　以"罗斯文商贸"数据库中的"员工"表为例，设置"邮政编码"字段的输入掩码属性。

具体操作步骤如下。

（1）打开"员工"表的表设计视图。

（2）选择"邮政编码"字段，在"常规"选项卡的"输入掩码"编辑栏内输入 000000，如图 3-70 所示。

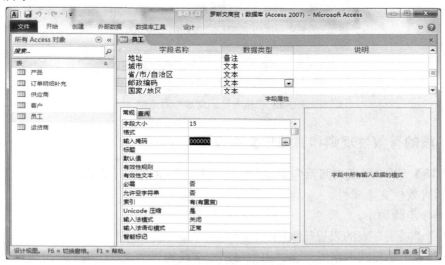

图 3-70　输入掩码属性设置

（3）单击工具栏上的"保存"按钮，完成属性设置。

（4）打开"员工"表的数据表视图，单击最后一行，此时"邮政编码"字段的输入栏里出现占 6 个字符位置的下划线，输入时只有输完 6 个字符才能离开此字段的编辑栏，如图 3-71 所示。

图 3-71　输入掩码属性的设置结果

　　也可以通过单击"常规"选项卡的"输入掩码"编辑栏右侧的 ··· 按钮，打开"输入掩码向导"对话框，然后单击"编辑列表"按钮进行输入掩码的自定义编辑，如图 3-72 所示。

图 3-72　"输入掩码向导"对话框

3.5.3　字段的有效性规则和有效性文本设置

　　【例 3.18】　以"罗斯文商贸"数据库中的"员工"表为例，设置"出生日期"字段的有效性规则和有效性文本属性。

　　具体操作步骤如下。

　　(1)打开"员工"表的表设计视图。

　　(2)选择"出生日期"字段，在"出生日期"字段的"常规"选项卡"有效性规则"编辑栏内输入"<Data()"，在"有效性文本"编辑栏内输入"您的输入有误，请重新输入！"，如图 3-73 所示，表示出生日期不能超出系统当前日期，如果输入超出系统当前日期，系统就会出现错误提示"您的输入有误，请重新输入！"。

　　(3)单击工具栏上的"保存"按钮，完成属性设置。

图 3-73　有效性规则和有效性文本设置

3.5.4 使用查阅向导创建值列表和查阅列表

使用查阅向导功能可以简化数据的输入。一般表中大部分字段的内容都来自用户输入的数据，或从其他数据源导入的数据。但是在某些情况下，某个字段的内容也可以取自一组固定的数据或者其他表中的数据，这就是字段的查阅功能。

【例 3.19】 使用查阅向导为"罗斯文商贸"数据库中"员工"表的"职务"字段创建值列表。

具体操作步骤如下。

(1)打开"员工"表的表设计视图，选中"职务"字段，在"数据类型"组合框中选择"查阅向导"选项，弹出"查阅向导"对话框，选中"自行键入所需的值"单选按钮，如图 3-74 所示。

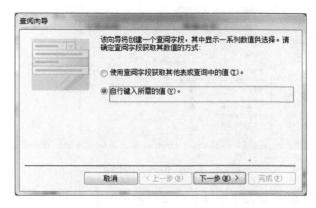

图 3-74 "查阅向导"对话框

(2)单击"下一步"按钮，在"第 1 列"的网格中依次输入"销售代表"、"销售经理"、"内部销售协调员"和"副总裁(销售)"，在"列数"输入框内输入 2，并单击下面的网格，则出现新的一列(第 2 列)；在"第 2 列"的网格中依次输入 1、2、3、4，如图 3-75 所示。

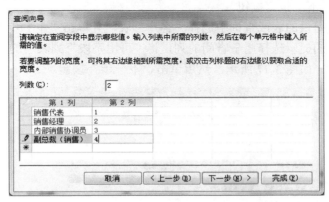

图 3-75 输入查阅列表值

(3)希望字段的下拉列表中只显示包含"销售代表"字样的第 1 列，而不显示包含数字的第 2 列，因此可以拖动第 2 列的右边界，将其宽度变为 0，即不显示该列。

(4)单击"下一步"按钮，查阅向导将提示选择包含要存储到数据库中的实际数据所在的列，选择 Col2 选项，即数字 1、2、3、4 所在的列，然后单击"下一步"按钮。

(5)此时查阅向导会提出"请为查阅列指定标签"，保留"职务"作为该查阅列的标签。单击"完成"按钮，并保存"员工"表，单击"职务"字段的"查阅"属性选项卡，会显示如图 3-76 所示内容。

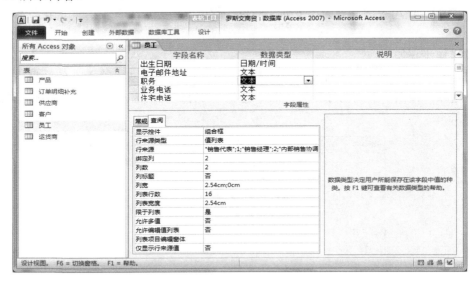

图 3-76　值列表的设置

【例 3.20】　使用查阅向导为"罗斯文商贸"数据库中"订单"表的"客户 ID"字段创建查阅列表。

具体操作步骤如下。

(1)打开"订单"表的表设计视图，选中"客户 ID"字段，在"数据类型"组合框中选择"查阅向导"选项，弹出"查阅向导"对话框。选中"使查阅列在表或查询中查阅数值"单选按钮，并单击"下一步"按钮。

(2)从查阅向导提供的表或查询中选择"客户"表，并单击"下一步"按钮。

(3)按查阅向导的提示选择用于查阅的列，将"可用字段"列表中的"公司"字段添加到"选定字段"列表中，如图 3-77 所示，然后单击"下一步"按钮。

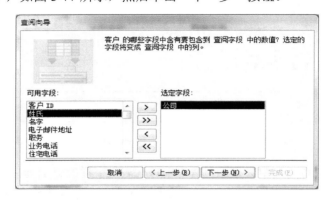

图 3-77　选择用于查阅的字段

(4)此时弹出为列表中字段使用的次序进行排序的对话框，当有多个字段时，可对其进行排序，之后单击"下一步"按钮。

(5)调整列宽：查阅向导自动隐藏了关键字段，"公司"正是需要显示的列。故直接单击"下一步"按钮，此时查阅向导会提出"请为查阅列指定标签"，输入"客户"作为该查阅列的标签，如图 3-78 所示。

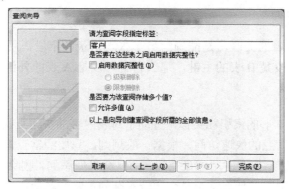

图 3-78　查阅字段的标签设置

(6)单击"完成"按钮，并保存"订单"表。如图 3-79 所示是设计视图中显示的查阅列表的设置情况。

图 3-79　订单查阅列表的设置

3.6　关系的创建及应用

3.6.1　创建表之间的关联关系

在创建了不同主题的表以及定义了相应的主键后，就可以制定各表间的关系，从而建立一个关系数据库。创建表与表之间的关系后，Access 便可以在数据表视图中显示子数据表，并实施参照完整性，包括自动级联更新相关字段和自动级联删除相关记录。

在创建表之间的关联关系之前，需要先明确主键、外键、索引、参照完整性的概念。

1. 主键

主键(也称为主码)是用于唯一标识表中每条记录的一个或一组字段，不能重复，不允许为空。一个表的外键是另一表的主键，外键可以重复，也可以是空值。

2. 外键

外键用于与另一张表的关联，是能确定另一张表记录的字段，用于保持数据的一致性。例如，A 表中的一个字段是 B 表的主键，那么它就可以是 A 表的外键。

3. 索引

Access 的索引与一本书的索引相类似，有助于对表内容的快速查找和排序。使用索引可以获得对数据库表中特定信息的快速访问，根据一般规则，只要经常查询索引列中的数据，就应该对表创建索引。但索引不但会占用磁盘空间，而且会降低添加、删除和更新行的速度。因此，建不建索引、建多少索引、建什么索引是个比较复杂的策略和经验问题，有时要根据数据的访问、更新等统计特性作决定，这里不作过多讨论。下面简要介绍最简单的单字段索引创建方法。

(1)打开表的设计视图。

(2)在窗口上部单击要为其创建索引的字段。

(3)在窗口下部的"索引"属性框中单击，然后选择"有(有重复)"或"有(无重复)"选项即可，如果不建索引，则可选择"无"选项。

4. 参照完整性

参照完整性是指当更新、删除、插入一个表中的数据时，通过参照引用相互关联的另一个表中的数据，来检查对表的数据操作是否正确。如果删除主表中的一条记录，则从表中凡是外键的值与主表的主键值相同的记录也会被同时删除，将此称为级联删除；如果修改主表中主关键字的值，则从表中相应记录的外键值也随之被修改，将此称为级联更新。

下面以创建"产品"表和"供应商"表之间的关联关系为例来介绍其创建过程。

【例 3.21】 创建"罗斯文商贸"数据库中"产品"表和"供应商"表之间的关联关系。具体操作步骤如下。

(1)单击"数据库工具"选项卡中的"关系"按钮，如图 3-80 所示。

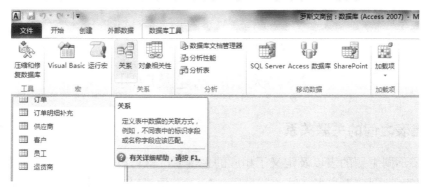

图 3-80 "数据库工具"选项卡

(2) 弹出"关系"选项卡及"显示表"对话框 (图 3-81)。如果没有弹出"显示表"对话框，则在"关系"选项卡上右击，在弹出的快捷菜单中选择"显示表"命令。

图 3-81　"显示表"对话框

(3) 双击要建立关系的表 (这里是"产品"表和"供应商"表) 或选中要建立关系的表后单击"添加"按钮，然后单击"显示表"对话框的"关闭"按钮，界面如图 3-82 所示。

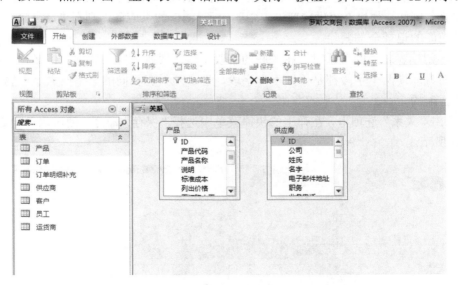

图 3-82　添加要建立关系的表

(4) 将"供应商"表的 ID 字段拖动到"产品"表的"供应商 ID"字段，弹出"编辑关系"对话框，如图 3-83 所示，选中"实施参照完整性"复选框，然后单击"创建"按钮。

说明以下几点。

"实施参照完整性"复选框被选中后：当添加和修改数据时，Access 会检查数据是否违反了参照完整性规则，如果是则提示出错并拒绝操作。

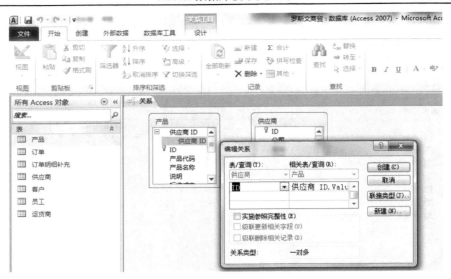

图 3-83　"编辑关系"对话框

"级联更新相关字段"复选框被选中后：当更新主表中关键字段的内容时，同步更新关系表中的相关内容。例如，如果在"供应商"表中更改了某一供应商的 ID，则在"产品"表中将会自动修改该供应商记录中的 ID 为刚修改后的值。

"级联删除相关记录"复选框被选中后：当删除主表中的某条记录时，同步删除关系表中的相关记录。例如，如果在"供应商"表中删除了某 ID 的供应商，则在"产品"表中将会自动将该供应商的记录全部删除。

另外，创建表之间的关系时，相关联的字段不一定要有相同的名称，但必须有相同的字段类型，而且即便两个字段都是"数字"字段，也必须具有相同的"字段大小"属性设置，才是可以匹配的。

（5）右击"关系"选项卡，在弹出的快捷菜单中选择"保存"命令，便可保存设定的关系，如图 3-84 所示。

图 3-84　保存设定的关系

3.6.2　使用子表

通常在建立了表之间的关系以后，Access 会自动在主表中插入子表，但这些子表一开始都是不显示出来的。在 Access 中，让子表显示出来叫做展开子数据表，让子表隐藏叫做将子数据表折叠。

要展开子数据表，只要单击主表第一个字段前面一格，对应记录的子记录就会展开，并且格中的小方框内"+"会变成"–"。再单击一次，就可以把这一格的子记录折叠起来，小方框内的"–"也变回"+"。例如，打开"供应商"表，就可以通过单击学号前的"+"方便地查看这个供应商所提供的产品记录，如图 3-85 所示。

图 3-85　使用子表

若要删除子数据表，则单击"开始"选项卡中"记录"选项组中的"其他"按钮，在弹出的下拉菜单中选择"子数据表"|"删除"选项，就可以删除子数据表，如图 3-86 所示。

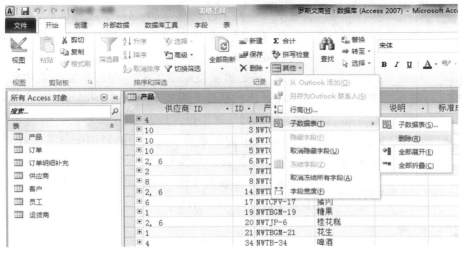

图 3-86　删除子数据表

3.7　常用表数据操作

Access 是个界面操作非常友好的数据库，很多表数据操作，如记录的浏览、选定、添加、删除、查找、替换以及字段的冻结等操作都是与 Excel 表的操作相同或类似的，这里不再一一介绍。下面只是以"产品"表为例，介绍记录的隐藏、排序和筛选。

3.7.1　隐藏列和冻结列

【例 3.22】　对"罗斯文商贸"数据库中"产品"表的"产品名称"列进行隐藏操作。

具体操作步骤如下。

（1）打开"产品"表，选中要隐藏的"产品名称"列，单击所选中列的右键，弹出快捷菜单。如图 3-87 所示。

图 3-87　选中隐藏列

图 3-88　"取消隐藏列"对话框

（2）方法一：拖动鼠标或单击快捷菜单中的"字段宽度"，设置所选中的字段列宽为 0，这些字段列就成为隐藏列。方法二：选择快捷菜单中的"隐藏字段"命令，便可以将所选择的列隐藏起来。

（3）若要显示被隐藏的列，则右击数据表中的任意字段名，在弹出的快捷菜单中选择"取消隐藏字段"选项，打开"取消隐藏列"对话框，如图 3-88 所示。

（4）选中被隐藏的字段名前的复选框，再单击"关闭"按钮，可以将隐藏的列恢复。

冻结列和取消冻结列的操作与隐藏列和取消隐藏列的操作类似，在此不再赘述。

3.7.2　记录排序

【例 3.23】　对"罗斯文商贸"数据库中"产品"表的"列出价格"字段进行记录排序。

具体操作步骤如下。

(1)打开"产品"表，选中要排序的"列出价格"字段，如图 3-89 所示。

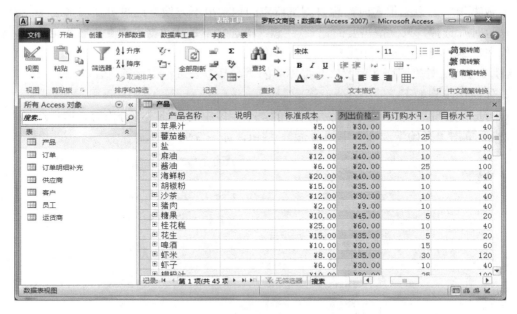

图 3-89　选择要排序的字段

(2)单击工具栏上的"升序"按钮(若要降序排序，则单击"降序"按钮)，或右击所选字段，选择弹出的快捷菜单中的"升序"命令，排序后的结果如图 3-90 所示。

图 3-90　升序排序结果

(3)单击工具栏上的"保存"按钮可以保存排序记录，单击"取消排序"按钮可取消排序。

3.7.3 记录筛选

当数据表中的数据很多时，想要浏览特定的记录很不方便。此时可使用筛选功能将无关的记录暂时筛选掉，只保留需要的记录(注意：筛选并不是从数据表中真正删除记录，只是不把它们在数据表视图中显示出来)。

【例 3.24】 对"罗斯文商贸"数据库中的"产品"表进行记录筛选。

具体操作步骤如下。

(1)打开"产品"表，选中要参加筛选的一个字段中的全部或部分内容，这里选择"调味品"；然后单击"开始"选项卡中的 选择 ▾ 按钮，如图 3-91 所示。

图 3-91　选定筛选内容

(2)在弹出的下拉菜单中选择"等于"调味品""选项，即可筛选出所需内容，如图 3-92 所示。

图 3-92　筛选出"调味品"

(3)单击工具栏上的"保存"按钮，可以保存筛选设置。

这样，当下次打开该数据表时，单击"开始"选项卡中的 切换筛选 按钮应用筛选，即可以看到筛选结果，如图 3-93 所示。

图 3-93　应用筛选

"高级"筛选子菜单(图 3-94)含义如下。

① 清除所有筛选器：可取消原来设置的所有筛选操作。

② 按窗体筛选：可由用户在对话框里确定筛选字段和筛选条件。

③ 应用筛选/排序：可显示原来设置的筛选/排序操作。

④ 高级筛选/排序：可设置一组筛选条件，并可对复合字段进行复合排序。

图 3-94　"高级"筛选子菜单

另外，也可选择"开始"选项卡中的 筛选器 按钮进行相关筛选操作，如图 3-95 所示。

图 3-95　"筛选器"窗口

3.7.4　记录定位

Access 可以使用"查找"选项在表中进行记录的定位操作。如果要定位的记录满足特定的条件(例如，搜索词涉及"等于"或"包含"等比较运算符)，则是有效定位特定记录的一种选择。但只有在表当前显示有数据时，才能使用"查找和替换"对话框。

【例 3.25】　在"罗斯文商贸"数据库中，对"产品"表中类别为"饮料"的记录进行定位。具体操作步骤如下。

(1)打开"产品"表，选中"类别"字段，如图 3-96 所示。

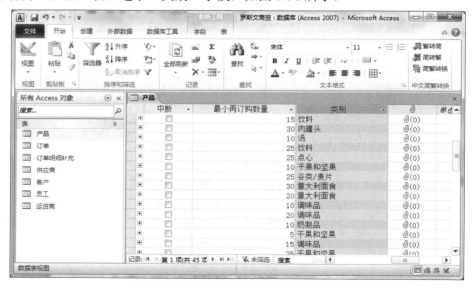

图 3-96　选择定位字段

(2) 单击"开始"选项卡中的"查找"按钮，打开"查找和替换"对话框，如图 3-97 所示。

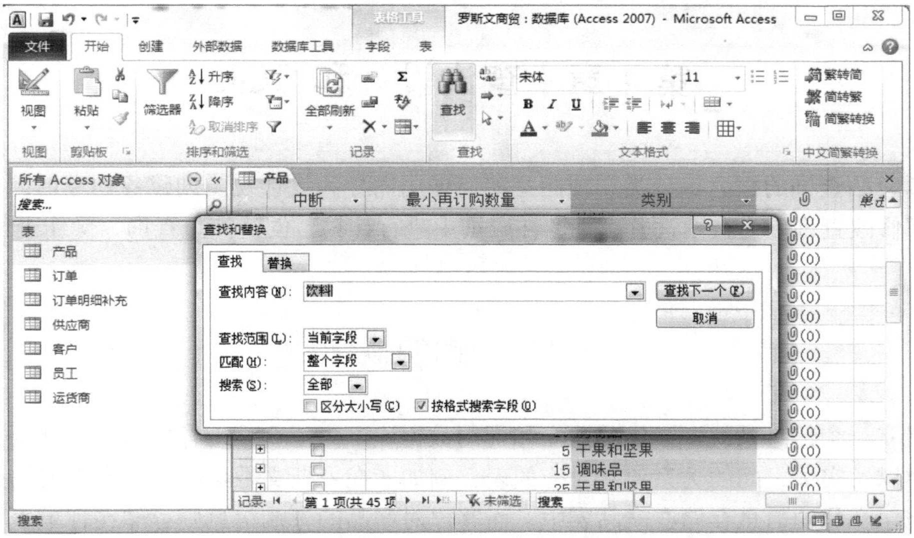

图 3-97　打开"查找和替换"对话框

(3) 在"查找内容"组合框中输入"饮料"，单击"查找下一个"按钮，对"产品"表中类别为"饮料"的记录进行逐一定位。

说明：要更改希望搜索的字段或搜索整个基础表，请在"查找范围"组合框中选择相应的选项。"匹配"下拉列表框代表比较运算符(如"等于"或"包含")，要扩大搜索范围，请在"匹配"下拉列表框中选择"字段任何部分"选项，在"搜索"下拉列表框中选择"全部"选项，然后单击"查找下一个"按钮。在突出显示要搜索的项目后，请在"查找和替换"对话框中单击"取消"按钮以关闭该对话框。系统将突出显示符合条件的各条记录。

本 章 小 结

本章主要介绍了有关数据库和表的基本知识，介绍了数据库和表的各种创建方法，并对表的导入和导出操作，记录的排序、定位和筛选，表的维护等常用操作进行了介绍。本章的重点是数据库和表的创建与使用，难点是掌握表维护中的表之间关联关系的创建。

习　　题

1. 简述几种打开数据库的方式。
2. 怎样使用表设计器创建表？
3. 字段的数据类型有哪些？
4. 简述"有效性文本"和"有效性规则"的作用。
5. 简述常用的字段属性。
6. 怎样创建一个表和与之相关的表中的记录间的关联关系？
7. 简述数据的链接与导入的区别。
8. 如何保证数据库中数据的完整性？

第 4 章　查询设计和 SQL

本章介绍查询的概念、分类和视图；如何使用向导和设计视图创建各种查询；在设计视图中如何修改查询、为查询设置准则、在查询中进行计算、创建参数查询、操作查询和 SQL 查询等。

4.1　查询的概念

要建立一个信息系统，必然要建立相应的数据库。为了合理地存储数据，就要根据项目中的实体以及实体之间的关系建立对应的表。例如，在罗斯文数据库中，客户的信息存储在客户表中，产品的信息存储在产品表中，而客户对产品的订购信息则存储在订单表和订单明细表中。

在使用数据库的过程中，用户常常要查看一些自己需要的信息。例如，用户希望了解客户订购产品的信息。而支持这些信息的数据存放在客户表、产品表、订单表和订单明细表中，甚至还会涉及更多的表。也就是说，数据库中数据的存储结构与用户希望见到的数据格式往往不同。为了解决这个问题，就需要建立查询。

4.1.1　查询

查询就是根据给定的条件，从数据库的表中筛选出符合条件的记录，构成用户需要的数据集合。

查询的结果以工作表的形式显示，该表与基本表有非常相似的外观，但并不是一个基本表，而是符合查询条件的记录集，其内容是动态的，在符合查询条件的前提下，它的内容随着基本表而变化。查询不保存数据，它是在运行时从一个或多个表中取出数据，运算产生结果，这个结果暂时保存在内存中。查询对象本身仅仅保存 Access 查询命令。

Access 把对表的增加、更新、删除等操作也归入查询中，同时，查询还可以用于汇总、分析、追加和删除数据。

4.1.2　记录集

记录集是查询返回的结果，Access 把整个由多条记录构成的查询结果称为记录集，记录集分为静态记录集和动态记录集。默认是动态记录集，这表示当修改记录集中的数据后，修改的数据可以存回基础表中，而静态记录集是不可修改的。

4.1.3　查询种类

Access 中的查询种类分为选择查询、参数查询、交叉表查询、操作查询(删除、更新、追加与生成表)和 SQL 查询(联合查询、传递查询、数据定义查询和子查询)。关于这些查询的详细内容将在后面详细介绍。

4.1.4　查询视图

查询共有五种视图，分别如下。

(1)设计视图。设计视图就是查询设计器，通过该视图可以设计除 SQL 查询之外的任何类型的查询。

(2)数据表视图。数据表视图是查询的数据浏览器，通过该视图可以查看查询运行结果，查询所检索的记录。

(3)SQL 视图。SQL 视图是按照 SQL 语法规范显示查询，即显示查询的 SQL 语句，此视图主要用于 SQL 查询。

(4)数据透视表视图和数据透视图视图。从这两种视图中可以更改查询的版面，从而以不同方式分析数据。

4.2　用查询向导创建查询

Access 提供了两种建立查询的方法，一种方法是使用查询向导；另一种方法是使用查询设计视图。在实际工作中，也可以先用查询向导建立一个初步查询，再用查询设计视图对它进行修改，设计出符合要求的最终查询。

查询向导包括简单查询向导、交叉表查询向导、查找重复项查询向导和查找不匹配项查询向导。

4.2.1　简单查询

使用简单查询向导可以创建一个简单的选择查询。

【例 4.1】　查询产品的名称、标准成本和列出价格。

分析：根据用户的要求，"产品"表中包含着用户需要的信息，如图 4-1 所示。

产品							
供应商 ID	ID	产品代码	产品名称	说明	标准成本	列出价格	
为全	1	NWTB-1	苹果汁		¥5.00	¥30.00	
金美	3	NWTCO-3	蕃茄酱		¥4.00	¥20.00	
金美	4	NWTCO-4	盐		¥8.00	¥25.00	
金美	5	NWTO-5	麻油		¥12.00	¥40.00	
康富食品，德昌	6	NWTJP-6	酱油		¥6.00	¥20.00	
康富食品	7	NWTDFN-7	海鲜粉		¥20.00	¥40.00	
康堡	8	NWTS-8	胡椒粉		¥15.00	¥35.00	
康富食品，德昌	14	NWTDFN-14	沙茶		¥12.00	¥30.00	
德昌	17	NWTCFV-17	猪肉		¥2.00	¥9.00	
佳佳乐	19	NWTBGM-19	糖果		¥10.00	¥45.00	

图 4-1　"产品"表

具体操作步骤如下。

(1)打开"罗斯文"数据库，单击"创建"选项卡，如图 4-2 所示。

图 4-2　"创建"选项卡

(2) 单击图 4-2 中的"查询向导"按钮，弹出"新建查询"对话框，如图 4-3 所示。

(3) 在图 4-3 所示对话框中选择"简单查询向导"选项，单击"确定"按钮，进入"简单查询向导"对话框，如图 4-4 所示。

图 4-3 　"新建查询"对话框

图 4-4 　"简单查询向导"对话框(一)

(4) 在图 4-4 所示的对话框的"表/查询"下拉列表框中选择"表：产品"选项，如图 4-5 所示。

(5) 在"可用字段"列表框中双击所需要的字段，将其添加到"选定字段"列表框中，或通过"可用字段"和"选定字段"两个列表框中间的">"按钮选择所需字段，如图 4-6 所示。

图 4-5 　"简单查询向导"对话框(二)

图 4-6 　"简单查询向导"对话框(三)

(6) 设置完成后，单击"下一步"按钮，打开如图 4-7 所示的对话框。

图 4-7 　"简单查询向导"对话框(四)

(7) 在图 4-7 所示的对话框中选中"明细（显示每个记录的每个字段）"单选按钮，单击"下一步"按钮，打开如图 4-8 所示的对话框。

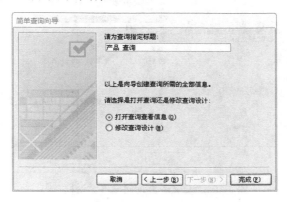

图 4-8　"简单查询向导"对话框(五)

(8) 在图 4-8 所示对话框中，先在"请为查询指定标题"文本框中为这个查询取一个名字，再选中"打开查询查看信息"单选按钮，然后单击"完成"按钮，查询结果如图 4-9 所示。

可以看到，在图 4-9 左侧的列表中已经建立了一个名为"产品查询"的查询。

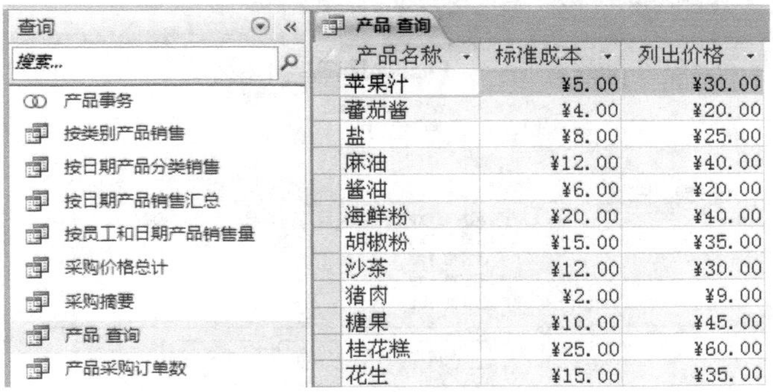

图 4-9　"产品查询"的运行结果

4.2.2　交叉表查询

使用交叉表查询可以对表中的数据进行统计和分析。交叉表查询将表中的字段分组，一组显示在数据表的左侧，另一组显示在数据表的顶部，行和列交叉处数据主要是将某字段分组并显示其汇总值，如合计、计算以及平均等。

【例 4.2】　试查询各运货商的运货情况。

分析：在"订单"表中，只要将同一个运货商运往同一个城市的订单 ID 进行计数就可以实现用户的要求。

具体操作步骤如下。

(1) 同例 4.1 操作步骤(1)。

(2) 同例 4.1 操作步骤(2)。

(3) 在图 4-3 所示界面中选择"交叉表查询向导"选项，然后单击"确定"按钮进入"交叉表查询向导"对话框，如图 4-10 所示。

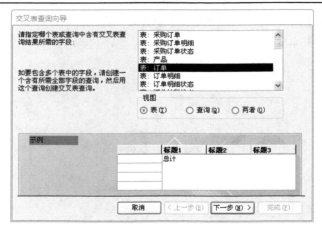

图 4-10 "交叉表查询向导"对话框(一)

(4)根据分析,选择"表:订单"作为查询选择的数据来源,单击"下一步"按钮,出现如图 4-11 所示的"交叉表查询向导"对话框。

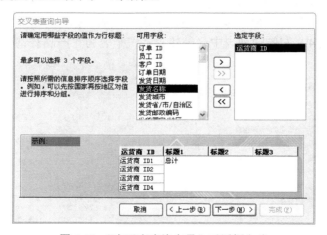

图 4-11 "交叉表查询向导"对话框(二)

(5)选择"运货商 ID"作为行标题,单击"下一步"按钮,出现如图 4-12 所示的"交叉表查询向导"对话框。

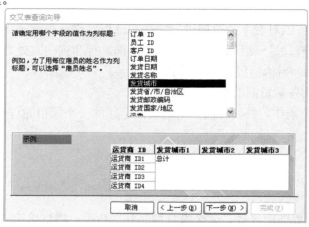

图 4-12 "交叉表查询向导"对话框(三)

(6)选择"发货城市"作为列标题,单击"下一步"按钮,出现如图 4-13 所示的"交叉表查询向导"对话框。

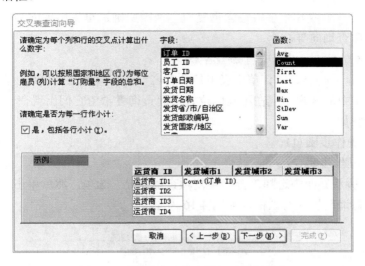

图 4-13　"交叉表查询向导"对话框(四)

(7)选择"订单 ID"作为行和列的交叉点,并选择 Count 运算,单击"下一步"按钮,出现如图 4-14 所示的"交叉表查询向导"对话框。

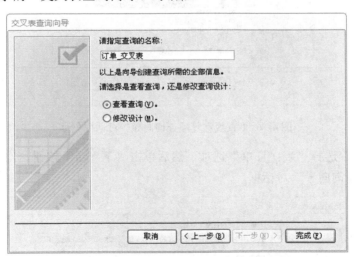

图 4-14　"交叉表查询向导"对话框(五)

(8)单击"完成"按钮,产生的查询结果如图 4-15 所示。

运货商	总计 订单	北京	长春	济南	昆明
	5	2	1	1	
急速快递	8	1		1	
统一包裹	18	4	2	2	1
联邦货运	17	3	1	2	1

图 4-15　查询结果

4.2.3 查找重复项查询

在表中常常有一个或几个字段包含重复值，当需要确定重复出现的是哪些记录时，就可以使用查找重复项查询向导。

【例 4.3】 试查询同一城市中有哪些客户。

分析： 根据用户的要求，"订单"表中包含着客户及客户所在的城市，但打开"订单"表后，看到同一城市中的客户出现在不同的位置，而查询者希望它们出现在一起。

具体操作步骤如下。

(1) 同例 4.1 操作步骤 (1)。

(2) 同例 4.1 操作步骤 (2)。

(3) 在图 4-3 所示界面中选择"查找重复项查询向导"选项，然后单击"确定"按钮，进入"查找重复项查询向导"对话框，如图 4-16 所示。

图 4-16 "查找重复项查询向导"对话框 (一)

(4) 根据分析，选择"表：订单"选项，然后单击"下一步"按钮，出现如图 4-17 所示的"查找重复项查询向导"对话框。

图 4-17 "查找重复项查询向导"对话框 (二)

(5) 选择"发货城市"作为包含重复值的字段，重复值字段可以有多个，单击"下一步"按钮，打开如图 4-18 所示的"查找重复项查询向导"对话框。

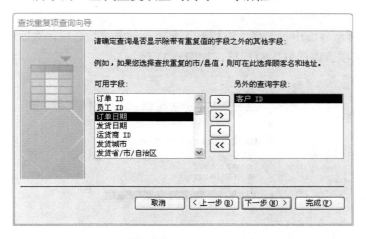

图 4-18　"查找重复项查询向导"对话框(三)

(6) 根据用户要求，选择"客户 ID"作为另外的查询。如果在这一步没有选择任何字段，则查询结果将对每一个重复值进行总计。单击"下一步"按钮，打开如图 4-19 所示的"查找重复项查询向导"对话框。

(7) 指定查询名称，单击"完成"按钮，查询结果如图 4-20 所示。

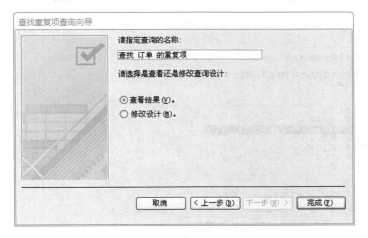

图 4-19　"查找重复项查询向导"对话框(四)

图 4-20　查询结果

4.2.4　查找不匹配项查询

通过查找不匹配项查询可以在两个表中查询一个表有而另一个表没有的记录。

增加一个表"预付款"，此表只有一个字段，即订单 ID，数据类型为"数字"。在此表中有记录的表示已付过预付款。然后将订单表中的订单 ID 复制过来，再随便删掉几行记录。

【例 4.4】　查询没有预付款的客户名单。

分析：在"订单"表中有客户名，"订单"表和"预付款"表可以通过"订单 ID"字段联系起来。

具体操作步骤如下。

(1)同例 4.1 操作步骤(1)。

(2)同例 4.1 操作步骤(2)。

(3)在图 4-3 所示界面中,选择"查找不匹配项查询向导"选项,然后单击"确定"按钮,进入"查找不匹配项查询向导"对话框,如图 4-21 所示。

图 4-21 "查找不匹配项查询向导"对话框(一)

(4)选择"表:订单"作为包含记录的表,单击"下一步"按钮,出现如图 4-22 所示的"查找不匹配项查询向导"对话框。

图 4-22 "查找不匹配项查询向导"对话框(二)

(5)选择"表:预付款"作为不包含记录的表,然后单击"下一步"按钮,打开如图 4-23 所示的"查找不匹配项查询向导"对话框三。

(6)以两个表的共同字段"订单 ID"作为匹配字段,单击"下一步"按钮,打开图 4-24 所示的"查找不匹配项查询向导"对话框。

(7)确定查询结果中包含的字段,这些字段来自"订单"表,本例选择了"订单 ID"和"客户 ID"。单击"下一步"按钮,在打开的对话框中输入查询的名称,单击"完成"按钮,就可显示所有没有交预付款的客户,结果如图 4-25 所示。

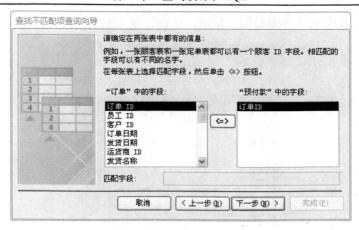

图 4-23　"查找不匹配项查询向导"对话框(三)

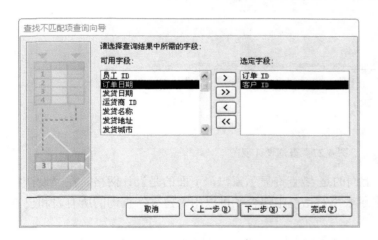

图 4-24　"查找不匹配项查询向导"对话框(四)

图 4-25　查询结果

4.3　用设计视图创建和修改查询

4.2 节介绍的四种查询向导只能生成一些简单的查询,对于较复杂的查询,往往不能满足要求。这时就需要用设计视图建立查询,或对向导建立的查询进行修改。

4.3.1　用设计视图创建查询

【例 4.5】　在"罗斯文"数据库中建立一个"订单查询",它除了包含订单表中的信息外,还要包括客户表中的信息。

　　分析：本例的要求在一个表中是无法完成的,这时就需要在设计视图中完成。

　　具体操作步骤如下。

　　(1)打开"罗斯文"数据库,切换到"创建"选项卡,如图 4-26 所示。

图 4-26　"创建"选项卡

(2)单击图 4-26 中的"查询设计"按钮，出现如图 4-27 所示的查询设计视图。

图 4-27　查询设计视图

设计视图分成上下两部分，上面的是表/查询显示窗口，下面的是设计网格。在"设计视图"上有"显示表"对话框，"显示表"对话框中包含了可以用来建立新查询的所有表和已有查询。

(3)添加用于查询表。在"显示表"对话框中，根据前面的分析，先双击"订单"表，再双击"客户"表，这两个表就出现在视图的上半部分，单击"关闭"按钮关闭"显示表"对话框，如图 4-28 所示。

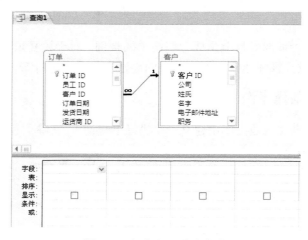

图 4-28　添加用于查询的表

如果需要加入其他表，可以在设计视图上半部分右击，在出现的快捷菜单中选择"显示表"命令，又会出现"显示表"对话框。若要从查询设计视图中删除表，可以右击该表，从出现的快捷菜单中选择"删除表"命令即可。

(4)在图 4-28 中可以看到，两个表之间通过"客户 ID"建立了关系。如果表间没有关系，则要自己建立关系，方法是用鼠标将一个表中的某个字段拖到另一个表的相应字段，释放鼠标左键，即出现一条横线，表示这两个表通过字段建立了关系。

(5)选择字段。直接双击需要的字段，可以看到该字段出现在下面的查询设计网格中，这表示现已选择了该字段，如图 4-29 所示。

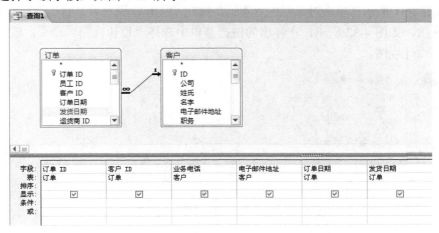

图 4-29　选择字段

选择字段也可以通过下面两种方法完成：一种方法是将表或查询中的字段拖到设计网格窗口中；另一种方法是先从设计网格的第二行选择一个表或查询，然后从第一行中选择该表或查询的某一个字段。

如果要加入所有字段，则双击表中的"*"即可，或拖动表中"*"到查询设计区的设计网格中，或先在设计网格中选择表或查询，然后选择所有字段的标记"*"。

若要删除已有的列，可以将鼠标指针移到字段上方，当鼠标指针的形状变为向下的黑色箭头时，单击选择列，按 Delete 键即可删除。

(6)查看结果。单击工具栏中的"执行"按钮 ，可得如图 4-30 所示结果。

订单 ID	客户	业务电话	电子邮件地址	订单日期	发货日期
44	三川实业有限公	(030) 30074		2006-3-24	
71	三川实业有限公	(030) 30074		2006-5-24	
36	坦森行贸易	(0321) 5553		2006-2-23	2006-2-25
63	坦森行贸易	(0321) 5553		2006-4-25	2006-4-25
81	坦森行贸易	(0321) 5553		2006-4-25	
31	国顶有限公司	(0571) 4555		2006-1-20	2006-1-22
34	国顶有限公司	(0571) 4555		2006-2-6	2006-2-7
58	国顶有限公司	(0571) 4555		2006-4-22	2006-4-22
61	国顶有限公司	(0571) 4555		2006-4-7	2006-4-7
80	国顶有限公司	(0571) 4555		2006-4-7	
37	森通	(030) 30058		2006-3-6	2006-3-9
47	森通	(030) 30058		2006-4-8	2006-4-8
56	森通	(030) 30058		2006-4-3	2006-4-3
64	森通	(030) 30058		2006-5-9	2006-5-9

图 4-30　查看结果

(7)保存查询。单击工具栏中的"保存"按钮，这时出现"另存为"对话框，在"查询名称"文本框中输入查询名称"订单查询"，然后单击"确定"按钮。

4.3.2　对查询结果排序

Access 允许用户对文本、数字和日期/时间等类型的字段进行排序。

1. 单字段排序

【例 4.6】　如果希望将例 4.5 的查询结果按照订单号有序排列，可以对查询结果排序。具体操作步骤如下。

（1）如图 4-31 所示，单击对象栏的"查询"按钮，打开查询对象。右击例 4.5 建立的"订单查询"选项，如图 4-32 所示，在弹出的快捷菜单中选择"设计视图"命令，就可打开"订单查询"的设计视图。

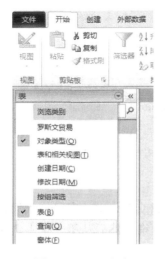

图 4-31　进入查询　　　　　　　　　　　图 4-32　"订单查询"快捷菜单

（2）单击"订单 ID"字段的"排序"单元格，这时右边出现一个下拉按钮。单击下拉按钮打开下拉列表，然后从列表中选择一种排序方式：升序或降序。这里选择"升序"排序方式，如图 4-33 所示。

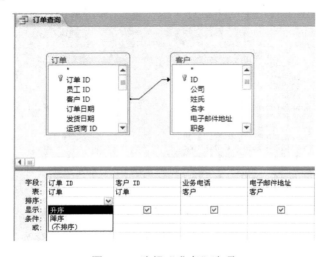

图 4-33　选择"升序"选项

单击工具栏中的"执行"按钮 ![执行按钮]，就可得到按升序排列的结果。

2．多字段排序

按照多个字段进行排序时，Access 首先按照第一个字段排序，当第一个字段的值相同时，再按下一个字段排序。所以应将排序的字段按次序先后由左至右放置。

【例 4.7】 如果用户希望看到图 4-34 所示的结果，可参照上例的步骤，按图 4-35 设计。

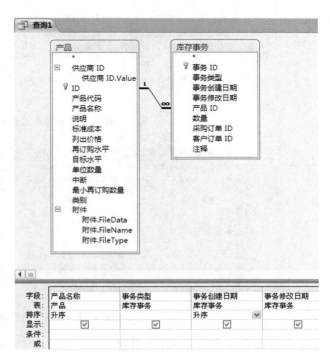

图 4-34　例 4.7 用图　　　　　　　　　　　　　　图 4-35　例 4.7 设计图

4.3.3　使用准则筛选记录

前面介绍了如何选择需要的字段，即如何进行纵向筛选。本节介绍对数据的横向筛选，即查询出满足一定条件的记录。

对原始数据进行横向筛选时，必须输入查询条件，这些条件是用表达式表示的，其输入位置在查询设计视图窗口的"条件"一行中。表达式是操作符、常量、字段值和函数等的组合，该组合将计算出一个单个的值。

【例 4.8】 查询已转入库存的产品采购订单情况。

具体操作步骤如下。

(1)选择"创建"|"查询设计"选项，进入查询设计视图。

(2)参照图 4-36 进行设计。

(3)结果如图 4-37 所示。

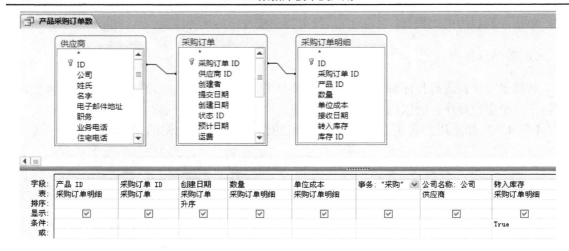

图 4-36 例 4.8 的查询设计

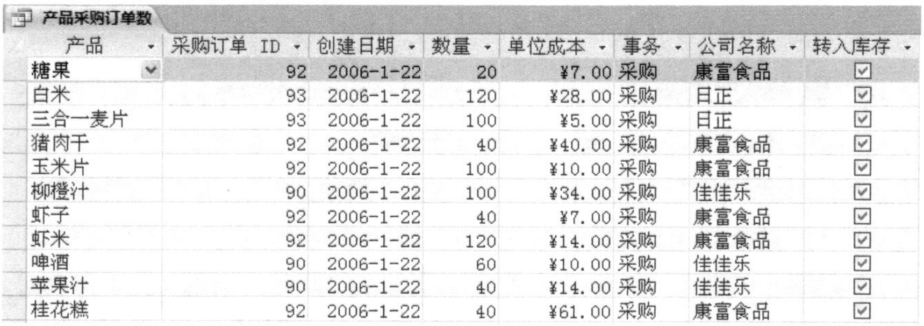

图 4-37 例 4.8 的查询结果

在查询设计视图中单击工具栏中的"生成器"按钮 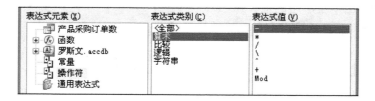，会出现"表达式生成器"对话框，从中可以看到 Access 2010 中的常量、操作符、通用表达式和函数，如图 4-38～图 4-41 所示。

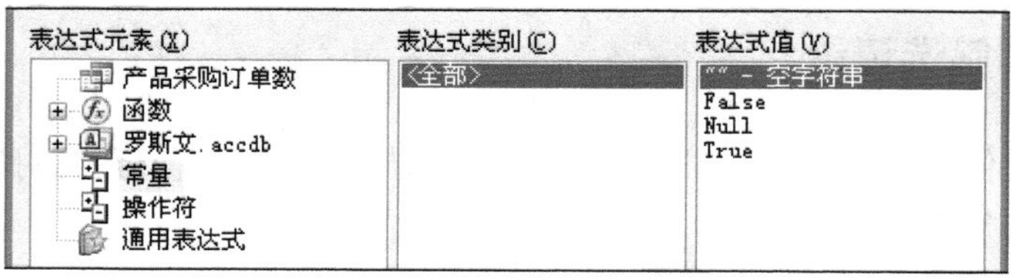

图 4-38 Access 2010 中的常量

图 4-39 Access 2010 中的算术操作符

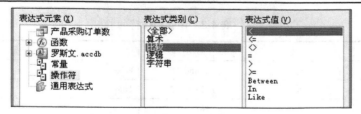

图 4-40　Access 2010 中的比较操作符

图 4-41　Access 2010 中的逻辑操作符

1. 常量

图 4-38 中的 True 表示真，False 表示假，Null 表示空。

2. 操作符

Access 中的算术操作符、比较操作符、逻辑操作符、通配符及特殊运算符如表 4-1～表 4-5 所示。

表 4-1　算术操作符

操作符	含义	示例	结果
+	加	1+3	4
−	减，用来求两数之差或是表达式的负值	4−1	3
*	乘	3*4	12
/	除	9/3	3
^	乘方	3^2	9
\	整除	17\4	4
mod	取余	17 mod 4	1

表 4-2　比较操作符

操作符	含义	示例	结果
=	等于	2=3	False
>	大于	2>1	True
>=	大于等于	"A">="B"	True
<	小于	1<2	True
<=	小于等于	6<=5	False
<>	不等于	3<>6	True
Between…And…	介于两值之间	Between 10 and 20	在 10 和 20 之间
In(string1,string2,…)	判断某字符串的值是否在指定字符串组中，若在，则结果为 True，否则为 False	In("优","良","中","及格")	"优"、"良"、"中"和"及格"中的一个
Like	判断某字符串是否符合指定样式，若符合，则其结果为 True，否则为 False	Like "经济*"	表示以"经济"两个字开头的字符串

表 4-3 逻辑操作符

运算符	含义	示例	结果
And	与	1<2 And 2>3	False
Or	或	1<2 Or 2>3	True
Not	非	Not 3>1	False
Xor	异或	1<2 Xor 2>1	False (A、B 同值时，结果为假，否则为真)
Eqv	逻辑相等	A Eqv B	A、B 同值时，结果为真，否则为假
Imp	逻辑蕴涵	A Imp B	A 为真，结果为 B 的值 A 为假，结果为真 A 为 Null，B 为真，结果为真 其余结果都为 Null

比较操作符和逻辑操作符的运算结果只有两个值：True 或 False。

字符串的操作符只有一个，即&，表示连接两个字符串。

表 4-4 通配符

通配符	功能	举例
*	表示任意数目的字符串，可以用在字符串的任何位置	Wh*可匹配 Why、What、While 等，*at 可匹配 cat、what、bat 等
?	表示任何单个字符或单个汉字	B?ll 可匹配 ball、bill、bell 等
#	表示任何一位数字	1#3 可匹配 123，103、113 等
[]	表示括号内的任何单一字符	B[ae]ll 可匹配 Ball 和 Bell
!	表示任何不在这个列表内的单一字符	B[!ae]ll 可匹配 Bill、Bull 等，但不匹配 Ball 和 Bell
-	表示在一个以递增顺序范围内的任何一个字符	B[a-e]d 可匹配 Bad、Bbd、Bcd 和 Bed

表 4-5 特殊运算符

运算符	含义
Is Null	值为空时为 True，否则为 False
Is Not Null	值为空时为 False，否则为 True

3. 通用表达式

通用表达式见表 4-6。

表 4-6 通用表达式

页码	总页数	第 N 页，共 M 页	当前日期	当前日期/时间
Page	Pages	"第 "& Page &" 页，共 "& Pages&" 页"	Date()	Now()

4. 函数

Access 2010 提供了许多内置函数，这为用户对数据进行运算和分析带来了极大的方便。图 4-42 展示了 Access 2010 中的日期/时间函数。

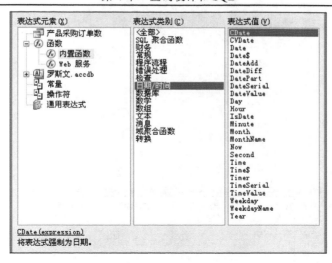

图 4-42　Access 2010 中的日期/时间函数

下面对一些常用函数作简单说明(表 4-7～表 4-9),其他 Access 函数的说明和使用方法请参阅 Access 帮助及其他相关文档。

表 4-7　算术函数

函数	含义	示例	结果
Abs(number)	返回绝对值	Abs(−1)	1
Int(number)	返回四舍五入后的整数	Int(−5.4)	−6
Fix(number)	返回数字的整数部分	Fix(−5.4)	−5
Sin(number)	返回指定角度的正弦值	Sin(3.14)	0.00159265291645653
Sgn(number)	返回整数,该值指示数值的符号	Sgn(2009)	1

表 4-8　时间/日期函数

函数	含义	示例	结果
Date()	返回系统当前日期	Date()	2015-1-20(注: 随系统日期变化)
Now()	返回系统当前日期和时间	Now()	2015-1-20 13:12:16(注: 随系统日期时间变化)
Time()	返回系统当前时间	Time()	13:12:16(注: 随系统时间变化)
Year()	返回某日期时间序列数所对应的年份数	Year(Date())	2015

表 4-9　字符串函数

函数	含义	示例	结果
InStr([start,]string1, string2 [, compare])	一个字符串在另一个字符串中第一次出现时的位置	InStr("student","tu")	2
Asc(string)	string 中首字母的 ASCII 码	Asc("Abs")	65
Left(string, length)	截取字符串左侧起指定数量的字符	Left("studen",3)	stu
Len(string)	字符串长度	Len("Microsoft")	9

【例 4.9】　查询产品表中单位数量为每袋的产品,进入查询设计视图,完成如图 4-43 所示的设计。

在"单位数量"下的条件为:Like "每袋*"。星号为通配符,表示任意一个或多个字符(另外一个通配符是"?",表示任意一个字符),运行结果如图 4-44 所示。

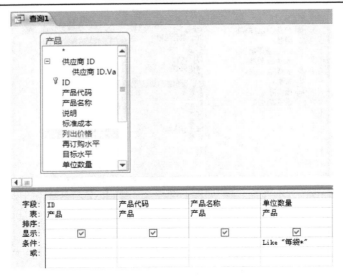

图 4-43　Like 示例

ID	产品代码	产品名称	单位数量
17	NWTCFV-17	猪肉	每袋500克
40	NWTCM-40	虾米	每袋3千克
41	NWTSO-41	虾子	每袋3千克
56	NWTP-56	白米	每袋3千克
57	NWTP-57	小米	每袋3千克
77	NWTCO-77	辣椒粉	每袋3千克

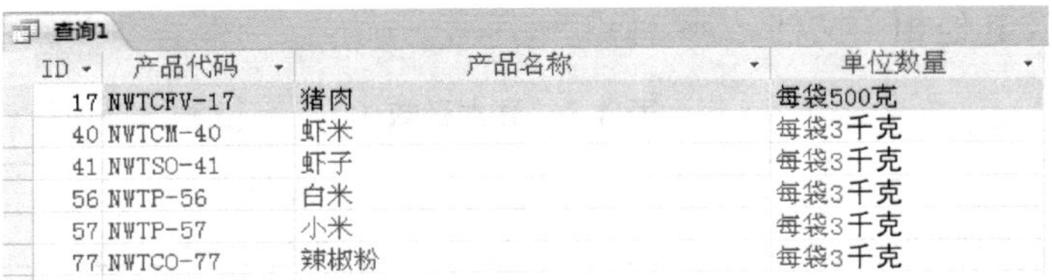

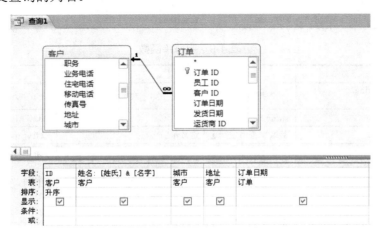

图 4-44　运行结果

【例 4.10】　设计一个 2006 年 4 月的订单查询。

具体操作步骤如下。

(1) 进入查询设计视图，完成如图 4-45 所示的设计。

注意：第 2 列中的字段表达式“姓名: [姓氏] & [名字]”。其中，[姓氏] & [名字]是一个表达式，表示客户表的每个记录的[姓氏]字段的值，后接[名字]字段的值。在它们前面加上“姓名:”，可以改变查询的列名。

图 4-45　添加客户表和订单表

(2) 在查询设计视图中，将光标定位于"订单日期"的条件中，单击"设计"选项卡
(图 4-46)中的"生成器"按钮，出现"表达式生成器"对话框。

图 4-46　查询工具的设计工具

(3) 选择表达式生成器中表达式元素列表框中的"操作符"列表项。

(4) 在表达式类别列表框中选取"比较"列表项。

(5) 在表达式值列表框中双击 Between 列表项。如图 4-47 所示，在生成器上半部分的条件查询框中出现如下 Between «表达式» And «表达式表达式»。

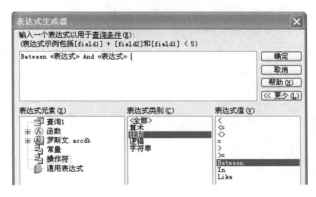

图 4-47　"表达式生成器"对话框

(6) 将上面文本框中的内容改为"Between #2006-4-1# And #2006-4-30#"。单击"确定"按钮，关闭"表达式生成器"对话框，运行结果如图 4-48 所示。

注意：在表达式中，日期型数据需用"#"括起来，字符型数据需用英文状态下的双引号(")括起来。

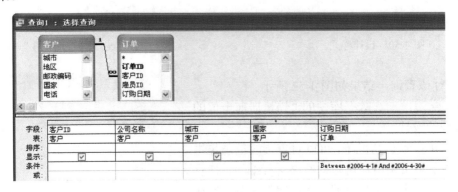

图 4-48　运行结果

(7) 切换到数据表视图，即可看到 2006 年 4 月的订单记录。

练习：学习下列罗斯文数据库自带查询的查询设计：按类别产品销售、采购摘要、订单

摘要、发票数据、供应商扩展信息、客户扩展信息、库存、扩展的采购详细信息、扩展订单明细、销售分析、员工扩展信息、运货商扩展信息。

图 4-49　"属性表"窗格

4.3.4　查询属性

进入查询设计视图，单击图 4-46 所示的设计工具栏的"属性表"按钮，弹出"属性表"窗格，如图 4-49 所示。

利用"属性表"对话框可以设计更复杂的查询。

【例 4.11】　查询最贵的 10 种产品。对产品表中的单价按降序排列，把查询属性"上限值"将 All 改为 10 即可。

具体操作步骤如下。

(1)打开查询设计窗口，按图 4-50 进行设计。

注意：在"产品名称"前加上"十种最贵的产品："可以改变查询的列名。

(2)打开查询属性，将上限值设为 10，如图 4-51 所示。

图 4-50　设计样式

图 4-51　"查询属性"对话框

(3)运行该查询，结果如图 4-52 所示。

练习：学习罗斯文数据库中的"销量居前十位的订单"查询的设计。

选择查询在默认情况下，可以对查询的记录集进行编辑，如果不希望用户对查询结果进行编辑，把查询的属性"记录集类型"设置为"快照"即可。默认的"动态集"是可以更新的。

十种最贵的产品	标准成本
桂花糕	¥25.00
海鲜粉	¥20.00
花生	¥15.00
胡椒粉	¥15.00
猪肉干	¥15.00
茶	¥15.00
三合一麦片	¥12.00
麻油	¥12.00
沙茶	¥12.00
果仁巧克力	¥10.00
柳橙汁	¥10.00
啤酒	¥10.00
肉松	¥10.00
糖果	¥10.00

图 4-52　查询结果

4.4　使用查询进行统计计算

在实际使用中，查询除了可以用来在各个表中按用户的需要收集数据外，还需要对数据进行统计计算。

新建一个查询，进入查询设计视图，单击图 4-46 所示设计工具栏中的"汇总"按钮 Σ，则在查询设计视图下半部分的设计网格出现"总计"行。再次单击工具栏的"汇总"按钮，可隐藏设计网格出现的"总计"行。单击设计网格"总计"行的下拉按钮会弹出 12 个选项，表示 Access 提供了 12 种统计功能，见图 4-53。

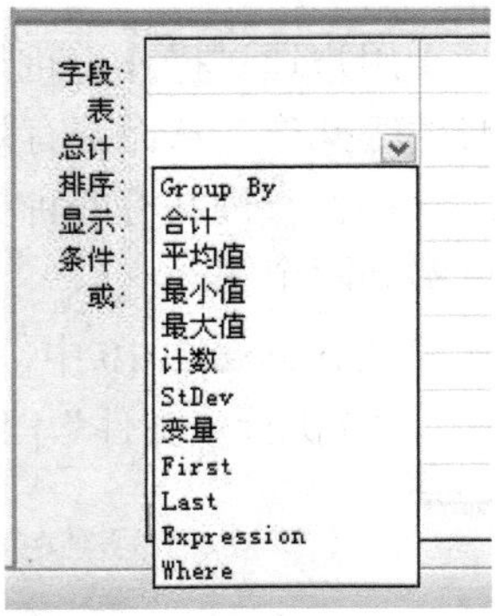

12 个选项分成 4 类：Group By（分组）、合计函数、Expression（表达式）和 Where（条件）。

分组是把记录按字段的不同值分成不同的组以便统计，例如，按性别把全部学生分成两组。

合计函数包括合计（Sum）、平均值（Avg）、最小值（Min）、最大值（Max）、计数（Count）、标准差（StDev）、变量、第一条记录（First）、最后一条记录（Last）。

图 4-53　"总计"下拉选项

表达式是把几个汇总运算分组并执行该组的汇总。

条件是对进入汇总的记录进行筛选。

【例 4.12】 创建一个查询，显示每个订单的小计。

具体操作步骤如下。

（1）进入查询设计视图，添加表"订单明细"，双击表中的"订单 ID"选项。在右边的字段单元格中输入"小计: Sum(CCur([单价]*[数量]*(1-[折扣])))"。

（2）单击工具栏中的"汇总"按钮。

（3）在"订单 ID"字段的总计单元格中选取"Group By"选项，在"小计"字段的总计单元格中选取"Expression"选项，如图 4-54 所示。

（4）切换到数据表视图，查询结果如图 4-55 所示，保存为订单小计。

图 4-54　"分组"和"表达式" 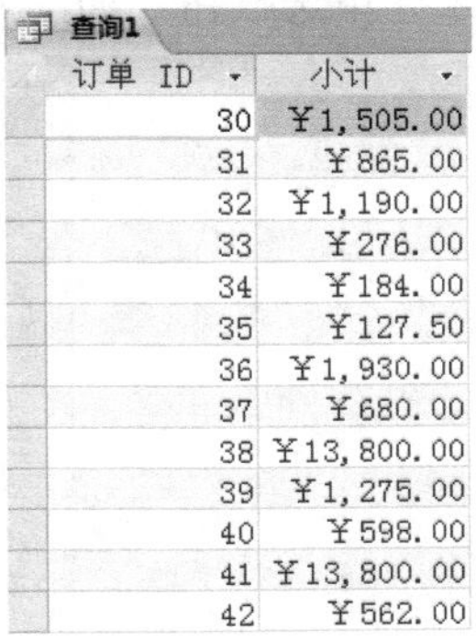　　　　　　　　　　　图 4-55　查询结果

练习：学习下列罗斯文数据库自带查询的查询设计：按日期产品分类销售、按日期产品

销售汇总、按员工和日期产品销售量、采购价格总计、订单分类汇总、订单价格总计、现有库存、延期交货产品、已订库存、已售库存。

4.5　操　作　查　询

用户通过操作查询可以创建一个新的数据表，以及对数据表中的数据进行添加、删除和修改等操作，从而更有效地管理表中的数据。

操作查询共有四种类型：生成表查询、追加查询、更新查询和删除查询。在图 4-46 中可以看到四个图标、、、。

在 Access 2010 中，要完成操作查询，需要作如下设置。

（1）执行"文件"|"选项"|"信任中心"命令，打开"Access 选项"对话框，如图 4-56 所示。

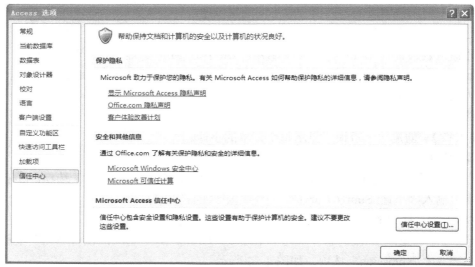

图 4-56　"Access 选项"对话框

（2）单击"信任中心"设置按钮，打开"信任中心"对话框，选择"宏设置"中的"启用所有宏"单选按钮，如图 4-57 所示，单击"确定"按钮。

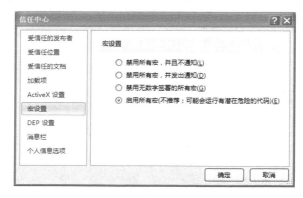

图 4-57　"信任中心"对话框

4.5.1　生成表查询

通过生成表查询，可以将查询结果保存为数据库中的一个新表。

【例 4.13】　通过生成表查询，创建不同类别的销售情况表。

具体操作步骤如下。

(1)进入查询设计视图，添加"产品"表和"订单明细"表。

(2)在"设计"工具栏中单击"生成表"按钮，弹出如图 4-58 所示的"生成表"对话框。在"生成表"对话框中输入新表名称"不同类别的销售额"，并将新表建立在当前数据库中，单击"确定"按钮。

图 4-58　"生成表"对话框

(3)按图 4-59 所示进行查询设计。

(4)单击工具栏上的"运行"按钮，执行生成表查询，系统显示一个消息框，如图 4-60 所示，单击"是"按钮，系统开始生成表。

切换到"表"对象，可以看到多出一个"不同类别的销售额"表。

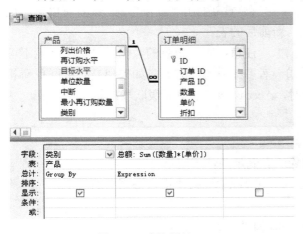

图 4-59　查询设计

图 4-60　系统显示消息框

4.5.2　更新查询

利用更新查询可以自动修改一个表或查询中符合条件的记录的相关数据。

【例 4.14】　使用更新查询将"订单"表中发货日期为空的记录统一定为"2015-1-1"，运货商为"联邦货运"。

具体操作步骤如下。

(1) 创建一个查询设计，在查询设计视图中添加"订单"表。

(2) 在"设计"工具栏中单击"更新"按钮。这时，设计视图中多出"更新到"选项，而"排序"和"显示"行消失了，这表明系统处于设计更新查询的状态，如图 4-61 所示。

(3) 按图 4-62 所示进行查询设计。

图 4-61　更新查询

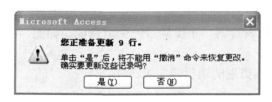

图 4-62　输入数据

图 4-63　系统显示的消息框

(4) 单击工具栏上的"运行"按钮，系统显示一个消息框，询问是否要进行更新，如图 4-63 所示。单击"是"按钮，系统开始更新记录。

(5) 重新打开"订单"表，读者可以对比更新前后的表。

注意：表中记录的数据一经更新，就不可恢复，更新操作不能撤销，对建立了一对一或一对多关系的相关表，如果建立了级联更新相关字段关系，则当更新一方表的关键字的值时，Access 会自动更新级联表的相关字段值。

4.5.3　删除查询

通过删除查询可以从一个或多个表中删除所有满足条件的记录。

【例 4.15】　使用删除查询，删除"员工"表中"职称"为"销售协调"的员工。

具体操作步骤如下。

(1) 创建一个查询设计，在查询设计视图中添加"员工"表。

(2) 在"设计"工具栏中单击"删除"按钮，参见图 4-46。此时，设计视图中增加"删除"选项，"排序"和"显示"选项消失。

(3) 按图 4-64 所示进行查询设计。

(4) 单击工具栏上的"运行"按钮，系统显示消息框询问是否要进行删除操作，如图 4-65 所示。单击"是"按钮，系统开始删除记录。

(5) 重新打开表"员工"表，发现没有职称为销售协调的员工信息了。

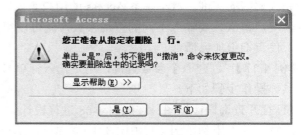

图 4-64 查询设计   图 4-65 删除查询确认框

4.5.4 追加查询

通过创建追加查询，可以在一个表后追加新的数据，这在追加多条数据的时候很有用，如将一个表的经过选择的信息追加到另一个已存在的表中。

【例 4.16】在例 4.13 的基础上，建立一个追加查询，把不同产品代码的销售额追加到"不同类别的销售额"表中。

具体操作步骤如下。

(1)进入查询设计视图，添加"产品"表和"订单明细"表。

(2)在"设计"工具栏中单击"追加"按钮，弹出如图 4-66 所示的"追加"对话框。在"追加"对话框中选择表名称为"不同类别的销售额"，单击"确定"按钮。

(3)按图 4-67 所示进行查询设计。

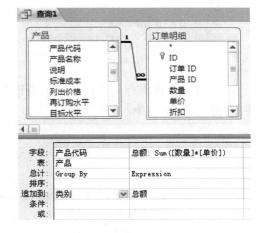

图 4-66 "追加"查询对话框   图 4-67 查询设计

(4)单击工具栏上的"运行"按钮，系统显示一个消息框，询问是否要进行追加，单击"是"按钮，系统开始追加记录。

(5)重新打开"不同类别的销售额"表，将看到在表原来记录的后面增加了新的记录。

4.6　参　数　查　询

前面介绍的准则查询是在准则处输入常量，若准则发生变化，则必须修改准则中的常量，才能完成相应的查询。对不熟悉 Access 的用户来说，要完成这些操作是不现实的。使用参数查询，用户每次只要输入不同的查询参数，就可以得到不同的查询结果，增强了和用户的交互性，使查询更加灵活。

【例 4.17】　创建一个参数查询，用户输入订单号后可看到相应订单明细。

具体操作步骤如下。

(1) 打开查询设计视图，按照图 4-68 进行设计。

注意：这里用到了例 4.12 中创建的查询"订单小计"。

(2) 在需要输入参数的字段"订单 ID"对应的条件单元格中输入查询准则，即带有方括号"[]"的文本，如"[订单号]"。

(3) 单击"运行"按钮，系统将弹出如图 4-69 所示的"输入参数值"对话框，输入订单号后，单击"确定"按钮即可显示相应的查询结果。

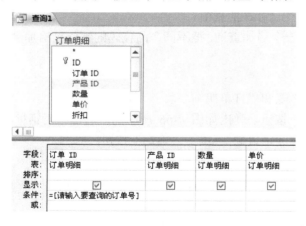

<table>
<tr><td>字段：</td><td>订单 ID</td><td>产品 ID</td><td>数量</td><td>单价</td></tr>
<tr><td>表：</td><td>订单明细</td><td>订单明细</td><td>订单明细</td><td>订单明细</td></tr>
<tr><td>排序：</td><td></td><td></td><td></td><td></td></tr>
<tr><td>显示：</td><td>☑</td><td>☑</td><td>☑</td><td>☑</td></tr>
<tr><td>条件：</td><td>=[请输入要查询的订单号]</td><td></td><td></td><td></td></tr>
<tr><td>或：</td><td></td><td></td><td></td><td></td></tr>
</table>

　　　　图 4-68　查询设计　　　　　　　　　　　图 4-69　"输入参数值"对话框

(4) 将此查询保存为"订单明细查询"。以后双击就可运行该查询，输入订单号后，就可得到相应的查询结果。

4.7　SQL 查询

SQL 是结构化查询语言(structured query language)的缩写，ISO(国际标准化组织)已将 SQL 定为关系数据库语言的国际标准，目前，它已成为数据库领域的主流语言。在前面各节中通过查询向导和查询设计视图设计的查询实际上都是用 SQL 命令实现的。读者只要进入前面建立的查询的设计视图，选择"视图"|"SQL 视图"菜单命令，就能看到它们的 SQL 命令。

数据查询是数据库的核心操作。SQL 的数据查询只有一条 SELECT 语句，却是用途最广泛的一条语句，具有灵活的使用方式和丰富的功能。

SELECT 语句一般格式如下：

```
SELECT   [ALL|DISTINCT] <目标列表表达式>[,<目标列表表达式>]
FROM   <表名或视图名>[,<表名或视图名>]
[WHERE   <条件表达式>]
[GROUP BY   <列名 1>[HAVING   条件表达式表名]]
[ORDER BY   <列名 2>  [ASC/DESC]];
```

整个语句的执行过程：根据 WHERE 子句的条件表达式，从 FROM 子句指定的基本表或视图中找出满足条件的元组，再按 SELECT 子句中的目标列表达式，选出元组中的属性值形成结果表。如果有 GROUP 子句，则将结果按列名 1 的值进行分组，该属性列值相等的元组为一个组，每个组产生结果表中的一条记录。如果 GROUP 子句带 HAVING 短语，则只有满足指定条件的组才输出。如果有 ORDER 子句，则结果表还要按列名 2 的值升序或降序排序。

4.5 节介绍了 Access 的操作查询，在 SQL 语句中也有相应的语句，如追加查询可用 INSERT INTO 语句，更新查询用 UPDATE 语句，删除查询用 DELETE 语句等。

4.7.1 创建 SQL 查询及最基本的 SQL 架构

【例 4.18】 创建一个 SQL 查询，完成例 4.1 的要求。

具体操作步骤如下。

(1) 创建查询设计，进入查询设计视图，关闭"显示表"对话框。

(2) 单击工具栏上的"切换视图"按钮，将视图改为"SQL 视图"，如图 4-70 所示。

(3) 输入 SQL 语句，如图 4-71 所示。

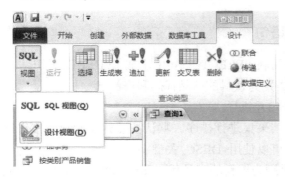

图 4-70   将视图改为 SQL 视图   图 4-71   输入 SQL 语句

(4) 单击工具栏上的"运行"按钮 ，即可得到所需结果。

在设计的过程中，可切换到数据表视图预览查询结果，如果预览到的结果不符合要求，再切换回 SQL 视图，修改 SQL 语句。

最基本的 SQL 框架：SELECT … FROM …。

注：星号(*)是选取所有列的快捷方式。

【例 4.19】 创建一个 SQL 查询，查询发货城市。

参照例 4.18，在 SQL 视图中输入图 4-72 所示的语句，可得到图 4-73 所示的查询结果。

可以看到相同内容重复出现，如果在字段名前加上 DISTINCT，如图 4-74 所示，执行结果如图 4-75 所示。

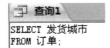

图 4-72　SQL 视图　　　　　　　　　　　图 4-73　查询结果

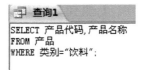

图 4-74　DISTINCT 示例　　　　　　　　　图 4-75　查询结果

4.7.2　WHERE 子句和 ORDER BY 语句

如需有条件地从数据表中选取数据，则可在 SELECT 语句中添加 WHERE 子句。

【例 4.20】 创建一个 SQL 查询，显示类别为饮料的产品代码和产品名称。

在 SQL 视图输入图 4-76 所示的 SQL 语句并执行。

ORDER BY 语句用于根据指定的列对结果集进行排序。默认按照升序对记录集进行排序，如果希望按照降序对记录集进行排序，可以使用 DESC 关键字。

【例 4.21】 创建一个 SQL 查询，显示类别为饮料的产品代码和产品名称，并按标准成本降序排序（从大到小排列）。

在 SQL 视图输入图 4-77 所示的 SQL 语句并执行。

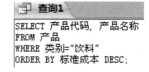

图 4-76　WHERE 子句　　　　　　　　　图 4-77　ORDER BY 子句

4.7.3　GROUP BY 子句和 HAVING 子句

在例 4.12 中执行了一个"订单小计"的查询，打开这个查询，切换到 SQL 视图，可以看到如图 4-78 所示的 SQL 语句。

```
订单小计
SELECT 订单明细.[订单 ID], Sum(CCur([单价]*[数量]*(1-[折扣]))) AS 小计
FROM 订单明细
GROUP BY 订单明细.[订单 ID];
```

图 4-78　GROUP BY 子句

GROUP BY 语句用于结合合计函数，根据一个或多个列对结果集进行分组。

在 SQL 中 WHERE 关键字无法与合计函数一起使用，如果想对组指定条件，则需要增加 HAVING 子句。

【例 4.22】　如果想看 1000 元以上(含 1000 元)的订单，可在图 4-79 的基础上增加一个 HAVING 子句，如图 4-79 所示。

```
订单小计
SELECT 订单明细.[订单 ID], Sum(CCur([单价]*[数量]*(1-[折扣]))) AS 小计
FROM 订单明细
GROUP BY 订单明细.[订单 ID]
HAVING Sum(CCur([单价]*[数量]*(1-[折扣])))>=1000;
```

图 4-79　HAVING 子句

4.5 节介绍了 Access 的操作查询，在 SQL 语句中也有相应的语句，如追加查询可用 INSERT INTO 语句，更新查询用 UPDATE 语句，删除查询用 DELETE 语句等。

4.7.4　INSERT INTO 命令

INSERT INTO 语句用于向表格中插入新的行，其语法格式如下：

INSERT INTO 表名 VALUES (值 1，值 2,…)

也可以指定所要插入数据的列，其语法格式如下：

INSERT INTO 表名 (列 1，列 2,…) VALUES (值 1，值 2,…)

【例 4.23】　向运货商表中追加一条记录，如图 4-80 所示。

```
查询1
INSERT INTO 运货商(公司,业务电话) VALUES ("圆通快递","12345678");
```

图 4-80　INSERT INTO 命令

4.7.5　UPDATE 命令

UPDATE 语句用于修改表中的数据，其语法格式如下：

UPDATE 表名 SET 列名称 = 新值 WHERE 列名称 = 某值

【例 4.24】　将例 4.23 中的电话号码改为 88888888，代码如图 4-81 所示。

```
查询1
UPDATE 运货商 SET 业务电话="88888888" WHERE 公司="圆通快递";
```

图 4-81　UPDATE 命令

4.7.6　DELETE 命令

DELETE 语句用于删除表中的行，其语法格式如下：

DELETE FROM 表名称 WHERE 列名称 = 值

【例 4.25】 删除"圆通快递",代码如图 4-82 所示。

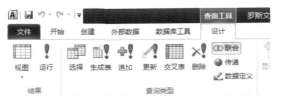

图 4-82　DELETE 命令

4.7.7　联合查询

使用联合查询可以将两个或多个表或查询中的字段合并,成为一个查询结果,即可以合并两个表中的数据。联合查询位于查询设计工具栏中,如图 4-83 所示。

图 4-83　联合查询

联合查询由若干 SELECT 语句组成,在每个 SELECT 语句之间用 UNION(不返回重复记录)或 UNION ALL(返回重复记录)连接。

【例 4.26】 建立一个联合查询,分别取出"客户"表中城市、公司名称、联系人姓名,"供应商"表中的城市、公司名称、联系人姓名,将其合并。

具体操作步骤如下。

(1)创建一个查询设计,关闭"显示表"对话框,单击如图 4-83 中的"联合"按钮。

(2)在 SQL 视图中输入以下 SQL 语句:

```
SELECT 城市, 公司, 姓氏&名字 AS 联系人姓名, "客户" AS 关系
FROM 客户
UNION SELECT 城市, 公司, 姓氏&名字 AS 联系人姓名, "供应商"
FROM 供应商;
```

(3)单击工具栏上的"运行"按钮,即可得到查询结果。

本 章 小 结

学习本章内容后,读者应该掌握查询的概念、分类和视图;重点掌握如何使用简单查询以及如何使用设计视图建立查询,并掌握修改查询、为查询设置准则、在查询中进行计算、创建参数查询的方法;理解操作查询、SQL 查询、交叉表查询、重复项查询和不匹配项查询的方法。

习　　题

1. 什么是查询? Access 2010 中有哪些查询?

2. Access 2010 中查询有哪些视图? 它们的作用分别是什么?

3. Access 2010 有哪些查询向导?

4. SQL 的含义是什么?

5. Access 2010 中的操作查询有什么作用? 有哪些种类?

第 5 章　窗　体　设　计

窗体是数据库管理系统的重要对象，利用窗体对象可以设计出友好的用户操作界面，实现用户和数据库应用系统的交互。对于创建一个 Access 数据库应用程序系统来说，制作各种各样的窗体是必不可少的，因此掌握设计窗体的方法十分重要。

本章在介绍窗体的基本概念的基础上，介绍使用窗体工具快速创建窗体、使用窗体向导创建窗体的方法，使用设计视图以及布局视图创建及修改窗体的方法，介绍常用修饰窗体的方法，以及创建主/子窗体、导航窗体及图表类窗体的方法。

5.1　窗　体　概　述

5.1.1　窗体概念和功能

窗体(form)又称为表单，是用户和 Access 应用程序之间的主要接口。数据库是用表来存储数据的，一个完善的数据库应用程序，要使用户能够方便地对数据表进行数据的输入、修改维护，以及显示输出。利用 Access 窗体，能使用户可以轻松地完成数据的各种处理，制定表中数据的多种显示、输入/输出方法以及完成数据库的各种维护功能。创建一个 Access 数据库应用程序系统，制作各种各样的窗体是必不可少的，否则它就不是一个完整的数据库应用程序。

一个好的窗体非常有用，不管数据库中表或查询设计得有多好，如果窗体设计得十分杂乱，而且没有任何提示，所建立的数据库就毫无意义。

一般来说，窗体可以完成以下几种功能。

1. 显示编辑数据

这是窗体最普通的用法。窗体为自定义数据库中数据的表示方式提供了途径，还可以用窗体更改或删除数据库的数据，如图 5-1 所示的"客户详细信息"窗体可以很方便地浏览，编辑客户数据，以及对应的客户订单数据。

图 5-1　"客户详细信息"窗体

2. 控制应用程序的流程

窗体上可以放置各种命令按钮、列表框等控件，用户可以通过控件作出选择并向数据库发出其各种命令，窗体可以与宏配合使用，来引导过程动作的流程。例如，可以在如图 5-2(a)所示的"登录对话框"窗体单击"登录"命令按钮来打开"主页"窗体；如图 5-2(b)所示的"销售报表对话框"窗体，可以提供不同内容的报表选择。

3. 显示信息

可以利用窗体显示各种提示信息、警告和错误信息，例如，当用户输入了非法数据时，信息窗口会告诉用户"输入错误"并提示正确的输入方法。

4. 打印数据

Access 中除了报表可以用来打印数据外，窗体也可以作为打印数据之用。一个窗体可以同时具有显示数据及打印数据的双重角色。

窗体是 Access 中最复杂的一个对象，窗体的类型、窗体的属性、窗体的设计要素——控件也非常多，以尽可能地满足用户的个性化需求；高级的窗体设计要借助 VBA 进行编程，对窗体进行精细化设计。

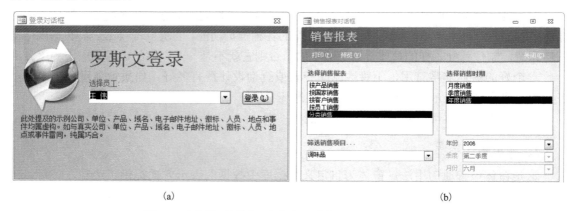

(a)　　　　　　　　　　　　　　　　　(b)

图 5-2 "登录对话框"窗体和"销售报表对话框"窗体

从本质上来说，窗体中没有记录数据，数据只保存在表中，窗体所操纵的数据来自表或查询，数据源最终来自表，窗体的作用是以用户自定义格式对数据进行操作。

5.1.2 窗体类型

1. 按窗体显示特性分

Access 的窗体按照其显示特性的不同，可以分为纵栏式窗体、表格式窗体、数据表窗体、数据透视表窗体、数据透视图窗体、主/子窗体和图表窗体。

1) 纵栏式窗体

如图 5-3 所示，该窗体是一个纵栏式窗体或单项目窗体，它的特点是通常显示一条记录，按列分布，每列的左边显示数据的说明信息，右边显示数据。纵栏式窗体一个页面只显示一条记录，适用于处理简单业务中的数据输入。

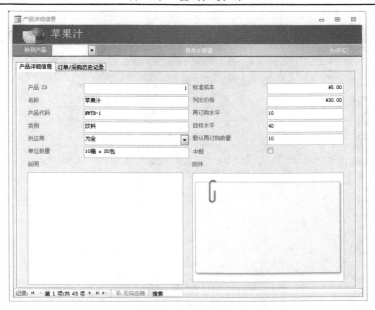

图 5-3 纵栏式窗体

2) 数据表窗体

图 5-4 所示为一个数据表窗体，它以数据表的样式显示窗体中的数据，数据表窗体运行时，外观与打开数据表时的外观是一样的，数据表窗体的特点是可以显示大量的数据记录；与表格式窗体相比，它的行和列都是定制的，打开时可以动态地调整显示格式，操作方式和数据表一样。数据表窗体适用于以浏览方式编辑、修改、打印大量数据的场合。

#	订单日期	状态	销售人员	客户	发货日期	正在发货	税款	总计
81	2006/4/25	新增	王 伟	坦森行贸易		¥0.00	¥0.00	¥0.00
80	2006/4/25	新增	王 伟	国顶有限公司		¥0.00	¥0.00	¥380.00
79	2006/6/23	已关闭	王 伟	森通	2006/6/23	¥0.00	¥0.00	¥2,490.00
78	2006/6/5	已关闭	张 颖	东旗	2006/6/5	¥200.00	¥0.00	¥1,760.00
77	2006/6/5	已关闭	张 雪眉	国银贸易	2006/6/5	¥60.00	¥0.00	¥2,310.00
76	2006/6/5	已关闭	张 雪眉	友恒信托	2006/6/5	¥5.00	¥0.00	¥665.00
75	2006/6/5	已关闭	郑 建杰	迈多贸易	2006/6/5	¥50.00	¥0.00	¥560.00
74	2006/6/8	已关闭	孙 林	森通	2006/6/8	¥300.00	¥0.00	¥810.00
73	2006/6/5	已关闭	金 士鹏	祥通	2006/6/5	¥100.00	¥0.00	¥196.50
72	2006/6/7	已关闭	张 颖	康浦	2006/6/7	¥40.00	¥0.00	¥270.00
71	2006/5/24	新增	张 颖	三川实业有限公司		¥0.00	¥0.00	¥736.00
70	2006/5/24	新增	张 颖	光明杂志		¥0.00	¥0.00	¥800.00
69	2006/5/24	新增	张 颖	广通		¥0.00	¥0.00	¥52.50
68	2006/5/24	新增	张 颖	国皓		¥0.00	¥0.00	
67	2006/5/24	已关闭	郑 建杰	广通	2006/5/24	¥9.00	¥0.00	¥209.00
66	2006/5/24	新增	李 芳	迈多贸易	2006/5/24	¥5.00	¥0.00	
65	2006/5/11	新增	张 雪眉	康浦	2006/5/11	¥10.00	¥0.00	
64	2006/5/9	新增	刘 英玫	森通	2006/5/9	¥12.00	¥0.00	
63	2006/4/25	已关闭	郑 建杰	坦森行贸易	2006/4/25	¥7.00	¥0.00	¥627.00
62	2006/4/12	新增	李 芳	东旗	2006/4/12	¥7.00	¥0.00	
61	2006/4/7	新增	张 雪眉	国顶有限公司	2006/4/7	¥4.00	¥0.00	
60	2006/4/30	已关闭	孙 林	迈多贸易	2006/4/30	¥50.00	¥0.00	¥1,442.00
59	2006/4/22	新增	郑 建杰	威航货运有限公司	2006/4/22	¥5.00	¥0.00	

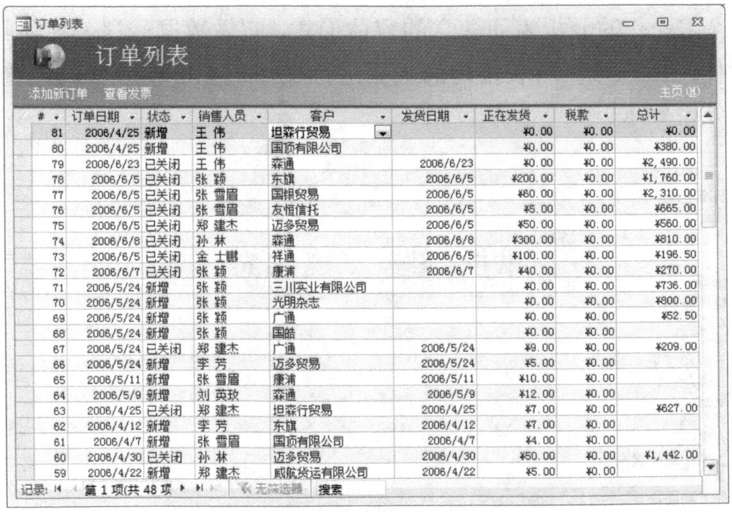

图 5-4 数据表窗体

3) 表格式窗体

图 5-5 所示为一个表格式窗体或多项目窗体，它的特点是一屏可以查看多条记录。表格式窗体可以按照自定义方式排列字段，对字段进行布局。它兼具纵栏式窗体和数据表窗体的优点，可以按照定制格式显示记录。

库存列表

添加产品　　　　　　　　　　　　　　　　　　　　　　　主页(M)

产品	总库存	已分派库存	可用库存	供应商所欠库存	总计	目标水平	再订购数量	从供应商采购
苹果汁	25	25	0	41	41	40	0	采购
蕃茄酱	50	0	50	50	100	100	0	采购
盐	0	0	0	40	40	40	0	采购
麻油	15	0	15	0	15	40	25	采购
酱油	0	0	0	10	10	100	90	采购
海鲜粉	0	0	0	0	0	40	40	采购
胡椒粉	0	0	0	0	0	40	40	采购
沙茶	40	0	40	0	40	40	0	采购
猪肉	0	0	0	0	0	40	40	采购
糖果	0	0	0	20	20	20	0	采购
桂花糕	0	0	0	40	40	40	0	采购
花生	0	0	0	0	0	20	20	采购
啤酒	23	23	0	0	0	60	60	采购
虾米	0	0	0	120	120	120	0	采购
虾子	0	0	0	0	0	40	40	采购
柳橙汁	325	325	0	300	300	100	0	采购
玉米片	0	0	0	0	0	100	100	采购
猪肉干	0	0	0	40	40	40	0	采购
三合一麦片	60	0	60	0	60	100	40	采购
白米	120	110	10	0	10	120	110	采购
小米	80	0	80	0	80	80	0	采购
海苔酱	40	0	40	0	40	40	0	采购

图 5-5　表格式窗体

4）数据透视表窗体

数据透视表原是 Excel 中的交互式报表，Access 中引入了该工具，以指定数据表或查询为数据源产生一个 Excel 的分析表而建立的窗体形式，叫做数据透视表窗体。图 5-6 所示为一个数据透视表窗体，用户可以对表格内的数据进行操作，也可以改变数据透视表的布局，以满足不同的数据分析要求。

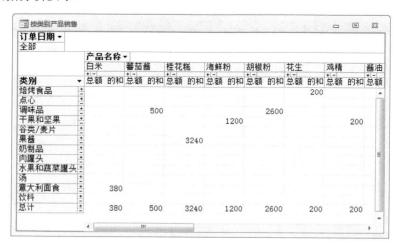

图 5-6　数据透视表窗体

5）数据透视图窗体

类似地，以指定数据表或查询为数据源产生一个 Excel 的分析图而建立的窗体形式，叫做数据透视图窗体。图 5-7 所示为一个数据透视图窗体，用户也可以拖动窗体内的字段和数据项来查看不同级别的详细信息图表。

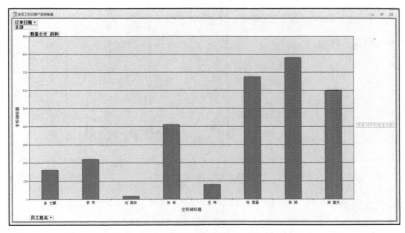

图 5-7　数据透视图窗体

6）主/子窗体

一般来说，一个简单窗体处理的只是单一的数据表或查询中的数据；若窗体的数据源涉及不止一个数据表或查询，就要使用主/子窗体技术，就是在一个窗体中嵌入其他窗体，主/子窗体不仅可以同时显示多个数据表或查询中的数据，还可以用于更复杂的情况，如输入、编辑和查询数据。图 5-8 所示为"订单明细"窗体，它的数据源有"订单"表、"订单状态"表、"客户扩展信息"查询、"运货商扩展信息"查询，通过"订单 ID"字段进行连接。

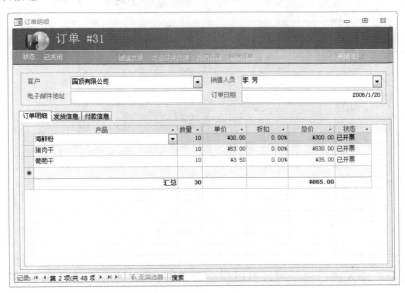

图 5-8　主/子窗体

7）图表窗体

在图表窗体中，数据及其分析结果以柱形图、折线图、饼状图等 Excel 图表形式显示。图 5-9 所示为员工产品销售量图表窗体。

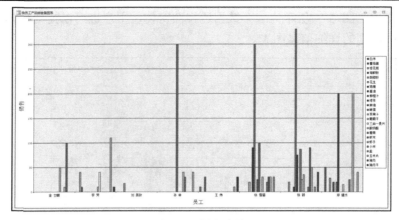

图 5-9　图表窗体

2. 按窗体的功能分

按照窗体的功能划分，窗体可以分为数据输入窗体、导航窗体和自定义对话框。

1）数据输入窗体

使用数据输入窗体可将数据添加到数据库，或者查看、编辑和删除数据。一般常用也常见的窗体都属于此类，如图 5-1、图 5-3～图 5-5 所示的窗体。

2）导航窗体

创建导航窗体可以简化启动数据库中各种窗体和报表的过程。导航窗体如图 5-10 所示。

图 5-10　导航窗体

3）自定义对话框

当需要对用户输入进行操作时，可以创建对话框。图 5-2 所示即为自定义对话框窗体。

5.1.3　窗体使用

1. 窗体的视图

Access 的窗体有 4 种常见视图，分别是窗体视图、数据表视图、布局视图、设计视图，

以及两种仅用在数据透视图表的数据透视表视图和数据透视图视图，
如图 5-11 所示。

　　窗体视图是能够同时输入、修改和查看完整的记录数据的窗口，
可显示图片、命令按钮、OLE 对象等；数据表视图以行列方式显示表、
窗体、查询中的数据，可用于编辑字段、添加和删除数据，以及查找
数据。

　　布局视图和设计视图都是用来创建和修改设计窗体的窗口，在该
视图下可以自由添加控件并设置其属性，或修改已有控件，完成窗体
的创建或修改。关于这两种视图下设计窗体的异同，后面的章节会详
细介绍。

图 5-11　四种常见视图

　　不同视图可在选中窗体对象后右击，在弹出的快捷菜单中切换。

2. 窗体的运行

　　运行一个已经存在的窗体，直接双击它即可，窗体打开时显示第一条记录中的数据，并
显示全部记录数，此时可以对数据进行编辑修改。以纵栏式的"产品"窗体为例，窗体的运
行结构如图 5-12 所示。

　　窗体就是一个窗口，具有普通窗口的标题栏、控制按钮、滚动栏等基本要素，数据库窗
体的不同之处在于，它还具有记录导航按钮和记录选择器。

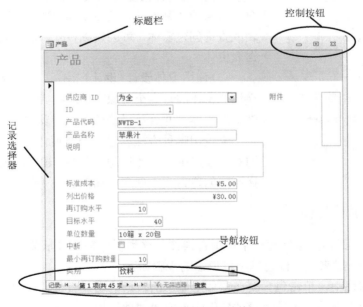

图 5-12　窗体的运行结构

3. 窗体的操作

　　窗体运行时，利用系统提供的功能区和窗体自身工具可以完成相关的窗体操作。

　　(1)记录导航和定位。和数据表的操作类似，利用导航按钮可以移动记录到下一条、上一
条、第一条和最后一条，以及指定编号的记录，还可以新添加一条记录。

利用查找按钮，在弹出的"查找和替换"对话框中输入条件，可以完成记录查找等功能。

（2）记录编辑。打开一个窗体时，窗体显示的是第一条记录，此时即编辑状态，可以对选定的记录进行编辑，与数据表视图一样，可执行复制、粘贴、剪切、删除等操作；对于 OLE 对象的数据，如"照片"等可以在窗体中直接显示出来，双击该对象即可进行编辑。

（3）排序和筛选。窗体的"开始"选项卡中提供了"排序"和"筛选"等按钮，用于对窗体中的记录进行排序和筛选，操作方法与数据表视图中的类似。

需要注意的是，对纵栏式窗体和表格式窗体，只能按一个字段的取值排序；要按多字段排序，可以先切换到数据表视图，按多字段排序后再切换回来。

此外，窗体的打印预览与打印功能可以按原样打印窗体，也可以不打印背景，只打印数据，通过页面设置进行相关选择即可。

5.2　使用窗体工具和向导创建窗体

Access 提供了三种主要的方法来创建窗体：窗体工具、窗体向导、窗体设计（设计视图）。

（1）使用窗体工具：通过提供给窗体记录源快速自动完成窗体的创建，基于单个表或查询创建窗体；有单项目（纵栏式）、多项目（表格式）、数据表、分割窗体、模式对话框、数据透视表和数据透视图 7 种。

图 5-13　窗体创建功能区

（2）使用窗体向导：在向导的提示下一步一步提供创建窗体所需的各种参数，最终完成窗体，可以基于一个或多个表或查询创建窗体，可创建纵栏式、表格式、两端对齐和数据表窗体。

（3）使用窗体设计（设计视图）：可以自行创建窗体，独立设计窗体的每一个对象，是最灵活的方式，可以创建任何类型的窗体，并且可以修改和完善窗体。

无论用哪种方法创建一个新窗体，都可以首先在表或查询对象窗口中选中数据源，在"创建"选项卡的窗体组中选择不同创建方式来创建，如图 5-13 所示。

5.2.1　创建单项目窗体

可以使用窗体工具快速创建一个单项目窗体。这类窗体每次显示关于一条记录的信息，如图 5-14 所示，一般来说，创建单项目窗体的步骤如下。

（1）在导航窗格中，单击包含要在窗体上显示的数据的表或查询，如"客户"表。

（2）在"创建"选项卡上的"窗体"组中单击"窗体"按钮，即可看见效果。

说明： ①该窗体显示一条记录的信息；②如果该数据表有相关子数据表，Access 会添加一个子数据表以显示相关信息。如果 Access 发现某个表与用来创建窗体的表或查询之间有一对多关系，Access 将向基于相关表或查询的窗体添加一个子数据表。例如，如果创建了一个基于"客户"表的简单窗体，并且"客户"表与"订单"表之间定义了一对多关系，那么该子数据表就会显示"订单"表中与当前客户记录有关的所有记录。如果不希望窗体上有子数据表，可以删除该子数据表，方法是切换到设计视图，选择该数据表，然后按 Delete 键。

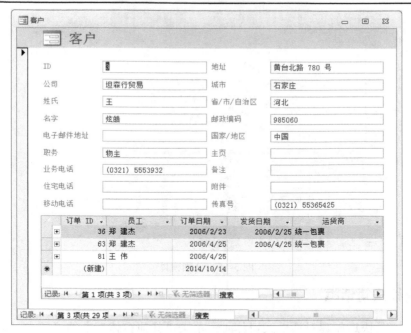

图 5-14 单项目窗体

如果有多个表与用于创建窗体的表具有一对多关系，则 Access 将不会向该窗体中添加任何数据表。

5.2.2 创建多项目窗体

多项目窗体也称为连续窗体、表格窗体，它可以同时显示多条记录中的信息。这些数据排列在行和列中(类似于数据表)，并且多条记录同时显示。然而，由于是窗体，它的自定义选项要比数据表更多一些。可以添加一些功能，如图形元素、按钮及其他控件。创建多项目窗体的一般步骤如下。

(1)在导航窗格中，单击包含要在窗体上显示的数据的表或查询。

(2)在"创建"选项卡上的"窗体"组中单击"更多窗体"按钮，然后单击"多项目"按钮，Access 将创建窗体，并以布局视图显示该窗体。若要开始使用窗体，则切换到窗体视图即可。

5.2.3 创建分割窗体

分割窗体可以同时提供数据的两种视图：窗体视图和数据表视图。这两种视图连接到同一数据源，并且总是保持相互同步。如果在窗体的一部分中选择了一个字段，则会在窗体的另一部分中选择相同的字段。可以在任一部分中添加、编辑或删除数据，如图 5-15 所示。

使用分割窗体可以在一个窗体中同时利用两种窗体类型的优势。例如，可以使用窗体的数据表部分快速定位记录，然后使用窗体部分查看或编辑记录。窗体部分以醒目而实用的方式呈现出数据表部分。创建分割窗体的步骤同多项目窗体，此处不再详述。此外，还可以将现有窗体转变为分割窗体。

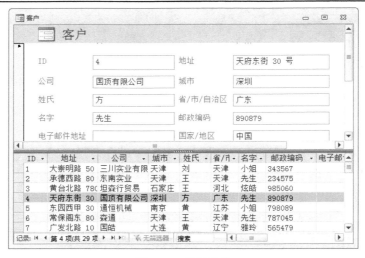

图 5-15　分割窗体

5.2.4　创建模式对话框

使用窗体工具快速创建对话框式窗体时，单击"其他窗体"中的"模式对话框"按钮，Access 自动创建如图 5-16 所示的窗体，该窗体边框为对话框边框，去掉了其他类窗体自带的导航按钮、记录选择器、滚动栏、最大化/最小化按钮等部件，自带"确定"和"取消"按钮，功能均为单击即关闭窗体。用户只需要在窗体中添加其他控件、对已有的命令按钮作调整即可完成窗体的创建。例如，在设计视图中添加员工组合框、标题标签和徽标图像等控件，可设计成登录对话框。

图 5-16　创建模式对话框窗体

此外，还可以使用窗体工具快速创建数据表窗体，其方法与上述单项目、多项目窗体类似，此处不再详述。

5.2.5　使用窗体向导创建窗体

窗体设计是数据库应用系统设计的重要步骤，也需花费大量精力，为了提高开发数据库应用系统的效率，Access 提供了一系列向导，用户可以在向导的详细指导步骤下快速创建各种对象。

创建窗体的通常方法是先利用窗体向导快速生成窗体原型，再切换到设计视图对它进行修改和加工。

下面以实例说明通过窗体向导创建窗体的具体步骤。

【例 5.1】 创建纵栏式的"产品"窗体，记录源为"产品"数据表，显示所有字段。

具体操作步骤如下。

(1)在表对象窗口中选中"产品"表，单击"创建"选项卡，单击窗体组的"窗体向导"按钮，打开如图 5-17 所示的窗体向导。

(2)在如图 5-17(a)所示的对话框中，从左侧的"可用字段"列表框选择要显示的字段，单击">"或">>"按钮，右侧的列表框列出所有要显示在窗体中的字段，此处单击的是">>"按钮，然后单击"下一步"按钮。

(3)在如图 5-17(b)所示的窗体布局对话框中选择窗体的布局，一共有纵栏表、表格、数据表、两端对齐 4 种，此处选择"纵栏表"单选按钮，然后单击"下一步"按钮。

(4)在如图 5-17(c)所示的对话框中，确定窗体的标题为"产品"，然后单击"完成"按钮，建立如图 5-17(d)所示的"产品"窗体。

在打开窗体时，系统默认显示的是第一条记录，用户可以对数据进行修改、查询、打印、插入等操作。

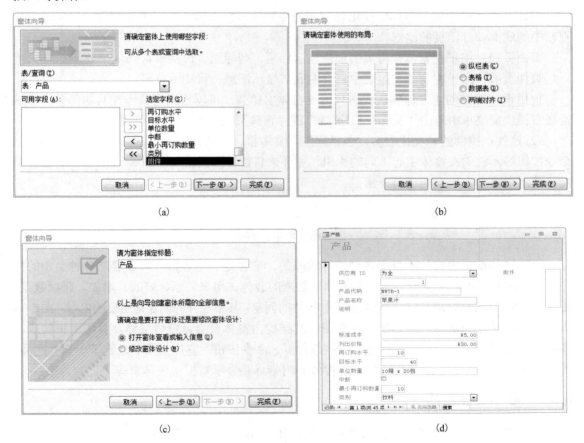

(a)

(b)

(c)

(d)

图 5-17 使用向导创建"产品"窗体

5.3　使用设计视图创建窗体

窗体设计工具(设计视图)提供了最灵活的创建窗体的方法,在设计视图中,每一个元素都可以自己创建和修改,在设计视图中还可以修改使用窗体工具和窗体向导创建的窗体,使之完善,因此设计视图是功能最强的设计窗体的方法,是窗体设计的核心。学习这种方法之前必须先了解窗体的结构和窗体设计工具。

5.3.1　窗体结构

窗体由窗体本身和窗体所包含的控件组成。

(1)窗体本身:由窗体页眉、页面页眉、窗体主体、页面页脚、窗体页脚 5 部分组成。每一部分称为一个节,其中主体节是必不可少的,其他节根据需要可以显示或者隐藏。

窗体页眉:用于显示窗体的标题和使用说明,或打开相关窗体或执行其他任务的命令按钮。显示在窗体视图中顶部或打印页的开头。

窗体主体:用于显示窗体或报表的主要部分,该节通常包含绑定到记录源中字段的控件。但也可能包含未绑定控件,如字段或标签等。

窗体页脚:用于显示窗体的使用说明、命令按钮或接受输入的未绑定控件。显示在窗体视图中的底部和打印页的尾部。

页面页眉:用于在窗体中每页的顶部显示标题、列标题、日期或页码。

页面页脚:用于在窗体和报表中每页的底部显示汇总、日期或页码。

使用设计视图创建窗体默认状态只出现窗体主体节,可以根据需要添加其他部分,方法是在右键快捷菜单中单击"页面页眉/页脚"或"窗体页眉/页脚"命令进行添加。

(2)控件:控件的种类比较多,包括标签、文本框、复选框、列表框、组合框、选项组、命令按钮等,它们在窗体中起不同的作用。控件来自控件工具箱,如图 5-18 所示,各控件功能和使用方法会在后面的章节介绍。

图 5-18　控件工具箱

所有窗体都是由窗体本身和各种控件构成的,窗体是一个容器,可以容纳各种类型的控件。控件构成了窗体的主要内容,是窗体中数据的载体,用来显示、修改、增加、删除数据。使用设计视图创建窗体包括对窗体的创建和控件的创建,其中控件的创建是主要的内容。图 5-19 所示为"产品详细信息"窗体的设计视图,其结构由窗体页眉、窗体主体及窗体页脚构成,其中窗体页眉节放置了徽标、标题和一些组合框、命令按钮;窗体主体节放置了所有"产品"表的字段,如文本框、组合框、附件等控件并附带标签显示数据;窗体页脚节内容为空。

5.3.2　窗体设计工具

单击"创建"选项卡中的"窗体设计"按钮,Access 自动创建一个空白窗体,可以看见上方功能区的窗体设计工具,如图 5-20(a)所示,也可看见窗体布局工具,如图 5-20(b)和图 5-20(c)所示。

　　"设计"选项卡中包含了大部分设计工具,如工具箱、添加现有字段、属性表,快速插入标题、徽标、日期时间,以及设置窗体主题、颜色和字体等美化处理。

　　"排列"选项卡中的大部分功能用在"布局视图"中进行美化设置,如划分出合适的表格以放置所需控件等,控件对齐方式也可用在设计视图中。

　　"格式"选项卡中的功能用来设置控件的格式,如字体、字号、控件中字体的对齐方式、数字格式、控件的边框和底纹、条件格式等。

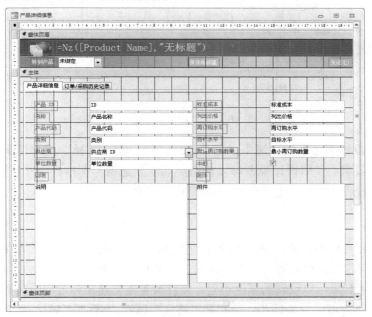

图 5-19　窗体结构

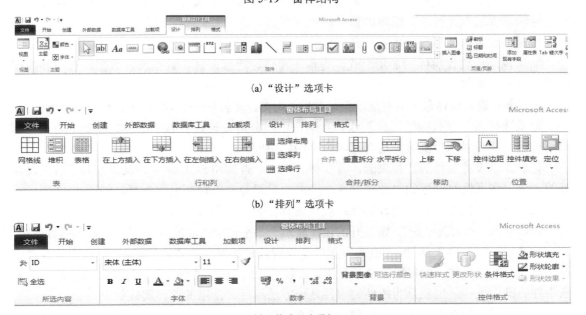

(a)"设计"选项卡

(b)"排列"选项卡

(c)"格式"选项卡

图 5-20　窗体设计工具和布局工具

下面对几种常见设计工具进行详细说明。

1. 控件工具箱

如图 5-21 所示的控件工具箱是窗体设计的"命令中心"。控件以图标的形式放在工具箱，控件构成了窗体的核心。

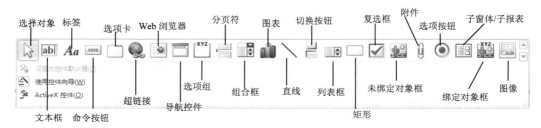

图 5-21　控件工具箱

前面创建的窗体都是系统快速生成各种控件，用户没有选择，相对简单，在功能和外观上很难满足具体要求。使用设计视图可以自由灵活地创建每一个控件，并且调整功能和属性，使之完善。关于控件的功能及使用方法后面会作详细介绍。

2. 属性表

每个窗体都有自己的属性，窗体里的每个节也有一组属性，窗体里的每个控件也有自己的属性，通过这些对象的属性设置，可以自定义窗体和控件的布局、显示格式以及样式、数据、事件响应等，不同对象可以设置的属性不同。属性设置是创建窗体过程中非常重要的内容。

一个窗体的属性可以分为四类，分别是"格式"属性、"数据"属性、"事件"属性和"其他"属性，在属性对话框中分列在四张选项卡上。单击四个属性选项卡中的一个，即可对相应属性赋值或选取属性值。常用的窗体属性如下。

标题：设置窗体标题栏中显示的标题。

默认视图：设置窗体的显示形式，有单一窗体、连续窗体、数据表、数据透视表和数据透视图五个属性值。

滚动条：设置窗体是否具有滚动条，有两者均无、只水平、只垂直和两者都有四个属性值。

记录选择器，导航按钮，分割线，自动居中：分别设置是否显示记录选择器，是否显示导航按钮，是否显示分割线，是否显示在桌面的中间。

记录源：设置窗体的数据来源，有 3 种——表、查询和 SQL 命令。表和查询是事先设计好的，可以在属性对话框的"数据"选项卡的"记录源"下拉列表中选择，如图 5-22 所示。

允许编辑，允许添加，允许删除：设置窗体是否允许修改、添加和删除操作。

数据输入：设置为"是"，则打开的窗体显示一条空记录；设置为"否"，则显示已有记录。

控件也具有这四类属性。"格式"属性是设置控件的显示格式；"数据"属性则是设置该控件操作数据的规则，这些数据必须是绑定在控件上的数据；"事件"属性是为该控件设定响应事件的操作规程，也就是为控件的事件处理方法编程。常用的控件属性如下。

名称：设置控件的名称，一般使用有意义的缩写。

图片：设置控件的背景图片。

可见性，可用：设置控件是否可见，是否可用。

宽度，高度：分别设置控件的宽度和高度。

前景色，字体名称，字号，字体粗细，倾斜字体，下划线：分别设置控件中的字体颜色、字体名称、大小、粗细、是否倾斜字体、文字是否有下划线。

图 5-23 所示是"产品"窗体的一个文本框控件的属性，它的名称为"公司名称"，控件来源为"产品"数据表的"产品名称"字段。

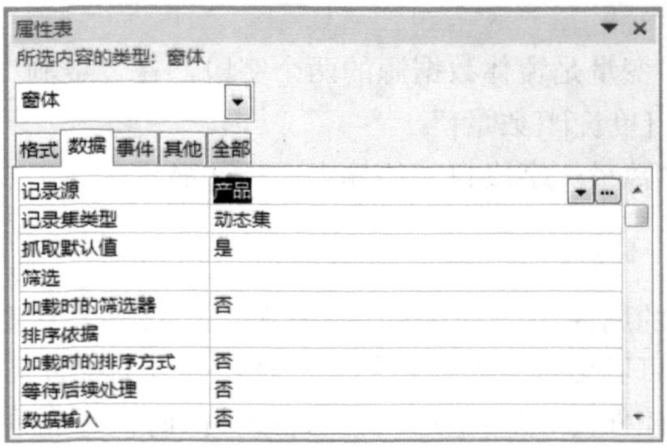

图 5-22　窗体的记录源属性 　　　　　　　　图 5-23　文本框控件的属性

3. 字段列表

字段列表中列出了窗体记录源的数据表或查询所包含的所有字段。当窗体未指定记录源时，字段列表为空。

如图 5-24 所示的字段列表显示的是记录源为"产品"数据表的全部字段。

图 5-24　字段列表

字段列表的作用在于快速生成绑定控件，要在窗体中添加一个字段，只需在设计视图中，将字段列表中的字段拖动到窗体中，即可生成对应该字段的绑定控件，该控件的某些属性继承了表中字段的属性。

5.3.3　控件的使用

1. 控件的类型

根据控件的用途，控件大致分为三种类型。

1) 绑定型控件

为控件指定一个记录源，如表或查询，将控件和表或查询中的一个字段相结合，控件就可以直接显示数据源中的字段值，还可以在控件中输入或更新数据，更改后的数据将自动保存到数据源表的字段中；若数据源表中的字段值发生变化，则窗体中对应控件的值也会发生相应变化，称这类控件为绑定型控件。例如，图 5-23 中的"公司名称"文本框控件就是绑定型控件，它所绑定的是"产品"表的"产品名称"字段。

2) 未绑定型控件

与绑定型控件相比，这类控件没有数据来源的属性，无法指定数据源，窗体运行时无法向其输入数据，如标签、线条、矩形和图像控件等；或者有数据来源属性而没有设置数据来源，如未设定数据源的文本框，窗体运行时可以向文本框中输入数据，该数据被保留在缓冲区。

未绑定型控件可用来显示文本，或增强效果、美化窗体等。例如，图 5-23 中的"产品名称"文本框前的标签控件就是未绑定型控件。

3) 计算控件

计算控件不使用数据表或查询的一个字段作为控件来源，而使用表达式作为自己的控件来源，表达式由运算符、常数、函数、数据库中的字段、窗体中的控件及其属性组成，计算结果为单个值。

例如，计算产品的金额，"单价"和"数量"变量是窗体数据源的两个字段，在"金额"文本框控件的"控件来源"属性中输入表达式"=[单价]*[数量]"。

"金额"文本框控件根据记录的"单价"和"数量"字段自动计算出金额并显示。

2. 控件的创建

Access 提供了多种控件，每种控件各有不同的属性，为了方便初学者学习，Access 为某些控件提供了控件向导，按照向导所提示的步骤可以更快更方便地创建控件。要开启控件向导功能，应先选择控件工具箱下拉列表的"使用控件向导"选项，在创建控件的时候，如列表框控件，单击窗体，系统即弹出向导，指引读者一步步完成。

不同控件有不同的向导，对于绑定型控件，需要指定数据源，对于非绑定型控件，根据需要指定数据源使其成为绑定型控件。一般来说，简单的控件不需要向导，复杂的控件使用向导可以大大提高工作效率。

控件的中英文名称、常用属性介绍如下，并简单说明控件的创建方法。

1) 标签(Label)

标签控件是非绑定型控件，主要用来显示描述性文字，如标题、字段描述等，不接受输入信息，记录从一条移到另一条时，其值不变。标签控件没有向导。

标签有两种创建方法，一种是用户自行创建，另一种是创建其他控件时附送的，称为附属标签，用来说明对应主控件的名称。

自行创建标签控件时先单击工具箱标签控件，再在窗体中放置标签的位置单击，随后输入标签内容即可。如果有需要，还可以双击标签控件打开属性表，修改标签的属性，如标签名称、标题、字体、字号、颜色和背景样式等。

2) 文本框(Text)

文本框控件主要用来输入数据，也可显示数据，表中的许多数据类型字段，如文本、数字、日期、货币等都可以使用文本框来输入数据。此外，用户还可以在文本框中修改数据、删除数据。

文本框的创建方法：先单击工具箱的文本框控件，再在窗体中放置标签的位置单击，Access 会弹出创建向导，可在向导中选择文本框的字体、字号、对齐方式，以及确定文本框名称，如图 5-25 所示。文本框创建完之后会附带一个标签，有时要分别设置主控件(文本框)和附属标签的属性。

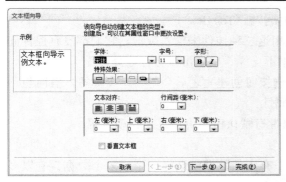

图 5-25　文本框控件向导

文本框最重要的属性是"控件来源"，可设置为某字段，成为绑定型控件，窗体运行时显示字段的具体值；也可设置为表达式，成为计算型控件，窗体运行时给出一个计算结果。其他属性有输入掩码、默认值、有效性规则、有效性文本、可用、是否锁定等。

【例 5.2】　在例 5.1 中创建的"产品"窗体中添加一个文本框"热销否"，其显示内容根据产品窗体中"目标水平"文本框的值进行判断后设置，如果目标水平大于等于 200，则显示 Yes，否则显示 No。

具体操作步骤如下。

(1)在窗体对象中选中"产品"窗体，单击右键，在快捷菜单中选择"设计视图"命令，在窗体设计工具中选择"设计"选项卡，单击工具箱中的文本框控件，在窗体主体节中单击，在弹出的文本框向导中单击"取消"按钮。

(2)双击打开文本框控件的属性表，在"控件来源"栏输入表达式"=IIF([目标水平]>=200,"Yes","No")"，修改文本框的附属标签的标题为"热销否"。

(3)将文本框的前景色改为红色(#FF0000)，字体加粗；切换到窗体视图查看窗体效果，如图 5-26 所示。

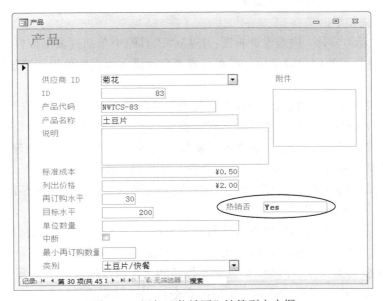

图 5-26　添加"热销否"计算型文本框

3）复选框（Check）、单选按钮（Option）、切换按钮（Toggle）

对于"是/否"型数据类型的字段，可以采用这三种控件来输入数据，它们都没有控件向导。三种控件均可表达"是/否"，只是显示效果不一样，用户可以自行选择。

三者的创建方法与标签类似，复选框和单选按钮创建完之后会附带一个标签，有时也需要分开设置主控件（单选按钮等）和附属标签的属性。

三者最重要的属性是"控件来源"，其他属性有默认值、可用、是否锁定等。

4）列表框（List）

列表框用于在输入数据的时候，可以从若干有限的数据中选择一个或多个数据。它以多行方式显示数据项，显示一列或多列数据。

创建列表框时，Access 提供控件向导，如果不使用向导，手工建立一个列表框，必须输入的一些主要属性如下。

（1）行来源类型：指定列表中的数据来源类型，有表/查询、值列表和字段列表三种，其中"表/查询"最常用，此属性与"行来源"属性一同使用。

（2）行来源：如果行来源类型设定为"表/查询"，则行来源属性中指定一个表、查询或 SQL 语句的名称；如果设定为值列表，则此属性中输入多个数据项；如果设定为字段列表，此属性中则指定表或查询的名称。

5）组合框（Combo）

组合框由文本框和列表框两部分组成。正常显示时，组合框是带有下拉按钮的文本框，当单击下拉按钮时，弹出一个列表框，显示所有可用的选项，用户从中选择一项数据，该数据显示在文本框中。此外，也可以在文本框中直接输入文本。

与列表框相比，组合框显示时仅一行数据可见，输入时才弹出下拉列表框，因此所占空间比列表框要小，但组合框不可进行多项选择。

【例 5.3】　在例 5.1 所建立的"产品"窗体中删除"类别"组合框控件，重新手动创建"类别"列表框和"类别"组合框，并进行对比。

具体操作步骤如下。

（1）选择"产品"窗体，进入设计视图；在控件工具箱中单击列表框控件，在窗体中单击，弹出如图 5-27（a）所示的向导对话框，按图选择"自行键入所需的值"单选按钮，单击"下一步"按钮。

（2）如图 5-27（b）所示，在列表中输入"类别"的所有内容，单击"下一步"按钮。

（3）如图 5-27（c）所示，将列表框绑定到"类别"字段，单击"下一步"按钮。

（4）如图 5-27（d）所示，设定列表框的附属标签的内容（标题），完成创建。

（5）仿照列表框的创建方法创建一个组合框，其步骤与图 5-27 一样。

（6）切换至窗体视图，可看出组合框与列表框外在形式不一样，如图 5-28 所示。

6）命令按钮（Command）

使用命令按钮可以在当前窗体中打开另一个窗体、打开相关报表、打开对话框、启动其他应用程序（如计算器）等，也可以自定义与导航按钮功能相同的命令按钮。

系统为命令按钮提供控件向导，部分命令按钮的事件属性的设置需要通过编写命令（宏命令、VBA 命令）来实现。通过控件向导生成的命令按钮可以完成的操作类型如下。

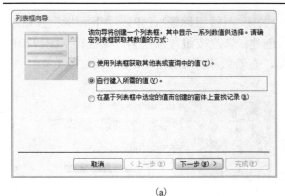

(a)

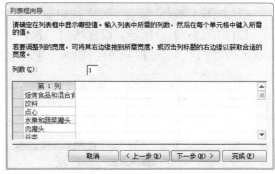

(b)

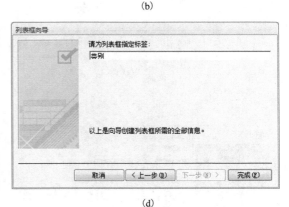

(c) (d)

图 5-27 创建"类别"列表框

(1)记录导航：查找记录、查找下一项、转至下一项记录、转至上一项记录、转至最后一项记录和转至第一项记录。

(2)记录操作：保存、删除、复制、打印、撤销和添加记录。

(3)窗体操作：关闭窗体、刷新、应用筛选、打印窗体、打开窗体、打开页和编辑筛选。

(4)报表操作：将报表发送至文件、打印报表、邮递报表和报表预览。

(5)应用程序：运行 Excel、Word，运行和退出应用程序。

(6)杂项：打印表、自动拨号程序、运行宏和查询。

命令按钮的主要属性如下。

(1)标题：命令按钮上的提示性信息。

(2)图片：以直观的图片作为提示性信息。

(3)单击事件：指单击按钮时所执行的命令序列。

图 5-28 列表框与组合框

【例 5.4】 在例 5.2 创建的"产品"窗体中的窗体页眉中添加一个关闭按钮，功能是关闭当前窗体。

具体操作步骤如下。

(1)选择"产品"窗体对象，进入设计视图；单击工具箱中的命令按钮控件，然后单击窗体页眉节，出现如图 5-29(a)所示的"命令按钮向导"对话框，选择按钮的类别为"窗体操作"，操作为"关闭窗体"，单击"下一步"按钮。

（2）如图 5-29（b）所示，设定按钮显示文字"关闭"（按钮标题），单击"下一步"按钮。

（3）如图 5-29（c）所示，设置按钮名称，完成创建；修改按钮背景色为"深蓝"（#1F4970），前景色为"白色"（#FFFFFF）；切换至窗体视图，查看效果，如图 5-29（d）所示。

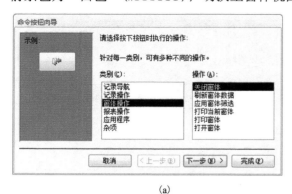

（a）

（b）

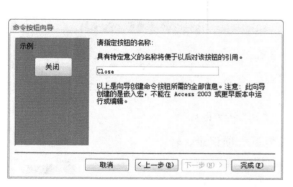

（c）

（d）

图 5-29　创建关闭命令按钮

7）选项组（Frame）

选择性输入可分为"二选一"和"多选一"，对于"二选一"数据可以采用切换按钮、单选按钮或复选框，"多选一"数据可以采用列表框或组合框。此外，选择性输入还可以采用选项组控件，此控件用于"二选一"和"多选一"数据均可。

选项组控件是复合型控件，它本身包含一系列选项，选项组可以由切换按钮、单选按钮或复选框组成。系统为选项组控件提供控件向导。

【例5.5】　在空白窗体中创建"运货商"选项组，它包含 3 个选项按钮，标签分别为"统一包裹"、"联邦快运"和"极速快递"，窗体记录源为"订单"表。

具体操作步骤如下。

（1）单击"创建"选项卡中窗体组的"空白窗体"按钮切换至设计视图，指定窗体记录源属性为"订单"表；选择控件工具箱中的选项组控件，在窗体中放置控件的位置单击，弹出选项组向导对话框。

（2）如图 5-30（a）所示，确定选项组内部选项的标签，分别为"统一包裹"、"联邦快运"和"急速快递"，单击"下一步"按钮。

（3）如图 5-30(b) 所示，采用默认选项（为"统一包裹"），单击"下一步"按钮。

（4）如图 5-30(c) 所示，为每一个选项赋值，采用默认设置，单击"下一步"按钮。

（5）如图 5-30(d) 所示，确认选项组绑定到"运货商 ID"字段，单击"下一步"按钮。

（6）如图 5-30(e) 所示，选择选项组内部控件的类型为"选项按钮"，单击"下一步"按钮。

（7）如图 5-30(f) 所示，指定选项组的标题为"运货商"，完成创建，效果如图 5-31 所示。

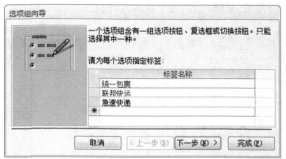
(a)

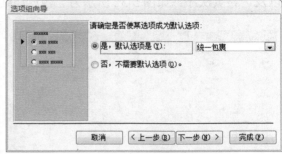
(b)

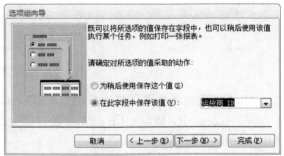
(c)

(d)

(e)

(f)

图 5-30　创建"运货商"选项组

选项组的属性包括两层：第一层是整个选项组的属性；第二层是其各个组成成分的属性。如例 5.5 中，选项组由选项组框架和附属标签"运货商"组成，第二层属性就是 3 个选项按钮的属性，而这一组选项按钮也包括 3 个主控件（选项按钮）和 3 个附属标签，有时需要为它们 8 个控件依次修改属性，如名称、标题等。

图 5-31　运货商控件

8) 选项卡(Page)

使用选项卡控件可以在窗体上显示更多的分类信息，选项卡包含多页，每页显示一类数据，所有页共同占据窗体上的同一块区域，每一页的标题显示信息类别，单击页标题可以在各页之间进行切换，每一页可以容纳其他各种控件。选项卡控件没有控件向导。

初始建立的选项卡默认有两页，在选项卡上右击弹出快捷菜单，可以插入新页或删除页，以及调整页次序。如图 5-32 所示为"客户详细信息"窗体，由两个选项卡构成。

图 5-32　含有选项卡控件的窗体

9) 未绑定对象框与绑定对象框(OLEBound)

在 Access 中，借助 OLE 技术可以直接处理其他程序所处理的文档，如 Word 文档、Excel 电子表和照片等。

10) 直线(Line)、矩形(Box)、图像(Image)

这 3 个控件一般来说主要用作修饰美化窗体。其中直线和矩形没有很重要的属性，图像控件的主要属性如下。

(1) 图片：此属性设置位图或图形的路径和文件名。位图文件必须有扩展名.bmp、.ico、.gif、.jpg、.png，也可以使用.wmf 或.emf 格式的图形文件。窗体、报表及图像控件支持所有格式的图形；命令按钮和切换按钮仅支持位图。

(2) 图片缩放模式：包括剪裁、拉伸和缩放 3 种模式。"剪裁"以图像的实际大小显示，如果图片比对象框大，见对图片进行剪裁，只显示对象框大小的部分；如果比对象框小，则采用"平铺"属性解决此问题。"拉伸"将图片沿水平和垂直方向拉伸以填满整个对象框。"缩放"在保持图片长宽比例的基础上，将图片放大至最大尺寸。

(3) 图片平铺：如果图片比对象框小，指定背景图片是否在整个对象框中平铺。平铺方式由"图片对齐方式"属性指定。

(4) 图片对齐方式：包括左上、右上、居中、左下、右下和窗体中心 6 种。

【例 5.6】 为图 5-33(a) 的对话框添加一个图像控件，显示 LOGO。

具体操作步骤如下。

(1) 选中该对话框窗体，进入设计视图，单击工具箱的图像控件，在"罗斯文登录"标签控件的左侧空白处单击。

（2）在弹出的插入图片对话框中选择 LOGO.png，双击图像控件打开属性表，"图片平铺"设为否，"图片缩放模式"设置为"剪裁"，"图片对齐方式"设置为"左上"；完成创建，如图 5-33（b）所示。

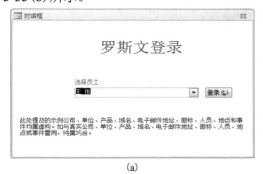

（a）　　　　　　　　　　　　　　　　　　　（b）

图 5-33　为对话框添加 LOGO

11）超链接、Web 浏览器

使用超链接控件可以在窗体中添加一条超链接，链接到本机上的文档、程序或者网络上的网络资源。使用 Web 浏览器控件可以在网页上画出一定大小的空间，在向导中设置其超链接为一个网址，可将窗体当成浏览器使用。二者在创建时都弹出插入超链接对话框，如图 5-34 所示，超链接控件可选的对象更丰富。

超链接控件的重要属性有超链接地址、标题；Web 浏览器控件的重要属性为控件来源。

图 5-34　超链接和 Web 浏览器控件向导

图 5-35 显示了在窗体顶部插入一条超链接：显示文字（标题）为"百度一下，你就知道"、链接到http://www.baidu.com；下方插入了 Web 浏览器控件，同样链接到http://www.baidu.com。可看出后者能直接在窗体中浏览该网页的具体内容，而不需要打开浏览器，而前者只能单击后启动浏览器，再浏览该网页。

12）图表（Graph）

使用此控件可以创建图表窗体，将在 5.6.3 节详细介绍。

13）附件（Attachment）

此控件可创建附件型数据类型的字段，重要属性为控件来源，可绑定到某个附件数据类型的字段。

14）导航控件（NavigationButton）

使用该控件可以很方便地创建导航窗体，具体将在 5.5.1 节进行介绍。

15）子窗体/子报表

使用该控件可以创建子窗体/子报表，其使用方法将在 5.3.5 节通过一个例子进行详细介绍。

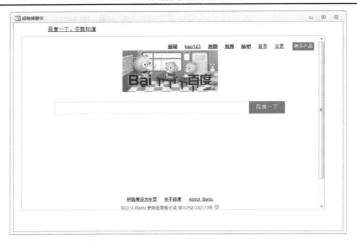

图 5-35   含有超链接和 Web 浏览器的窗体

除去 Access 工具箱提供的常用控件外，Access 也可以使用其他软件供应商所提供的 ActiveX 控件，这样大大提高了 Access 的设计窗体和开发数据库应用系统的能力。

ActiveX 控件是由软件供应商开发的可重用的软件组件，使用 ActiveX 控件可以很方便地在应用程序、网页及开发工具中添加特殊的功能，如动画控件可用来添加动画特性，日历控件可用来添加日历等。

用户在使用 ActiveX 控件时，无须知道它们是怎么开发的，只需要对其进行属性设置，知道其功能以及如何使用即可。

5.3.4   修饰窗体

在设计窗体时，无论通过向导创建还是通过设计视图创建，都需要对窗体进行调整和修改，因此涉及设置控件的布局、大小、颜色、字体、背景、对齐方式、Tab 键次序的更改、控件的删除以及属性更改等操作。

1. 控件的选择和删除

单击控件即选择一个控件，选中后的控件框周围出现 8 个控制点，其中左上角的控制点用来移动，其他 7 个控制点用来控制大小。如果控件有附属标签，选择此控件的同时也选中了附属标签，此时附属标签的左上角只出现一个移动控点，如图 5-36 所示。

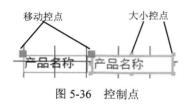

图 5-36   控制点

如果要选择多个控件，按住 Shift 键同时单击想选择的控件，或用鼠标拖拽选中。要删除控件，先选中此控件，按 Delete 键即可删除。若要恢复刚被删除的控件，按 Ctrl+Z 键即可。

2. 单个控件的位置和大小调整

选中一个控件，移动光标至控件的左上角，光标变为四方小箭头符号，单击并拖动鼠标，可调整控件的位置。对于有附属标签的控件来说，如文本框，分别按住文本框和附属标签的移动控点可以实现单独移动；使用键盘的箭头键也可移动，同时按住 Ctrl 键和箭头可以微调，但都只能将文本框和附属标签整体移动。

通过"布局"工具中"排列"选项卡的"对齐"功能可以方便地调整控件位置，在"大小\空格"功能中选择"对齐网格"选项，则在调整控件位置时，系统只允许将控件或控件边界从一个网格点移动到另一个网格点。

使用 7 个大小控制点可以调整控件的大小。移动光标至某一大小控制点，光标变为双箭头符号时，拖拽鼠标即可改变控件大小。

3. 多个控件的相对位置和大小调整

可以在"布局"工具中"排列"选项卡的"大小\空格"和"对齐"功能中设置多个控件之间的相互关系，这些关系包括对齐、大小、水平间距和垂直间距。

多个控件之间的对齐方式有靠左、靠右、靠上、靠下和对齐网格；多个控件之间的大小关系有正好容纳、对齐网格、至最高、至最低、至最宽、至最窄；水平间距和垂直间距包括相同、增加和减少。

调整好多个控件之后，为了防止误改其相对关系，可以将其作为一个整体，通过"大小\空格"功能中的组合选项可达到此目的。

4. Tab 键次序

窗体运行时，按 Tab 键或回车键，光标将从一个控件移至另一个控件。窗体上控件的 Tab 键顺序可以重新定义。此项功能通过设计工具中设计选项卡的"Tab 键次序"选项完成。

5. 应用主题

可使用 Access 自带的主题对窗体进行美化，如 Office 主题、"波折"主题等，每个主题包含一套配色方案和字体；也可以分别设置不同的颜色和字体。该功能可在窗体设计工具的设计选项卡中找到，如图 5-37 所示。

6. 插入徽标、标题、日期和时间

在窗体设计工具的设计选项卡中可以快速插入这 3 个特定对象。为窗体插入徽标，Access 自动添加一个图像控件，指定好图片后，徽标将显示在窗体页眉的左上角，图像控件大小、缩放模式和位置都是固定的；也可插入标题，Access 自动在窗体页眉插入一个标签，只需输入标题内容即可；插入日期和时间，会弹出图 5-38 所示的对话框，选定所需要的格式和内容，即在窗体页眉出显示，本质上是文本框。此外，还可以根据需要，调整它们的属性。

图 5-37 应用主题

图 5-38 插入日期和时间

图 5-39 显示了在空白窗体中插入这 3 个对象，并应用了"流畅"主题的设计视图和窗体视图。

图 5-39　插入徽标、标题、日期和时间

5.3.5　设计窗体示例

下面通过实例来了解设计视图下创建窗体的方法。

【例 5.7】　使用设计视图创建"产品详细信息"窗体，要求分页显示产品信息，第一页为产品信息，数据来源为"产品"表，纵栏式；第二页为"订单/采购历史记录"，数据来源为"产品事务"查询，数据表式子窗体；在窗体页眉处添加文本控件，显示信息为"产品名称"字段，添加徽标、新建及关闭按钮，添加组合框列出所有产品的代码及名称，并修饰美化窗体。完成后的窗体如图 5-40 所示。

(a)

(b)

图 5-40　"产品详细信息"窗体

通过本例介绍创建标签控件、选项卡控件、文本框控件、组合框、图像控件、子窗体控件的方法，添加绑定型控件的方法，以及控件的布局和窗体的修饰等。

具体操作步骤如下。

(1) 在功能区单击"创建"选项卡，选择窗体组的"窗体设计"功能，Access 自动创建一个空白窗体并处于设计视图下；打开窗体属性表，设定记录源为"产品"表，若字段列表没有打开，则单击窗体设计工具中的"设计"选项卡，单击"添加现有字段列表"按钮将其打开，并选择"仅显示当前记录源中的字段"选项，属性表和字段列表如图 5-41 所示。

(2) 调整窗体主体至合适大小，在工具箱中单击"选项卡"控件，单击窗体主体节，将控件放置到合适位置，更改选项卡的属性，将标题分别改为"产品详细信息"和"订单/采购历史记录"，调整选项卡的大小和位置到合适地方。

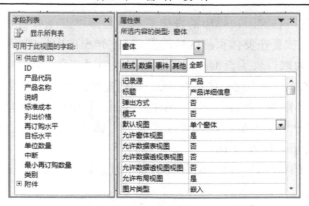

图 5-41　属性表和字段列表

（3）切换到"产品详细信息"页面，在"字段列表"中选中所有字段并拖动到页面上，鼠标拖拽挪动各个控件，并结合使用"排列"选项卡的"对齐"、"大小/空格"中的功能调整各控件的相对位置，使之整齐排列，如图 5-40（a）所示。

（4）切换到"订单/采购历史记录"页面，在工具箱中单击"子窗体/子报表"控件，在窗体左上角单击，弹出子窗体向导对话框，按照如图 5-42 所示的步骤：①为子窗体设置数据来源"产品事务"查询；②选择要显示的字段并调整顺序；③选择主/子窗体之间的链接字段；④指定子窗体的名称。调整完成后子窗体的大小和位置效果如图 5-40（b）所示。

(a)

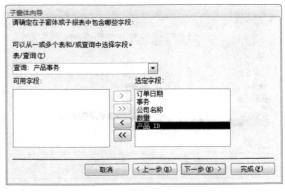

(b)

(c)

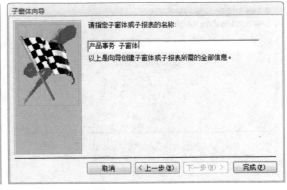

(d)

图 5-42　添加子窗体

（5）在主窗体中点击右键，在弹出的快捷菜单中选择"窗体页眉/页脚"命令；单击工具箱的组合框控件，将其放置在窗体页眉区域的左侧，在弹出的向导中按照图 5-43 所示的步骤：①选择组合框值来源为来自表或查询；②选择数据源为"产品"表；③选择所用到的字段为"产品代码"、"产品名称"和"列出价格"；④调整列宽度；⑤确定排序依据为按照 ID 字段升序排列；⑥确定控件名称为"产品代码"。创建完成后，将附属标签的标题改为"转到产品"；在窗体页眉中部添加一个文本框，将其"控件来源"属性设置为表达式"=Nz([产品名称],"无标题")"，文本框的字号设置为 18。

说明：$N_z()$ 函数的作用是"产品名称"不为空时，显示字段内容；若为空，则显示"无标题"。

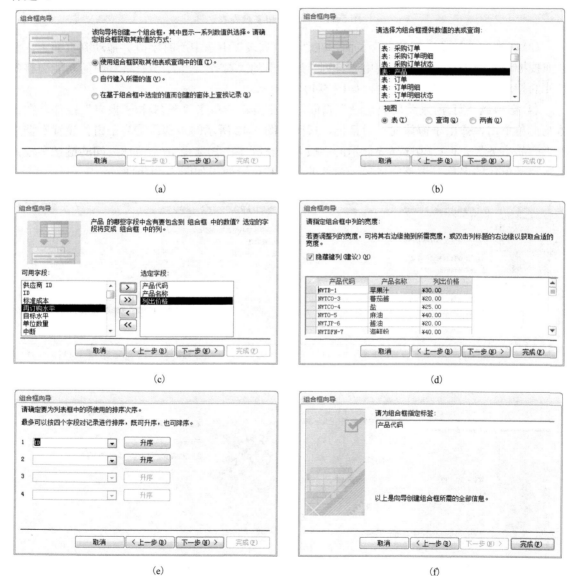

图 5-43　创建"产品列表"组合框控件

（6）在窗体页眉节中下部添加一个命令按钮，仿照图 5-29 的步骤在命令按钮向导中指定其操作为"添加新记录",标题为"保存并新建";然后在页眉右下部添加第二个命令按钮,操作为"关闭窗体",标题为"关闭"。设计好的窗体页眉如图 5-44 所示。

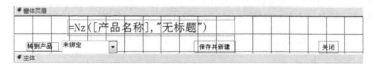

图 5-44　窗体页眉设计

（7）修饰美化窗体。

①窗体：将窗体格式属性的"记录选择器"属性改为"否","图片"属性设置为background.png，"图片平铺"设置为"否","图片对齐方式"设置为"左上","图片缩放模式"设置为"水平拉伸"。

②选项卡："产品详细信息"选项卡内部所有控件的字号为 10，背景样式为透明，所有标签的前景色为#CF5216；窗体主体节背景色为#E7E7E2；选项卡"背景样式"属性为"透明"，"使用主题"为"否"，边框颜色、前景色都为#000000（黑色），悬停颜色、按下颜色、悬停前景色、按下前景色都为#FFFFFF（白色），字号为 10。

③窗体页眉：单击"设计"选项卡中的"徽标"，在窗体页眉区左上角插入徽标，指定显示图片为"徽标.png"，缩放模式为"缩放"；窗体页眉上方的文本框前景色为#FFFFFF（白色），边框样式和背景样式均为透明，"可用属性"属性为否，"是否锁定"为是；两个命令按钮的前景色为#FFFFFF（白色），边框样式和背景样式均为透明，字号为 10。

（8）将窗体保存并取名为"产品详细信息"。完成后的窗体如图 5-40 所示。

5.3.6　使用布局视图创建窗体

布局视图和设计视图都是用来创建和修改窗体的窗口，布局视图工作方式类似于 HTML 表设计器，它将控件及其标签放在列和行的网格中。与设计视图相比，布局视图更注重于外观。在布局视图中查看窗体时，每个控件都显示真实数据。因此，该视图非常适合设置控件的大小或者执行其他许多影响窗体的视觉外观和可用性的任务，在布局视图下设计窗体有很直观的效果。需要注意的是，一些任务无法在布局视图中执行，需要切换到设计视图，此时 Access 会显示一条消息，指出必须切换到设计视图才能进行特定的更改。

而设计视图提供的是更加详细的窗体结构视图。可以查看窗体的页眉、主体和页脚部分。在进行设计更改时无法看到基础数据；不过，与在布局视图中相比，在设计视图中执行某些任务要更容易一些，例如，向窗体中添加更多种类的控件（如标签、图像、直线和矩形）；直接在文本框中编辑文本框控件来源，而无须使用属性表；调整窗体各部分的大小（如窗体页眉或主体部分）；更改某些无法在布局视图中更改的窗体属性（如"默认视图"或"允许窗体视图"）。

在为窗体布局时，为了合理放置各个控件，可以根据需要多次水平和垂直拆分列和行。理论上而言，可以向下拆分到像素级别。布局中的一组控件通常作为一个实体进行工作。例如，可以通过选择一个控件并拖动边缘来调整一行或一列中所有控件的大小。

每个布局的左上角包含一个加号，称为布局选择器，可以通过单击任何控件或标签看到加号；还可以通过单击加号选择布局中的所有控件。一些窗体包含多个布局，因此单击加号也是区分窗体中各个布局的便捷方式。布局视图中常用的操作如下。

1. 调整元素大小和设置元素格式

(1)在控件堆叠在一起的主窗体中，单击第一个或顶部标签，按住 Shift 键单击该列中的最后一个标签，这样将选中该列中的所有标签；单击所选元素的一个边缘并拖动以调整其大小。

(2)仍然选中元素，切换到"格式"选项卡，在"字体"组中应用格式，如单击"文本右对齐"按钮。

2. 删除、移动元素和合并单元格

(1)单击某个元素(如控件的标签)，然后按 Delete 键，删除后单元格仍然存在，但里面没有内容。

(2)将某个元素(如控件)拖动到布局中的另一个单元格中，或者拖动到布局的边缘或角落。如果将元素放在布局的边缘或角落，Access 会向布局添加一个新列和一组行。列数取决于移动的元素的数量。如果移动标签和控件，Access 将为每个标签和控件添加一列。行数取决于拖动之后位于元素下方的行数。

(3)按住 Ctrl 键并单击要合并的单元格，在功能区单击"排列"选项卡，在"合并/拆分"组中单击"合并"按钮。

3. 拆分元素

(1)单击某个元素(如控件、标签或空白单元格)，在"排列"选项卡中的"合并/拆分"选项组中单击"水平拆分"或"垂直拆分"按钮。

(2)新单元格出现在现有单元格或所选元素的右侧或下方，新的单元格为空。要注意区分单元格和控件，单元格使用虚线边框，而控件使用实心边框。

布局视图下创建窗体与设计视图有很大的不同，下面举一个简单的例子来说明在布局视图下修改窗体的方法。

【例 5.8】 使用"其他窗体"选项组中的"多项目"工具创建"库存列表"窗体，然后在布局视图下调整并修饰窗体，完成后的效果如图 5-45 所示。

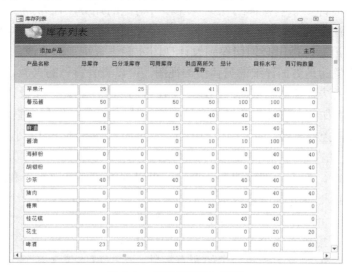

图 5-45 "库存列表"窗体

具体操作步骤如下。

（1）选中查询对象中的"库存"查询，单击"创建"选项卡中窗体组的"其他窗体"按钮，选择"多项目"选项，Access 自动创建一个初步的库存列表窗体，切换至布局视图，效果如图 5-46（a）所示。

说明：窗体中所有控件均处于类似于表格的单元格中，可以看见实际的具体数据，且数据区控件的尺寸在行或列上均一致；布局视图下无法明显看到窗体的各个节；可以像使用 Word 中的表格一样在行左侧单击选中一行，或在列上方单击选中一列，还可以在每一列的边界处拖动鼠标调整一列的宽度，在任意行的边界处拖动鼠标调整所有行的高度。

　　　　　　（a）　　　　　　　　　　　　　　　　　　（b）

图 5-46　使用布局视图设计窗体

（2）调整数据区的行高、列宽；并选中列标题所在的行，单击窗体设计工具中"排列"选项卡中的"在上方插入"按钮，插入新的行，以便放入两个命令按钮。

（3）在上一步插入的行最左侧单元格中插入一个命令按钮，操作为：打开"产品详细信息"窗体并显示所有记录，标题设置为"添加产品"。（说明：此处无法使用向导实现打开窗体并处于添加新记录的功能；可学习第 7 章宏的相关知识后修改完善）在最右侧单元格中插入第 2 个命令按钮，操作为：打开"主页"窗体，标题设置为"主页"。设置两个按钮背景色透明，边框样式透明。

（4）修饰窗体：打开属性表，将窗体的"记录选择器"属性改为"否"，导航按钮属性设置为否，背景图片设置为 background.png，"图片平铺"设置为"否"，"图片对齐方式"设置为"左上"，"图片缩放模式"设置为"水平拉伸"；除大标题外的所有控件字号设置为 10，窗体页眉节背景色设置为#C7C5BC，主体节背景色设置为#E7E7E2，所有标签和按钮前景色设置为#7F001B、背景样式透明；修改左上角的图像控件图片为"徽标.png"，缩放模式为"缩放"。完成后的布局视图如图 5-46（b）所示，可以看出布局视图是表格式风格。

（5）保存窗体，将其命名为"库存列表"，切换到窗体视图，查看效果。

5.4　创建主/子窗体

使用窗体工具、向导和设计视图创建的很多窗体，它们的特点是一个窗体只能有一个记录源，如果想在同一个窗体中显示多个表的内容，例如，显示某订单的信息时，同时显示属于该订单的所有订单详细信息，这样来自多个表的数据可以通过子窗体技术来同时显示在一个窗体中。

　　主/子窗体技术的原理是在一个窗体中嵌入其他窗体，基本窗体称为主窗体，被嵌入的窗体是子窗体，主窗体是子窗体的容器。两个窗体的记录源之间要有一对多的联系，一般来说，主窗体的记录源为"一"的一方，子窗体的记录源为"多"的一方。

　　主/子窗体有三种创建方法。

1. 使用窗体工具

　　确保要建的主/子窗体的记录源为两个相关表或查询；选中其中"一"端的数据表后，单击"创建"选项卡，在窗体组单击"窗体"按钮，Access 自动创建带有子窗体的窗体，子窗体的记录源即为"多"端的数据表；如果这个表有不止一个关联的一对多关系的表，则 Access 不会自动添加子窗体。

2. 使用子窗体控件

　　先建好主窗体，然后单击工具箱的子窗体控件，并在窗体中放置子窗体的位置单击，Access 弹出向导对话框，根据提示创建子窗体即可；也可以先将子窗体建好，在向导中添加已经建好的子窗体。

3. 拖动法

　　将主窗体和子窗体分别创建好，然后进入主窗体的设计视图，在窗体对象中将子窗体直接拖动到主窗体中，并在子窗体的属性表中设置主窗体与子窗体之间的连接字段即可。

　　下面的例子采用第 3 种方法，具体说明如何创建主/子窗体。

　　【例 5.9】　创建"客户"窗体，其中用两个选项卡分别显示客户和订单的相关信息，"常规"选项卡显示"客户"表的所有字段；"订单"选项卡显示"订单摘要"查询的部分字段，这部分内容作为子窗体嵌入。

　　具体操作步骤如下。

　　(1)建立"客户"主窗体：单击"创建"选项卡中窗体组的"窗体设计"按钮，在空白窗体的设计视图中，先设置窗体的"记录源"属性为"客户"表；在控件工具箱中单击选项卡控件，将其放置在窗体主体节中，将选项卡的第一页的标题改为"常规"，第二页的标题改为"订单"；从字段列表中将"客户"表的所有字段拖动到"常规"选项卡中；使用窗体设计工具中的"排列"选项卡中的"大小"、"对齐"功能，将所有控件调整到合适的位置并对齐。创建好的主窗体如图 5-47 所示。

图 5-47　客户主窗体

（2）建立客户子窗体：　在查询对象窗口选中"订单摘要"查询，单击"创建"选项卡中窗体组的"窗体向导"按钮，按照图 5-48（a）～图 5-48（c）的步骤创建该窗体，完成的客户子窗体如图 5-48（d）所示；

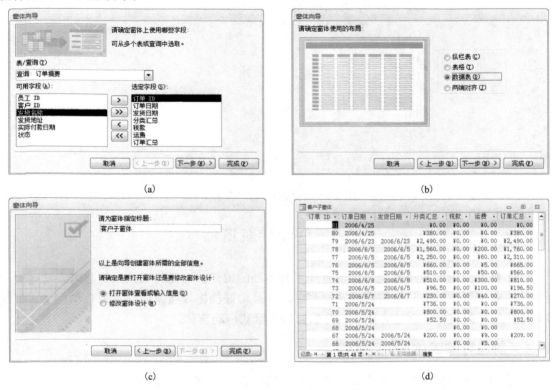

(a)　　　　　　　　　　　　　　　　　　(b)

(c)　　　　　　　　　　　　　　　　　　(d)

图 5-48　使用窗体向导创建客户子窗体

（3）打开客户主窗体并进入设计视图，切换到主体节的"订单"选项卡，从窗体对象中选中"客户子窗体"选项并拖动到"订单"选项卡中；此时切换到窗体视图，可以看出子窗体的数据全部显示出来。

（4）打开子窗体的属性表，单击"数据"选项卡中的"链接主字段"旁边的空白单元格，然后单击"生成"按钮，即带三个点的按钮，"子窗体字段链接器"对话框随即出现，按照图 5-49 所示设置链接字段；此时切换到窗体视图，可以看出子窗体的数据是筛选后的，即只显示与"常规"选项卡中客户 ID 一致的订单数据。

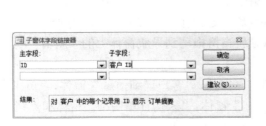

图 5-49　设置子窗体控件的属性

(5)调整子窗体的位置和大小，其最终效果如图 5-50 所示。

图 5-50   完成的"客户"窗体

5.5   创建导航窗体

一个好的数据库应用系统不仅仅有一系列单独的窗体，而是将它们组织起来，通过一个具体的对象来管理，如导航按钮或功能菜单，而且最好能将导航窗体设置为自动启动。下面将具体介绍导航窗体的创建方法，以及如何设置默认启动窗体。

5.5.1   创建导航窗体

之前创建的窗体都是一个个独立的窗体，这时需要将这些窗体集成在一个主窗体中供用户选择和切换，这个主窗体就称为导航窗体或切换面板窗体。使用导航窗体工具或导航按钮控件可以快速创建导航窗体。

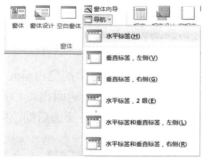

创建此类窗体的前提是，已经建好了若干窗体或报表，将所需要的几个窗体/报表集成在导航窗体中，单击对应的导航按钮进行切换。

图 5-51 所示的导航窗体工具列出了导航窗体的布局，共有 6 种。下面举例说明使用导航窗体工具创建导航窗体的方法。

【例 5.10】   创建如图 5-52 所示的导航窗体。

图 5-51   创建窗体组的导航窗体布局

具体操作步骤如下。

(1)在"创建"选项卡上的"窗体"组中单击"导航"按钮，然后单击要使用的布局，此处选择第 2 项"垂直标签，左侧"，Access 将创建一个空白导航窗体，并处于布局视图中。

(2)将"产品详细信息"窗体对象从导航窗格拖动到导航窗体上的"新增"框，右侧则显示该窗体的布局视图。

(3)仿照上一步拖动"供应商详细信息"窗体、"客户详细信息"窗体、"员工详细信息"窗体、"运货商详细信息"窗体、"订单明细"窗体、"采购订单明细"窗体和"销售报表对话框"窗体到导航窗体上的"新增"框。

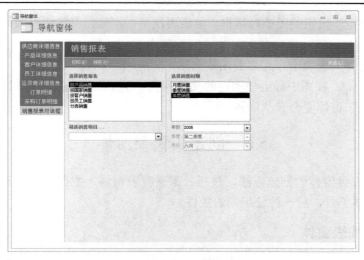

图 5-52　导航窗体

（4）因为各个窗体的大小不等，调整控件和窗口大小，使所有窗体完整显示。

（5）切换至窗体视图，查看效果，并保存窗体，如图 5-52 所示的最后效果图。

使用导航按钮控件创建导航窗体的方法与此非常类似，请读者自行学习。

5.5.2　设置默认启动窗体

在许多数据库中，如果在每次打开数据库时都能自动打开同一个窗体，如主页或导航窗体等，将会很有用。若要设置默认启动窗体，可以在 Access 选项中指定该窗体。

【例 5.11】　将"登录对话框"窗体设置为启动窗体。

具体操作步骤如下。

（1）单击"文件"选项卡转到 Backstage 视图，然后单击"选项"按钮启动"Access 选项"对话框。

（2）单击当前数据库，打开"显示窗体"列表，选择想要在启动数据库时显示的窗体，此处选择"登录对话框"选项，如图 5-53 所示。

图 5-53　设置默认启动窗体

（3）单击"确定"按钮关闭该对话框，然后再次单击"确定"按钮以关闭有关重新启动数据库的消息。

（4）单击"文件"选项卡，然后关闭数据库。

（5）在 Backstage 视图中最近使用过的文件列表中单击刚才关闭的数据库。当数据库启动时，"登录对话框"窗体便会自动加载。

5.6　创建图表类窗体

本节介绍图表类窗体的创建方法，包括数据透视表窗体、数据透视图窗体、图表窗体，前面两种使用窗体工具，后一种使用图表控件。

5.6.1　数据透视表窗体

数据透视表窗体是以指定数据表或查询为数据源产生一个 Excel 分析表，而建立的窗体形式。数据透视表窗体允许用户对表格内的数据进行操作；用户也可以改变数据透视表的布局，以满足不同数据分析的要求。

数据透视表窗体使得用户可以通过排序、筛选、概括和数据透视来分析信息，是比交叉表查询功能更强大的数学分析工具。在数据透视表视图中，可以通过拖动字段和数据项，或通过显示和隐藏字段，来查看不同级别的详细信息或指定布局，可以按汇总和总计两种方法对数据进行汇总。

【例 5.12】 以"订单摘要"查询为数据源创建数据透视表窗体，对各个员工统计其负责的订单数量及订单总金额，以订单日期为筛选条件。

具体操作步骤如下。

（1）选中查询对象中的"订单摘要"查询；在"创建"选项卡的窗体组单击"其他窗体"按钮，在下拉列表中选择"数据透视表"选项，Access 自动创建一个空白透视表窗体。

（2）按图 5-54 从字段列表中为透视分析选择字段，其中拖动"员工 ID"字段到行字段；拖动"订单日期"到筛选区域；拖动"订单 ID"字段到数据区域并右击，在弹出的快捷菜单中选择"自动计算"|"计数"命令；再拖动"订单汇总"字段到数据区域，放在"订单 ID"数据区的右侧并右击，在弹出的快捷菜单中选择"自动计算"|"合计"命令。

图 5-54　数据透视表窗体

（3）单击行字段的减号隐藏详细数据，只查看汇总结果。完成后的数据透视表窗体如图 5-54 所示，根据需要还可以通过拖动字段来更改透视表的布局。

5.6.2　数据透视图窗体

数据透视图的功能和创建方法与数据透视表相似，这里也举例说明其创建步骤。

【例 5.13】　以"订单摘要"查询为数据源创建数据透视图窗体，对各个员工统计其负责的订单总金额，以订单日期为筛选条件。

具体操作步骤如下。

（1）选中查询对象中的"订单摘要"查询；在"创建"选项卡的窗体组单击"其他窗体"按钮，在下拉列表中选择"数据透视图"选项，Access 自动创建一个空白透视图窗体。

（2）拖动"员工 ID"字段到下方的"分类字段"区域；拖动"订单日期"到筛选字段区域；再拖动"订单汇总"字段到图表区顶部的数据字段区域。

完成后的数据透视图窗体如图 5-55 所示，根据需要还可以通过拖动字段来更改透视表的布局。

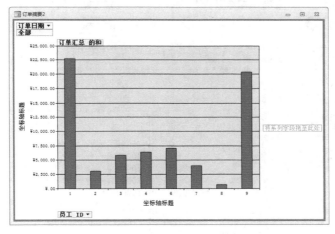

图 5-55　数据透视图窗体

5.6.3　创建图表窗体

使用控件工具箱的"图表"控件可以在控件向导的帮助下快速创建图表窗体，数据及其分析结果将以柱形图、折线图、饼状图等 Excel 图表显示。下面举例说明创建图表窗体的方法。

【例 5.14】　以"按类别产品销售"查询为数据源创建图表窗体，对各类产品的总销售额作统计，图形为柱形图。

具体操作步骤如下。

（1）在创建选项卡的窗体组单击"空白窗体"按钮，Access 自动创建一个空白窗体，切换至设计视图。

（2）单击工具箱的"图表"控件，在窗体主体节单击，Access 弹出图表向导对话框；按图 5-56 所示设置：①指定窗体的记录源为"按类别产品销售"；②选择图表所需字段为"类别"和"总额"；③选择图表类型为柱形图；④图表布局采用默认设置；⑤指定窗体标题为"按类别产品销售"。完成后的窗体如图 5-56（f）所示。

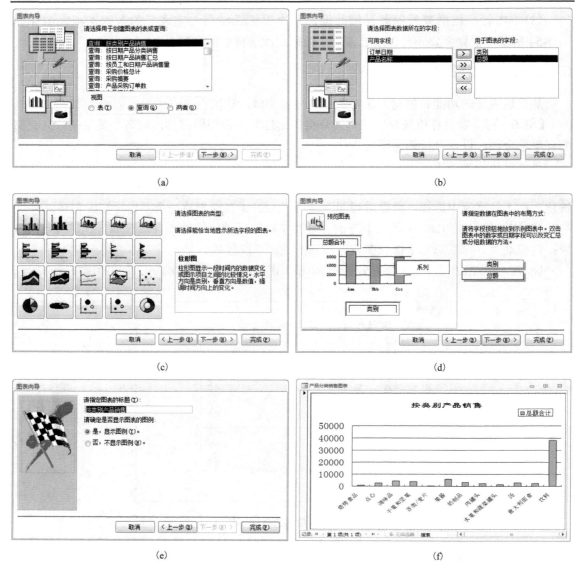

图 5-56　创建图表窗体

本 章 小 结

　　窗体是用户操作数据库的主要界面，功能完善，具有交互操作的特点，使用方便的窗体来操作数据库是数据库应用系统设计的重要目标。

　　Access 数据库管理系统中提供了丰富的窗体形式和灵活多样的创建方法，实际开发中主要使用窗体工具、窗体向导快速生成，然后使用设计视图或布局视图修改完善。

　　学习本章要求掌握窗体、控件等的相关概念，重点是学会通过窗体工具、窗体向导和设计视图创建各类窗体(纵栏式窗体、表格窗体、图表类窗体、主/子窗体、导航窗体等)的方法，以及创建各类控件(标签、文本框、命令按钮、组合框、选项组、选项卡、图像等)的方法；学习难点是主/子窗体的创建。

习　　题

一、简答题

1．窗体有哪些功能？组成部分有哪些？各是什么？

2．窗体分为哪几种类型？子窗体有什么用处？

3．窗体中的工具箱有何用处？有多少常用的控件对象？各是什么？有何用处？如果打开窗体时不能看到属性表和字段列表，应如何操作？

4．窗体中，在什么情况下适合使用文本框控件？在什么情况下适合使用组合框控件？在什么情况下适合使用列表框控件？

5．在窗体数据源中要使用两个以上的表，应如何使用？

二、操作题

1．以"供应商扩展信息"查询和"产品"表为数据源，创建"供应商详细信息"主/子窗体，其中主窗体记录源为"供应商扩展信息"查询，显示所有字段，子窗体记录源为"产品"表，显示 ID、类别、产品、价格和单位数量 5 个字段信息。设计结果如图 5-57 所示。

图 5-57　"供应商详细信息"窗体

2．设计如图 5-58 所示的"销售报表对话框"窗体，只要求设计出框架，具体功能暂不设计。

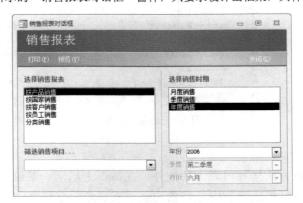

图 5-58　"销售报表对话框"窗体

第6章 报表设计

在数据库应用过程中，经常需要对数据进行输出打印，如打印学生成绩、打印发货单、上报财务报表等。在 Access 中，可以通过报表对象来实现数据的输出打印。精美且设计合理的报表不仅能使数据呈现出来，还能根据需要对数据进行综合整理，把各种汇总数据或统计结果以多种方式输出，使用户一目了然。本章详细介绍报表的创建和修改方法、报表打印和预览等内容。

6.1 报表概述

报表是数据库中数据信息输出的一种形式，它可以将数据以多种形式通过屏幕显示或打印机打印出来，也是 Access 2010 中的重要对象之一。报表的主要功能包括：展示格式化的数据；分类组织数据，对数据进行分组统计；对大量数据进行计数、求平均、求和等统计计算；以多种样式打印输出数据，如购物小单、产品订单、标签等。

6.1.1 报表的分类

按报表的结构可以把报表分为表格式报表、纵栏式报表、标签报表和图表式报表。

1. 表格式报表

表格式报表以行、列的形式显示数据，类似于表格的形式。通常一行为一条记录，一页显示多条记录，如图 6-1 所示。

2014年8月5日

前 10 个最大订单

#	发票 #	=1 公司	销售额
1	38	2006/3/10 康浦	¥13,800.00
2	41	2006/3/24 国皓	¥13,800.00
3	47	2006/4/8 森通	¥4,200.00
4	46	2006/4/5 祥通	¥3,690.00
5	58	2006/4/22 国顶有限公司	¥3,520.00
6	79	2006/6/23 森通	¥2,490.00
7	77	2006/6/5 国银贸易	¥2,250.00
8	36	2006/2/23 坦森行贸易	¥1,930.00
9	44	2006/3/24 三川实业有限公司	¥1,874.75
10	78	2006/6/5 东旗	¥1,560.00

图 6-1 表格式报表

2. 纵栏式报表

纵栏式报表以垂直方式排列报表上的控件，在每页上显示一条或多条记录，其显示方式类似于纵栏式窗体。在纵栏式报表中，每条记录垂直显示，字段名在左侧，字段值在右侧，如图 6-2 所示。

3. 图表式报表

图表式报表以图表形式显示数据，在报表中使用图表可以更直观地显示出数据的分析和统计信息。Access 提供了 20 种不同的图表样式，图 6-3 就是一个柱形图报表，对各类产品的年度销售总额进行了比较。

图 6-2　纵栏式报表

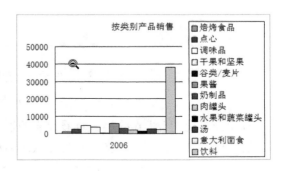

图 6-3　图表式报表

4. 标签报表

标签报表是一种特殊类型的报表，可以在一页中建立多个大小、格式一致的方形区域，将少量数据集中展示在其中，用于制作类似卡片的各种标签、名片、通知、传真等，如图 6-4 所示。

```
公司名称：三川实业有限公司        公司名称：东南实业
联系人姓名：刘小姐               联系人姓名：王先生
电子邮箱：                      电子邮箱：
移动电话：                      移动电话：
联系地址：天津大崇明路 50 号       联系地址：天津承德西路 80 号


公司名称：坦森行贸易             公司名称：国顶有限公司
联系人姓名：王炫皓               联系人姓名：方先生
电子邮箱：                      电子邮箱：
移动电话：                      移动电话：
联系地址：石家庄黄台北路 780 号     联系地址：深圳天府东街 30 号
```

图 6-4　标签报表

6.1.2　报表的视图方式

Access 2010 中的报表有四种视图方式，即设计视图、打印预览视图、报表视图和布局视图，用户可以利用"开始"选项卡最左端的"视图"组进行切换。

报表的设计视图（图 6-5）是用于创建或修改报表结构的视图，可以进行添加控件、设置报表对象的属性、美化报表布局等复杂操作，是报表最常用的一种视图方式。

图 6-5　报表的设计视图

打印预览视图(图 6-6)用于查看报表的输出数据以及输出格式,可以看到报表的打印外观。使用打印预览视图可以按不同的缩放比例对报表进行预览,也可以对页面进行设置。

类别	产品代码	产品名称	供应商	单位数量	列出价格	列出与成本之差
焙烤食品						
	NWTBGM-19	糖果	佳佳乐	每箱30盒	¥45.00	¥35.00
	NWTBGM-21	花生	佳佳乐	每箱30包	¥35.00	¥20.00
	NWTBGM-85	果仁巧克力	佳佳乐	3箱	¥30.00	¥20.00
	NWTBGM-86	蛋糕	佳佳乐	4箱	¥35.00	¥33.00

产品数量：　4
平均价格：　¥36.25
最高列出价格　¥45.00

类别	产品代码	产品名称	供应商	单位数量	列出价格	列出与成本之差
点心						
	NWTCA-48	玉米片	金美	每箱24包	¥15.00	¥10.00

产品数量：　1
平均价格：　¥15.00
最高列出价格　¥15.00

共 3 页. 第 1 页

类别	产品代码	产品名称	供应商	单位数量	列出价格	列出与成本之差
	NWTSO-41	虾子	德昌	每袋3公斤	¥30.00	¥24.00
	NWTSO-98	蔬菜汤	德昌		¥3.00	¥2.50
	NWTSO-99	鸡汤	德昌		¥5.00	¥4.00

产品数量：　3
平均价格：　¥12.67
最高列出价格　¥30.00

产品总数：　45　列出与成本差之总和　¥698.50

共 3 页. 第 3 页

图 6-6　报表打印预览视图

与打印预览视图一样,报表视图也可以查看报表的实际打印效果,但报表视图还兼有其他更强的功能,例如,在报表视图下可以对报表应用高级筛选。

布局视图可以在显示数据的情况下调整报表的设计,可以根据实际数据调整列宽和位置,可以向报表添加分组级别和汇总选项。

6.1.3 了解报表节

从图 6-5 所示的报表设计视图中可以看出，报表的结构与窗体非常相似，其每个部分被划分成一个节，报表可以包括报表页眉、页面页眉、分组页眉、主体、分组页脚、页面页脚、报表页脚七部分。每个节在页面和报表中具有特定的目的，有特定的数据处理方式，并按特定的顺序打印输出。字段信息和控件可以放置在多个节中，同一信息放在不同节中的效果是不同的，换句话说，不同节中的内容输出的位置和次数是不同的。

在报表的七个节中，只有主体节是必需的，其他节可以删除。下面对报表的各节进行具体介绍，同时结合图 6-5、图 6-6 介绍设计视图中的空间安排及其与报表输出内容的对应关系。

1. 报表页眉节

报表页眉节在报表设计视图的顶部，其中的内容仅在输出报表的首页显示或打印一次。通常用于放置显示在封面上的信息，如徽标、报表标题、报表用途和日期等。图 6-5 中报表页眉节的标签控件"罗斯文公司产品"，显示在图 6-6 中就是报表首页首行的标题文字"罗斯文公司产品"；报表页眉节的标签控件"打印日期："以及文本框"=Date ()"，就是图 6-6 中显示在首页标题下方的文字"打印日期："及"2014/8/9"（运行报表的具体日期）。

2. 页面页眉节

页面页眉节在报表页眉节下方，其中的内容将在报表每一页的开始处打印输出。通常用于设置在每页开头显示的内容，如各列的标题等。图 6-5 中页面页眉节中"类别"、"产品代码"、"产品名称"、"供应商"、"单位数量"、"列出价格"、"列出与成本之差"等标签控件分别对应于图 6-6 中每页上方的列标题；页面页眉节中的直线控件显示为每页列标题下方的直线。

3. 分组页眉节

分组页眉中的内容显示在每一组开始的位置，通常用于显示分组名称或分组提示信息。图 6-5 所示的报表是按类别进行分组的，组页眉(类别页眉)中的组合框控件"类别"对应于图 6-6 中每个类别的名称，显示在每种类别的开头，如"焙烤食品"、"点心"等。

4. 主体节

主体节是输出数据的主要区域，记录源中的每一行都会显示一次，用于放置构成报表主体的控件。图 6-5 所示报表的主体节中包含了多个文本框控件，如"产品代码"、组合框控件"供应商 ID"等，它们都与相关字段绑定，在图 6-6 中输出了数据源中的"NWTBGM-19 糖果 佳佳乐 每箱 30 盒 ¥45.00 ¥35.00"等信息。

5. 分组页脚节

分组页脚中的内容显示在每个分组的结尾，通常用于显示分组的汇总信息，如分组的平均值、总和等。在图 6-5 所示的报表中，类别页脚里放置了输出产品数量、平均价格及最高列出价格的文本框控件以及显示标题的标签控件，在图 6-6 的输出报表中，即按产品类别统计出了每种产品的数量、平均价格及最高列出价格，输出在每组的结束位置，如焙烤食品的产品数量为 4，平均价格为¥36.25，最高列出价格为¥45。

6. 页面页脚节

页面页脚中的内容显示在每页的结尾，通常用于显示页码或每页的信息。图 6-5 中页面页脚节中的文本框控件 "="共" & [Pages] & " 页，第 " & [Page] & "页""，对应于图 6-6 中每页下端出现的页码 "共 3 页，第 1 页"、"共 3 页，第 2 页" 等。

7. 报表页脚节

报表页脚节位于设计视图的底端，其中的内容仅在报表最后一页的底部输出，显示在最后一页的页面页脚之前，通常用于显示整个报表的汇总信息或说明信息。图 6-5 中报表页脚节中的标签控件 "产品总数：" 以及文本框控件 "=Count([*])" 用于统计所有产品的数量，"列出与成本差之总和" 标签以及文本框控件 "=Sum([列出价格]-[标准成本])" 用于计算所有产品列出价格与标准成本差的合计值，仅在最后一页输出。从图 6-6 中可以看出，罗斯文公司的产品总数为 45，列出与成本差之总和为¥698.50。

6.2　报表的创建

图 6-7　"报表" 选项组

Access 创建报表的许多方法和创建窗体基本相同，可以使用 "报表"、"报表设计"、"空报表"、"报表向导" 和 "标签" 等方法来创建报表，在 "创建" 选项卡的 "报表" 选项组中提供了这些创建报表的按钮，如图 6-7 所示。

6.2.1　使用 "报表" 按钮创建报表

使用 "报表" 按钮是创建报表的快速方法，其数据来源于单张表或单个查询的所有字段，所创建的报表是表格式报表。用这种方法创建的报表可能无法创建出最终需要的完美报表，但对于迅速查看基础数据极其有用，在生成报表后再利用设计视图或布局视图对其进行编辑，这样可以大大提高报表设计的效率。

【例 6.1】 以 "产品" 表为数据源，快速创建产品报表。

具体操作步骤如下。

(1)打开罗斯文数据库，在 Access 导航窗格中选中查询中的 "销量居前十位的订单"。

(2)在 "创建" 选项卡的 "报表" 选项组中单击 "报表" 按钮，"销量居前十位的订单" 报表立即创建完成，并且切换到布局视图，如图 6-8 所示。

(3)单击快速访问工具栏的 "保存" 按钮，弹出 "另存为" 对话框，输入报表名称或使用系统默认的名称，然后单击 "确定" 按钮，即可完成报表的创建。

简单的几步就可以创建报表，这对初学者来说非常简单快捷，但这个报表可能还需要进一步修改，具体方法将在 6.3 节中介绍。

订单 ID	订单日期	销售额	公司名称	发货日期
41	2006/3/24	¥13,800.00	国皓	
38	2006/3/10	¥13,800.00	康浦	2006/3/11
47	2006/4/8	¥4,200.00	森通	2006/4/8
46	2006/4/5	¥3,690.00	祥通	2006/4/5
58	2006/4/22	¥3,520.00	国顶有限公司	2006/4/22
79	2006/6/23	¥2,490.00	森通	2006/6/23
77	2006/6/5	¥2,250.00	国银贸易	2006/6/5
36	2006/2/23	¥1,930.00	坦森行贸易	2006/2/25
44	2006/3/24	¥1,674.75	三川实业有限公司	
78	2006/6/5	¥1,560.00	东旗	2006/6/5

¥48,914.75

共 1 页，第 1 页

图 6-8 "销量居前十位的订单"报表

6.2.2 使用"报表向导"创建报表

与使用"报表"按钮创建报表不同的是，用报表向导创建报表时，可自由选择报表的数据源字段，此外，用户还可以根据需要设置分组和排序、产生各种统计数据、选择报表的布局样式，创建出纵栏式报表或表格式报表。

【例 6.2】 创建报表，查看各客户订购商品的订单 ID、订单日期、发货日期及运费。

具体操作步骤如下。

(1)打开罗斯文数据库，在"创建"选项卡的"报表"选项组中单击"报表向导"按钮，打开"报表向导"对话框，该对话框用于确定报表上使用的字段，如图 6-9 所示。

(2)在"表/查询"组合框中选择"表：客户"选项，双击"公司"选项将其从"可用字段"列表框添加到"选定字段"列表框中；再从"表/查询"组合框中选择"表：订单"选项，双击选择"订单 ID"、"订单日期"、"发货日期"和"运费"选项。

(3)单击"下一步"按钮，出现如图 6-10 所示的对话框，该对话框用于设置自动分组。本例中按客户的公司分组，即通过客户来查看数据。需要注意的是，客户表与订单表之间已建立了一对多关系，才会出现此自动分组对话框，否则是不会出现的，只能进行手工分组。

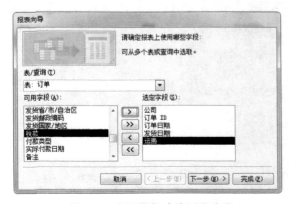

图 6-9 选择源表/查询以及字段

图 6-10 设置自动分组

（4）单击"下一步"按钮，出现如图 6-11 所示的对话框，该对话框用于自行设置分组。需要添加分组字段时，可直接双击左侧窗格中的字段名称，在右侧可看到其分组级别。在手工添加分组后，还可单击左下角的 分组选项(O)... 按钮，进行分组间隔的设置。

（5）单击"下一步"按钮，出现如图 6-12 所示的对话框，该对话框用于指定排序字段、排序方式和汇总选项。需要注意的是，只有设置了分组字段以后，才能进行汇总选项的设置，并且也只能对数值型字段进行汇总统计。在第一个组合框中选择"订单日期"作为排序字段，单击 升序 按钮将排序方式改为降序。

图 6-11　设置分组级别　　　　　　图 6-12　设置排序方式、汇总选项

如果要产生统计数据，则可以单击 汇总选项(O)... 按钮，打开如图 6-13 所示的"汇总选项"对话框，从图中可以看出，能执行的计算包括汇总（求和）、平均、最小、最大四种。在该对话框中还有"显示"选项组，其中，选中 ⊙ 明细和汇总(D) 单选按钮表示同时打印每个记录的数据以及分组的统计信息，选中 ⊙ 仅汇总(S) 单选按钮表示只显示汇总信息，但不显示记录。选中 □ 计算汇总百分比(P) 复选框表示可打印分组汇总的百分比。本例不进行汇总选项的设置。

（6）单击"下一步"按钮，出现如图 6-14 所示的对话框，该对话框用于选择报表的布局方式和纸张打印方向。为了保证所有的字段值都显示在一页上，可选中"调整字段宽度使所有字段都能显示在一页中"复选框。本例选择"块"式布局，方向选择"纵向"。另外，如果没有进行数据分组，在"布局"选项组中可以选择创建表格式报表或纵栏式报表，读者可自行实践。

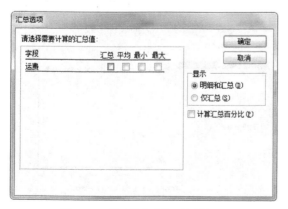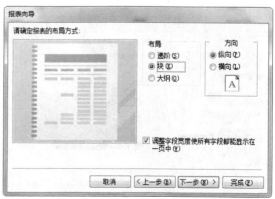

图 6-13　"汇总选项"对话框　　　　　　图 6-14　设置报表布局方式

(7)单击"下一步"按钮,打开如图 6-15 所示的对话框,在该对话框中可以指定报表标题,还可以指定创建报表后系统进行的操作:预览报表或修改报表设计。

(8)单击"完成"按钮,向导按照指定的设置创建了报表,报表的预览视图如图 6-16 所示。关闭预览视图,完成报表的创建。

图 6-15 设置报表标题及完成后的操作

客户				
公司	订单日期	订单 ID	发货日期	运费
三川实业有限公司	2006/5/24	71		¥0.00
	2006/3/24	44		¥0.00
坦森行贸易	2006/4/25	81		¥0.00
	2006/4/25	63	2006/4/25	¥7.00
	2006/2/23	36	2006/2/25	¥7.00
国顶有限公司	2006/4/25	80		¥0.00
	2006/4/22	58	2006/4/22	¥5.00
	2006/4/7	61	2006/4/7	¥4.00
	2006/2/6	34	2006/2/7	¥4.00
	2006/1/20	31	2006/1/22	¥5.00

图 6-16 "客户"报表

6.2.3 使用"标签"按钮创建标签报表

【例 6.3】 以"员工"表为数据源,创建员工标签报表。

具体操作步骤如下。

(1)打开罗斯文数据库,在"导航"窗格中选定 "员工"表。

(2)在"创建"选项卡中选择"报表"选项组,单击"标签"按钮,打开"标签向导"的第一个对话框,如图 6-17 所示,该对话框用于设定标签的尺寸、型号、度量单位等,还可以自定义标签。

(3)单击"下一步"按钮,出现如图 6-18 所示的"标签向导"的第二个对话框,该对话框用于指定标签文本的字体和颜色,还可以选中"倾斜"和"下划线"复选框设置倾斜效果和添加下划线。

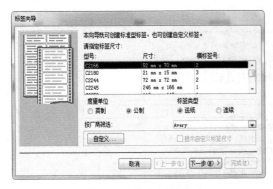

图 6-17 设定标签尺寸

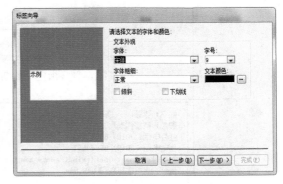

图 6-18 设置文本字体和颜色

(4)单击"下一步"按钮,出现标签向导的第三个对话框,如图 6-19 所示,该对话框用于设计标签原型。单击使光标定位在原型标签的任意行首,再用空格键定位光标横向的位置,可以在其中输入文本,也可以从"可用字段"列表框中选择字段,字段用大括号定界,表示在标签中显示为字段值。不管哪种形式,实际上都是在报表的相应位置创建了控件。本例的创建过程中，在原型标签的首行输入文本"姓名："，然后在可用字段中双击"姓氏"和"名字"选项，其他行按相同方法依次操作。

(5) 单击"下一步"按钮，出现标签向导的第四个对话框，如图 6-20 所示，该对话框用于选择排序字段。在"排序依据"列表框中列出了用于排序的字段，其顺序也决定了排序的先后顺序。在这里选择"ID"作为排序字段。

图 6-19　设置原型标签

图 6-20　选择排序字段

(6) 单击"下一步"按钮，出现如图 6-21 所示的对话框，这是标签向导的最后一个对话框，用于指定报表的名称以及完成创建后的操作。

(7) 单击"完成"按钮完成报表的创建过程，创建好的报表如图 6-22 所示。

图 6-21　指定标签名称及完成后的操作

姓名：张颖	姓名：王伟
职务：销售代表	职务：销售副总裁
业务电话：(010) 65553199	业务电话：(010) 13265988
住宅电话：(010) 65559857	住宅电话：(010) 65559482
电子邮箱：nancy@northwindtraders.com	电子邮箱：andrew@northwindtraders.com
地址：北京市复兴门 245 号	地址：北京市罗马花园 890 号
姓名：李芳	姓名：郑建杰
职务：销售代表	职务：销售代表
业务电话：(010) 38254538	业务电话：(010) 54875423
住宅电话：(010) 65553412	住宅电话：(010) 65558122
电子邮箱：jan@northwindtraders.com	电子邮箱：mariya@northwindtraders.com
地址：北京市芍药园小区 78 号	地址：北京市前门大街 789 号

图 6-22　标签报表

6.2.4 使用"空报表"按钮创建报表

空报表并不是说最终创建的是空的报表，而是指从一个完全空白的、没有结构的报表开始创建自己所希望的报表。在建立空白报表的同时，右侧出现字段列表窗格，其中包含了空白报表可以选择的多个数据源的字段，用户可以直接拖动字段向报表添加控件。

【例 6.4】 利用空报表创建采购订单报表。

具体操作步骤如下。

(1)打开罗斯文数据库，在"创建"选项卡中选择"报表"选项组，单击"空报表"按钮打开空白报表窗口，该窗口右侧自动显示"字段列表"窗格，如图 6-23 所示。

(2)单击"字段列表"窗格中的"显示所有表"链接，展开数据表列表，此时单击表名前的"+"号展开对应表的字段列表，本例使用"采购订单"表作为数据源，如图 6-24 所示。单击"编辑表"链接还可以打开数据表视图，进而编辑表中的数据。需要注意的是，其他创建报表的方法是不允许修改表中数据的。

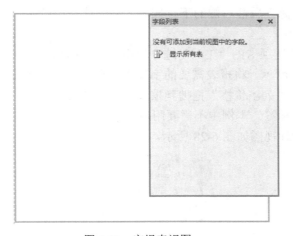

图 6-23 空报表视图

图 6-24 字段列表

(3)依次双击所需字段，或将所需字段直接拖动到报表中，都可以生成相应控件。本例中依次双击"采购订单"表中的"采购订单 ID"、"创建者"、"创建日期"和"状态 ID"字段，产生的报表如图 6-25 所示。

采购订单 ID	创建者	创建日期	状态 ID
90	王 伟	2006/1/22	已批准
91	王 伟	2006/1/22	已批准
92	王 伟	2006/1/22	已批准
93	王 伟	2006/1/22	已批准
94	王 伟	2006/1/22	已批准
95	王 伟	2006/1/22	已批准
96	赵 军	2006/1/22	已批准
97	金 士鹏	2006/1/22	已批准
98	郑 建杰	2006/1/22	已批准
99	李 芳	2006/1/22	已批准
100	张 雪眉	2006/1/22	已批准
101	王 伟	2006/1/22	已批准
102	张 颖	2006/3/24	已批准

图 6-25 采购订单报表

(4)单击"工具栏"中的保存按钮，将该报表保存为"采购订单报表"，完成报表的创建。

空报表视图也可以使用属性窗格，但其操作过程比较烦琐，使用不便，读者可以自行尝试。

6.2.5 使用"设计视图"按钮创建报表

对于简单报表，通常使用向导和报表工具进行创建。对于复杂的报表，可以直接在设计视图中创建，也可以在设计视图中修改已经创建的其他报表。

【例 6.5】 在设计视图中创建报表，显示类别、产品代码、产品名称、供应商、单位数量及列出价格。

具体操作步骤如下。

(1)打开罗斯文数据库，在"创建"选项卡中选择"报表"选项组，单击"报表设计"按钮，打开空白的报表设计视图。

(2)设置数据源。在"设计"选项卡的"工具"选项组中单击"属性表"按钮，弹出"属性表"窗口。在该窗口中，单击"记录源"属性右侧的下拉按钮，从中选择"产品"选项，如图 6-26 所示。

(3)在报表中添加字段。在"设计"选项卡的"工具"选项组中单击"添加现有字段"按钮，弹出"字段列表"窗格，如图 6-27 所示。将报表需要的字段"类别"、"产品代码"、"产品名称"、"供应商 ID"、"单位数量"和"列出价格"拖拽到报表设计视图的主体节，在主体节中就自动生成了绑定文本框以及附属标签。本例中不需要附属标签，可以单击选中标签，按 Delete 键将其删除。操作后的报表设计视图如图 6-28 所示。

图 6-26 报表"属性表"窗格

图 6-27 "字段列表"窗格

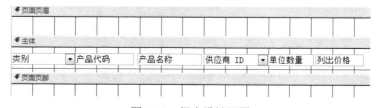

图 6-28 报表设计视图

技巧：如果要添加连续的多个字段，可以按住 Shift 键单击第一个字段和最后一个字段；

如果要添加不连续的多个字段，可以按住 Ctrl 键单击选择；如果要添加全部字段，可以双击字段列表的标题栏，选中字段后再将其拖动到报表中。

（4）预览报表。切换到打印预览视图，其效果如图 6-29 所示。

饮料	NWTB-1	苹果汁	为全	10箱 x 20	¥30.00
调味品	NWTCO-3	蕃茄酱	金美	每箱12瓶	¥20.00
调味品	NWTCO-4	盐	金美	每箱12瓶	¥25.00
调味品	NWTO-5	麻油	金美	每箱12瓶	¥40.00

图 6-29　报表预览效果

（5）保存报表。将该报表保存为"产品报表"，关闭报表预览视图，完成报表的创建。

6.2.6　创建图表报表

Access 2010 没有提供直接创建图表报表的向导，但可以使用"图表"控件来创建图表报表。

【例 6.6】　创建图表报表比较各类产品的年度销售总额。

具体操作步骤如下。

（1）打开罗斯文数据库，在"创建"选项卡中选择"报表"选项组，单击"报表设计"按钮，打开空白报表设计视图。

（2）在"设计"选项卡的"控件"选项组中单击"图表"按钮，并在主体节中拖动添加一个图表对象，系统将自动启动图表向导，打开如图 6-30 所示的对话框，该对话框用于选择图表的数据源表或查询。本例选择"按类别产品销售"查询作为数据源。

（3）单击"下一步"按钮，出现图表向导的第二个对话框，如图 6-31 所示，该对话框用于选择图表所用的字段。双击"可用字段"列表框中的"订单日期"、"类别"和"总额"字段，将其添加到"用于图表的字段"列表框中。

图 6-30　选择图表数据源

图 6-31　选择图表字段

（4）单击"下一步"按钮，出现图表向导的第三个对话框，如图 6-32 所示，该对话框用于选择图表的类型，向导提供了多种不同的图表，包括柱形图、条形图、饼图、折线图等常见类型。本例使用默认的柱形图。

（5）单击"下一步"按钮，出现图表向导的第四个对话框，如图 6-33 所示，它用于指定字段在图表中的布局方式。该对话框左侧为示例图表，右侧为可用字段，可将字段直接拖动到示例图表中，也可以从示例图表中拖走字段。在本例的示例图表中，默认分类方式为"订单日期(按月)"，在此应将其改为按年分类，双击"订单日期(按月)"，打开如图 6-34 所示的分组对话框，选择"年"选项，单击"确定"按钮。此外，默认的汇总方式是求和，要改变汇总方式，可双击示例图表中的"总额合计"项，在打开的"汇总"对话框(图 6-35)中选择其他汇总方式，本例中选择默认方式。

图 6-32　选择图表类型

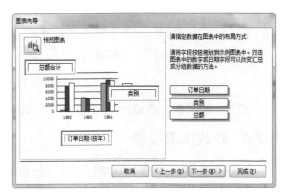

图 6-33　指定图表布局方式

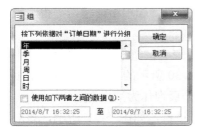

图 6-34　分组对话框

图 6-35　"汇总"对话框

(6)单击"确定"按钮，打开向导的最后一个对话框，如图 6-36 所示，该对话框用于指定图表的标题、是否显示图例。

(7)单击"完成"按钮，切换到报表预览视图，结果如图 6-37 所示。

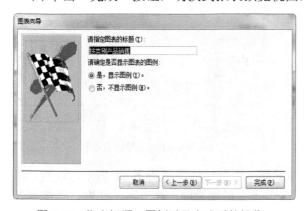

图 6-36　指定标题、图例以及完成后的操作

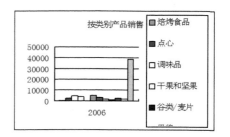

图 6-37　各类产品年度销售总额

(8)保存。将报表保存为"各类产品年度销售总额报表"，关闭报表预览视图，完成报表的创建。

上述例子介绍了 Access 2010 创建报表的一般过程，而要创建出满足实际要求的报表，还需要对其进行进一步修改和美化，具体内容将在后面介绍。

6.3　报表的修改和美化

6.3.1　编辑报表

1．使用节

1）添加/删除报表页眉/页脚、页面页眉/页脚

在报表设计视图中右击，在弹出的快捷菜单中选择"报表页眉/页脚"命令或"页面页眉/页脚"命令可以添加或删除相应节。报表页眉/页脚和页面页眉/页脚只能成对添加或删除，如果需要单独删除页眉或页脚，可以通过设置节的"可见性"属性为"否"来隐藏不需要显示的节。也可以删除该节中的所有控件，将该节的"高度"属性设置为 0。

2）改变节的大小

各节的高度可以随意调节，但报表的宽度是唯一的，改变节的宽度会改变整个报表的宽度。将鼠标指针置于节的下边沿，上下拖动鼠标就可以改变节的高度，也可以通过设置节的"高度"属性来进行精确调整。

2．使用控件

要在报表中添加控件，可以选中"设计"选项卡"控件"选项组中的相关按钮，将其"画"到设计视图中；在选中某个对象后，就可以通过"属性表"窗格进行该对象属性的设置。控件的常用属性以及操作方法与窗体类似，在此不再赘述，读者可参考第 5 章窗体设计中的相关内容。

3．添加日期时间

具体操作步骤如下。

（1）在设计视图中打开要修改的报表。

（2）在"设计"选项卡"页眉/页脚"选项组中选择"日期和时间"命令，显示"日期和时间"对话框，如图 6-38 所示。

（3）根据需要选择是否包含日期、时间以及样式，单击"确定"按钮。

日期和时间默认出现在报表页眉节，可以将生成的控件直接拖动到其他节。添加日期和时间还可以使用另一种方法，即在报表相应位置添加文本框控件，然后单击文本框，将插入点定位到文本框中，输入"=Date()"表示显示当前系统日期；输入"=Time()"表示显示当前系统时间；如果要同时显示日期和时间，可在文本框中输入"=Date()&Time()"或"=Now()"。这样在预览时就可以看到文本框内显示的日期和时间了。

图 6-38　"日期和时间"对话框

4. 添加页码

添加页码的操作步骤与添加日期时间的方法类似，在报表的设计视图下，选中"设计"选项卡中"页眉/页脚"选项组中的"页码"命令，在弹出的"页码"对话框（图 6-39）中进行相应的设置即可。

图 6-39 "页码"对话框

与添加日期和时间一样，也可以采用插入文本框的方法来添加页码，这时需要使用 Page 和 Pages 这两个内置变量。在文本框中输入"=[Page]"表示页码，输入"=[Pages]"表示页数。如果输入"="第"&[Page]&"页""，则显示为"第 *N* 页"的形式，输入"="第 " & [Page] & " 页 " & "共 " & [Pages] & " 页""，则显示为"第 *N* 页，共 *M* 页"的形式。

【例 6.7】 为"产品报表"添加报表标题、每页的列标题、日期时间和页码等内容。

具体操作步骤如下。

（1）在设计视图中打开"产品报表"（见例 6.5）。

（2）添加报表标题：在"设计"选项卡中选择"页眉/页脚"选项组，单击 🔲 标题 按钮，设计视图中出现报表页眉/报表页脚节，将报表页眉节标签中的内容修改为"罗斯文公司产品"；输入完毕后选中该标签控件，在属性窗格中设置其字号、前景色、左边距、右边距等属性。

（3）添加列标题：单击"设计"选项卡"控件"选项组中的标签按钮 *Aa*，在页面页眉节中画出标签，输入文本"类别"，将文本加粗显示；按相同的方法添加其他标签，输入列标题"产品代码"、"产品名称"、"供应商"、"单位数量"和"列出价格"。

（4）添加分隔线：单击"设计"选项卡"控件"选项组中的直线按钮 ＼，在页面页眉节列标题的下方画出直线，在属性窗格中设置其边框颜色为深蓝色，边框宽度为 3 磅。为了保证直线水平或垂直，可在画直线时按住 Shift 键。

（5）添加日期：单击"设计"选项卡"控件"选项组中的文本框按钮 ab，在报表页眉中画出文本框控件。单击文本框，在其中输入"=Date()"。分两次单击文本框的附属标签，将标签标题修改为"打印日期："。

（6）添加页码：在页面页脚节添加文本框控件，其内容为"="第"& [Page] &"页""，删除文本框的附属标签。

（7）调整报表：将主体节中所有字段向上拖动到靠近主体节的上边沿处；调整页面页眉节的高度，使其下边沿紧靠节中的直线，使用相同的方法调整其他各节的高度；调整报表页面宽度到适当大小，调整后的报表设计视图如图 6-40 所示。

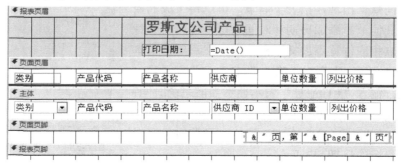

图 6-40 调整后的报表设计视图

(8)保存报表，切换至打印预览视图，结果如图 6-41 所示。

罗斯文公司产品					
打印日期：				2014/8/7	
类别	产品代码	产品名称	供应商	单位数量	列出价格
饮料	NWTB-1	苹果汁	为全	10箱 x 20	￥30.00
调味品	NWTCO-3	蕃茄酱	金美	每箱12瓶	￥20.00
调味品	NWTCO-4	盐	金美	每箱12瓶	￥25.00
调味品	NWTO-5	麻油	金美	每箱12瓶	￥40.00
果酱	NWTJP-6	酱油	康富食品，德昌	每箱12瓶	￥20.00
干果和坚果	NWTDFN-7	海鲜粉	康富食品	每箱30盒	￥40.00

图 6-41　打印预览结果

6.3.2　修饰报表

1．使用主题格式

Access 提供了多种预定义报表主题格式，如"暗香扑面"、"奥斯汀"、"穿越"、"凤舞九天"等，这些主题可以统一更改报表中所有文本的字体、字号、颜色及线条粗细等外观属性。设置报表主题格式的操作步骤如下。

(1)在"设计视图"中打开相关报表。

(2)单击"设计"选项卡"主题"选项组中"主题"选项下方的下拉按钮，打开系统预定义的主题组，如图 6-42 所示。

(3)选择一种合适的主题格式来代替目前的报表格式，图 6-43 为应用"行云流水"主题格式的产品报表，其标题字体、线条颜色、背景色等均发生了改变。

图 6-42　主题组　　　　　　　　　　图 6-43　应用主题后的产品报表

2．自定义报表格式

要自行定义报表中各元素的显示格式，通常采用以下两种方法：①使用属性窗格对报表中的控件进行格式设置；②使用"格式"选项卡中的按钮(图 6-44)进行设置，使用其中的按钮可以进行字体、显示格式、数字、背景等属性的设置。

图 6-44　报表"格式"选项卡

6.3.3　报表的排序、分组汇总和计算

在 Access 中，除了可以利用报表向导实现记录的排序、分组和简单统计计算外，还可以通过设计视图对报表中的记录进行排序和分组，对数据进行各种计算。

1. 记录的排序

在默认情况下，报表中的记录是按数据输入的先后顺序来显示的。但有时需要按某种顺序来排列记录，如按总分从高到低排列，按销售量从低到高排列等。

【例 6.8】　将"产品报表"按照列出价格从高到低排序。

具体操作步骤如下。

(1)在设计视图中打开"产品报表"，单击"设计"选项卡"分组和汇总"选项组中的"分组和排序"按钮。

(2)在设计视图底部会出现"分组、排序和汇总"窗格，其中包含"添加排序"和"添加组"按钮，如图 6-45 所示。

(3)单击"添加排序"按钮，打开"排序"工具栏，选择排序字段为"列出价格"，排序方式为"降序"，如图 6-46 所示。需要注意的是，报表中可以有多个排序字段，要调整其优先次序，可单击行右侧的上拉或下拉按钮；要删除某个排序字段，可单击该行右侧的删除按钮。

图 6-45　"分组、排序和汇总"窗格　　　　　图 6-46　设置排序依据

(4)打开报表的打印预览视图，报表将按列出价格的降序进行显示。

2. 记录分组和汇总

分组就是把报表中具有共同特征的相关记录排列在一起，如按供应商输出其供应的各种商品、按学生姓名分组输出其各门课程的成绩等。分组可以对一个字段进行，也可以对多个字段进行，在分组的基础上继续按其他字段分组，就是分组嵌套，如输出各供应商供应的各类商品，需要对产品先按供应商分组，再按产品类别分组。

分组的目的通常是为进行各种统计计算做准备，通过分组实现汇总和输出，增强报表的可读性。在"分组、排序和汇总"窗格中，每个分组级别都有许多选项，可以通过设置它们来获得所需结果，如图 6-47 所示。分组中的选项如下。

(1)分组间隔：设置记录如何分组。例如，可以根据文本字段的第一个字符进行分组，从而将以 A 开头的记录归为一组，以 B 开头的记录归为一组，以此类推；还可以根据日期型字段的年、月或日进行分组。

图 6-47 "分组"选项

(2)汇总：若要添加汇总，可以单击此选项。可以添加多个字段的汇总，还可以对同一个字段执行多种类型的汇总。单击"汇总"项后的下拉按钮，打开如图 6-48 所示的"汇总"菜单，其中，"汇总方式"下拉列表框用于选择要进行汇总的字段；"类型"下拉列表框用于选择将要执行的计算类型；"显示总计"复选框用于在报表结尾即报表页脚节中添加总计；"显示组小计占总计的百分比"复选框用于在组页脚中添加控件，该控件能计算每个组的小计占总计的百分比；"在组页眉中显示小计"、"在组页脚中显示小计"复选框用于设置汇总数据显示的位置。

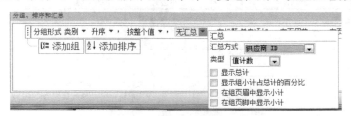

图 6-48 "汇总"项菜单

(3)标题：通过此选项可以更改汇总字段的标题，如果需要修改或添加标题，则要单击"有标题"项后的链接文字，在弹出的对话框中输入标题。

(4)有/无页眉节：此设置用于添加或删除每个分组开头的页眉节。

(5)有/无页脚节：此设置用于添加或删除每个分组结束处的页脚节。

(6)分组布局：此设置用于确定在打印报表时页面中各组的布局方式。有三个选项：不将组放在同一页上，将整个组放在同一页上以及将页眉和第一条记录放在同一页上。

【例 6.9】 将"产品报表"按照类别进行分组，并统计各类产品的数量、平均列出价格。具体操作步骤如下。

(1)在设计视图中打开"产品报表"，单击"设计"选项卡"分组和汇总"选项组中的"分组和排序"按钮，打开"分组、排序和汇总"窗格。

(2)分组设置：单击"添加组"按钮，在"选择字段"下拉列表框中选择"类别"选项，则分组字段显示为"类别"；单击"更多"按钮可将组页脚设置为"有组页脚"，如图 6-49 所示。

图 6-49 分组设置

(3)汇总设置：对 ID 字段添加"记录计数"的汇总方式，选中"在组页脚中显示小计"复选框，如图 6-50(a)所示；对"列出价格"添加"平均值"的汇总方式，选中"在组页脚中显示小计"，如图 6-50(b)所示。

(a)   (b)

图 6-50　汇总设置

(4)其他：将主体节中的"类别"组合框剪切到"类别"页眉节中；为组页脚中的控件添加说明标签"产品数量："以及"平均价格："，最终的设计视图如图 6-51 所示。

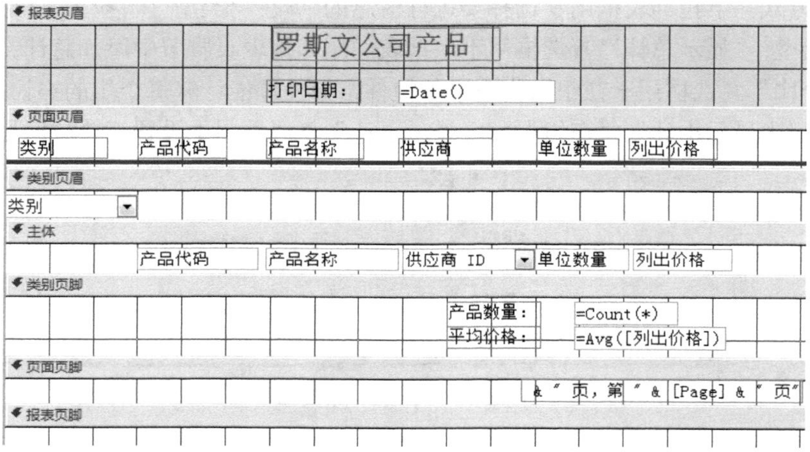

图 6-51　修改后的产品报表设计视图

(5)预览报表，结果如图 6-52 所示，保存该报表。

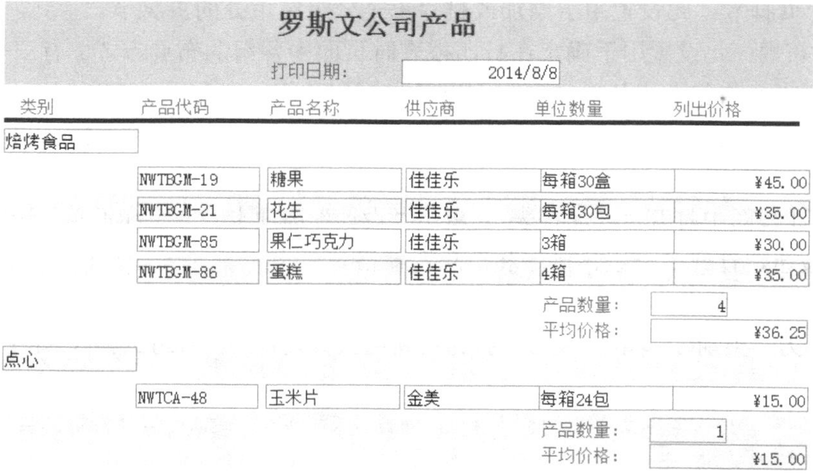

图 6-52　修改后的产品报表打印预览视图

3. 报表的计算

在报表的实际应用中，经常需要对报表中的数据进行一些计算，报表的计算可在分组汇总时通过选择命令来实现，如例 6.9 中产品数量和平均价格的计算，也可以在报表的适当位置添加计算控件，将其"控件来源"属性设置为合适的统计计算表达式。文本框控件是 Access 中最常用的计算控件。在使用时，首先在报表中添加文本框控件，然后在文本框中输入以等号(=)开头的表达式，或者在文本框的属性窗口中将其"控件来源"属性设置为计算表达式。

在统计计算表达式中经常要用到一些内置函数，如使用 Count 函数计算记录的数目、Avg 函数计算字段的平均值、Sum 函数计算字段的和、Max 函数计算字段的最大值、Min 函数计算字段的最小值等。

【例 6.10】 计算"产品报表"中每种产品列出价格与标准成本之差、各类产品列出价格的最大值以及罗斯文公司的产品总数、列出价格与标准成本之差的合计值。

具体操作步骤如下。

(1) 在设计视图中打开"产品报表"。

(2) 计算每种产品列出价格与标准成本之差：在主体节中添加一个文本框控件，将 "控件来源"属性设置为 "=[列出价格]−[标准成本]"，"格式"属性设置为"货币"；将其附属标签剪切到"页面页眉节"的适当位置，将标题改为"列出与标准之差"。

(3) 计算各类产品列出价格的最大值：在类别页脚中添加一个文本框控件，将其"控件来源"属性设置为 "=Max([列出价格])"，将其附属标签的标题改为"最高列出价格："。

(4) 计算罗斯文公司的产品总数：在报表页脚节中添加一个文本框控件，单击文本框，在其中输入 "=Count(*)"，将其附属标签的标题改为"产品总数："。

(5) 计算列出价格与标准成本之差的合计值：在报表页脚节中添加一个文本框控件，单击文本框，在其中输入 "=Sum([列出价格]−[标准成本])"，"格式"属性设置为"货币"；其附属标签的标题改为"列出与成本差之总和："。完成设计后其设计视图和打印预览视图分别如图 6-5 和图 6-6 所示。

(6) 保存报表。

6.3.4　子报表

子报表是包含在其他报表中的报表，通常采用在一个报表中插入另一个报表的形式来实现。前者称为主报表，后者称为子报表。在创建子报表之前，必须确保主报表和子报表的数据源之间已经建立了正确的联系(一般是一对多关系)，这样才能保证子报表中显示的记录与主报表显示的记录一致。

一个主报表最多可以包含二级子报表，例如，某个报表可以包含一个子报表，这个子报表还可以包含一个子报表。

创建子报表有两种形式，一种方式是在已有的报表中创建一个新的子报表，另一种方式是将已有报表或窗体中加入已有的报表中创建子报表。下面以第一种方法为例介绍子报表的创建过程。

【例 6.11】 为例 6.4 创建的"采购订单报表"创建子报表，显示每张采购订单订购的商品。

具体操作步骤如下。

（1）在设计视图中打开"采购订单报表"，适当调高主体节的高度，如图 6-53 所示。

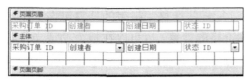

图 6-53　"采购订单报表"设计视图

（2）确保"设计"选项卡"控件"选项组中的 使用控件向导(W) 选项处于选中状态，然后单击"控件"选项组中的"子窗体/子报表"按钮，在主体节控件的下方单击，打开子报表向导的第一个对话框，该对话框用于选择子报表的创建方法。选择"使用现有的表和查询"作为数据源，如图 6-54 所示。如果选中"使用现有的报表和窗体"单选按钮，就可以将已有报表或窗体加入主报表中，成为其子报表。

（3）单击"下一步"按钮，打开子报表向导的第二个对话框，该对话框用于选择子报表包含的字段。在该对话框中选择子报表的数据源为"采购订单明细"表，将"产品 ID"、"数量"、"单位成本"和"接收日期"字段移动到选定字段中，如图 6-55 所示。

图 6-54　选择子报表创建方法　　　　　　　图 6-55　选择子报表包含字段

（4）单击"下一步"按钮，出现如图 6-56 所示的对话框，该对话框用于定义主报表与子报表之间的连接字段，可以直接选择，也可以自行定义，在本例中直接选择系统设置的连接字段。

（5）单击"下一步"按钮，出现如图 6-57 所示的对话框，用于保存生成的子报表。

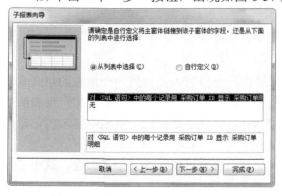

图 6-56　选择主/子报表的连接字段　　　　图 6-57　设置子报表的标题

（6）单击"完成"按钮，子报表已经添加到采购订单报表中，删除子报表控件的附属标签，调整子报表控件的位置，调整后的设计视图如图 6-58 所示。

（7）预览报表，其结果如图 6-59 所示。

（8）关闭报表预览视图，保存主报表和子报表。

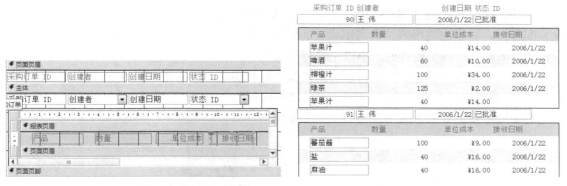

图 6-58 添加"子报表"控件的设计视图   图 6-59 报表预览

6.4 报表的打印

创建报表的主要目的是在打印机上输出，在打印前，需要根据报表和纸张的实际情况进行页面设计，通过预览功能查看报表的显示效果，符合要求时就可以在打印机上输出了。

6.4.1 页面设置

报表的页面设置包括纸张大小、页边距、打印方向以及打印列数等信息的设置，操作步骤如下。

(1)在设计视图中打开报表。

(2)选择"页面设置"选项卡中的"页面布局"选项组，执行"页面设置"命令，打开"页面设置"对话框，该对话框有三个选项卡："打印选项"、"页"和"列"。"打印选项"选项卡可以设置页边距等相关参数，如图 6-60(a)所示；"页"选项卡可以设置页面的相关参数，如图 6-60(b)所示；"列"选项卡可以设置列的相关参数，如图 6-60(c)所示。

(a)   (b)   (c)

图 6-60 "页面设置"对话框

6.4.2 预览及打印

在打印报表之前一般需要进行预览，其操作方法非常简单，只需切换到报表的打印预览视图即可。

在打印预览时，常常出现节宽度大于页宽度的提示框，如图 6-61 所示，如果忽略该提示，常常出现每隔一页有空页的现象，则有可能出现"报表宽度 + 左页边距 + 右页边距 >页面大小"的情况，这时应该调整报表的大小，具体的方法是减小报表的宽度、减小页边距或改变页面方向。如果出现报表空白间距太大的情况，处理的方法包括：减小报表的宽度；减小控件之间的距离；减小控件的大小以正好容纳其内容。

如果对预览效果满意了，就可以将报表输出到打印机，其操作步骤如下。

(1)打开报表的"打印预览"视图，选择"打印预览"选项卡中的"打印"命令，打开"打印"对话框，如图 6-62 所示。

图 6-61　节宽度大于页宽度提示框　　　　　　图 6-62　"打印"对话框

(2)在"打印"对话框中可进行以下设置。

在"打印机"选项组的名称列表框中可选择打印机的名称，单击"属性"按钮可对打印机进行进一步设置。

在"打印范围"选项组中可进行打印页码的设置。

在"份数"选项组中可选择打印的份数。

(3)设置完毕后，单击"确定"按钮即可开始打印报表。

本 章 小 结

本章主要介绍了有关报表的知识，同时介绍了报表的各种创建方法：使用"报表"按钮自动创建、使用"报表向导"、"标签"创建报表、使用"空报表"和"设计视图"创建报表，以及在报表设计视图中编辑美化已有报表的方法。

习　　题

1．试说明报表的主要功能。

2．报表有哪几部分？各部分的作用是什么？

3．报表的视图方式有哪几种？

4．试说明创建主/子报表的过程。

5．报表分为哪几类？各有什么特点？

6．如何在报表中添加日期和时间？

第7章 宏与VBA

在 Access 2010 中，还有一个很重要的对象——宏，主要用于完成一系列预定的任务，以实现程序自动化。本章主要对宏的用途、创建、修改、执行等进行介绍，并在此基础上，为扩展 Access 应用程序功能，介绍 VBA。

7.1 宏的基本概念

宏是用来自动完成特定任务的操作或操作集，即宏是一个或多个操作的集合，其中每个操作实现特定的功能。将多个操作集合在一起，可以自动完成各种简单的重复性工作。

按宏中宏操作的多少和组织方式，宏又可分为宏和宏组。如果设计时有很多宏，将其分类组织到不同的宏组中有助于数据库的管理。Access 系统中，宏及宏组的命名方法与其他数据库对象相同，宏按名调用，宏组中的宏则按"宏组名.宏名"格式调用。如果在一定条件下才执行宏操作，则称其为条件操作宏。

7.2 宏的基本操作

7.2.1 创建宏

【例7.1】 在"罗斯文"数据库中创建一个宏，打开数据库中的"主页"窗体。

具体操作步骤如下。

(1)打开"罗斯文"数据库，单击"创建"选项卡中"宏与代码"选项组中的"宏"按钮，进入"宏生成器"窗口，创建默认名称为"宏1"的宏，如图7-1所示。

图7-1 宏生成器-打开窗体(一)

（2）单击"添加新操作"下拉按钮，选择 OpenForm 选项，单击"窗体名称"下拉按钮，从弹出的下拉菜单中选择"主页"选项，如图 7-2 所示。

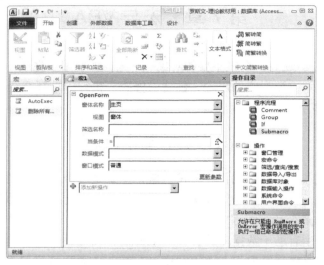

图 7-2　宏生成器-打开窗体(二)

（3）右击宏名称"宏 1"，在弹出的快捷菜单中选择"保存"命令，打开"另存为"对话框，输入宏名称"打开'主页'窗体"，如图 7-3 所示，单击"确定"按钮。

图 7-3　宏生成器-打开窗体(三)

【例 7.2】　在"罗斯文"数据库中创建一个宏，打开数据库中的"客户通讯簿"报表。
具体操作步骤如下。

（1）打开"罗斯文"数据库，单击"创建"选项卡下"宏与代码"选项组中的"宏"按钮，进入"宏生成器"窗口，创建默认名称为"宏 1"的宏。

（2）单击"添加新操作"下拉按钮，选择 OpenReport 选项，单击"报表名称"下拉按钮，在弹出的下拉菜单中选择"客户通讯簿"选项，如图 7-4 所示。

（3）在宏名称"宏 1"上右击，在弹出的快捷菜单中选择"保存"命令，打开"另存为"对话框，输入宏名称"打开'客户通讯簿'报表"，单击"确定"按钮。

图 7-4　宏生成器-打开报表

【例 7.3】　在"罗斯文"数据库中创建一个宏，关闭"客户通讯簿"报表。

具体操作步骤如下。

（1）打开"罗斯文"数据库，单击"创建"选项卡下"宏与代码"选项组中的"宏"按钮，进入"宏生成器"窗口，创建默认名称为"宏 1"的宏。

（2）单击"添加新操作"下拉按钮，选择 CloseWindow 选项，单击"对象类型"下拉按钮，在弹出的下拉菜单中选择"报表"选项，单击"对象名称"下拉按钮选择"客户通讯簿"选项，如图 7-5 所示。

图 7-5　宏生成器-关闭报表

【例 7.4】　在"罗斯文"数据库中创建一个宏，退出 Access。

具体操作步骤如下。

（1）打开"罗斯文"数据库，单击"创建"选项卡下"宏与代码"选项组中的"宏"按钮，进入"宏生成器"窗口，创建默认名称为"宏 1"的宏。

(2) 单击"添加新操作"下拉按钮，选择 QuitAccess 选项，如图 7-6 所示。

图 7-6　宏生成器-退出

7.2.2　宏组

如果有多个宏，可将相关的宏设置成宏组，有助于对数据库进行管理。宏组其实就是多个基本宏的集合。

【例 7.5】　在"罗斯文"数据库中创建一个宏组 AutoExec。

说明：名为 AutoExec 的宏是一个特殊的宏，当首次打开数据库时，名为 AutoExec 的宏将自动执行其中的操作。

具体操作步骤如下。

(1) 打开"罗斯文"数据库，单击"创建"选项卡下"宏与代码"选项组中的"宏"按钮，进入"宏生成器"窗口，创建默认名称为"宏 1"的宏。

(2) 双击"程序流程"目录下的 Submacro 选项，添加子宏 Sub1。

(3) 单击添加新操作 SetDisplayedCategories，单击"类别"下拉按钮，从其下拉菜单中选择"罗斯文贸易"选项，如图 7-7 所示。

图 7-7　宏生成器-创建子宏 Sub1

(4) 双击"程序流程"目录下的 Submacro 选项，添加子宏 Sub2。

(5) 单击"添加新操作"下拉按钮，从其下拉菜单中选择 IF 选项，在"条件表达式"文本框中输入"Not [CurrentProject].[IsTrusted]"，在下一行的"添加新操作"下拉列表框中选择 OpenForm 选项，"窗体名称"选择"启动屏幕"，如图 7-8 所示。

(6) 用同样的方法添加第三个子宏 Sub3，如图 7-9 所示。

(7) 在宏名称"宏 1"上右击，从弹出的快捷菜单中选择"保存"命令，打开"另存为"对话框，输入宏名称 AutoExec，单击"确定"按钮。

图 7-8　宏生成器-创建子宏 Sub2

图 7-9　宏生成器-创建子宏 Sub3

7.2.3　创建嵌入的宏

在窗体、报表或控件的"事件"属性中可以嵌入宏。

【例 7.6】　在"罗斯文"数据库中创建嵌入宏。

具体操作步骤如下。

（1）打开"罗斯文"数据库，展开导航窗格。

（2）右击"员工详细信息"窗体，从弹出的快捷菜单中选择"设计视图"选项。

（3）在窗体页眉节中选择"关闭"按钮，在其"事件"选项卡下单击"单击"标签右侧的 按钮，打开选择生成器，选择"宏生成器"选项，如图 7-10 所示，单击"确定"按钮。

（4）自动创建嵌入宏，添加 CloseWindow 操作，如图 7-11 所示。

（5）保存该宏。

图 7-10　创建嵌入宏（一）

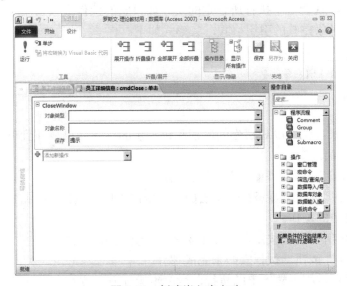
图 7-11　创建嵌入宏（二）

7.2.4　条件操作宏

条件操作宏只有当操作满足一定的条件，才能够执行。宏的条件是一个逻辑表达式，它根据表达式逻辑判断结果真或假来控制程序的运行与否。条件操作宏的创建与普通宏的创建基本相同，仅需要在"宏生成器"窗格中的"添加新操作"下拉列表框中选择 IF 选项，在 IF 后面的文本框中输入条件表达式。例如，在例 7.5 中创建的宏组 AutoExec 中的 Sub2 和 Sub3 均为条件宏。

7.2.5　菜单宏

可以使用宏来创建在右击窗体、报表或各个控件时显示的自定义快捷菜单，还可以创建在针对特定窗体或报表的功能区上显示的自定义菜单。

若要通过宏来创建菜单，需要执行以下三个主要步骤。

(1)为每个下拉式菜单创建一个包含 AddMenu 操作的菜单宏。

(2)另建一个创建菜单本身的宏。

(3)将菜单宏附加到控件、窗体、报表或整个数据库。

7.2.6　运行宏

可以直接运行宏，或者将执行宏作为对窗体、报表、控件中发生的事件作出的响应。

1. 直接运行宏

在导航窗格中选择"宏"对象，然后双击要运行的宏；或者单击"数据库工具"选项组中的"运行宏"按钮，在打开的对话框中选择要运行的宏。

2. 在窗体、报表或控件的事件中运行宏

如果希望从窗体、报表或控件中运行宏，只需单击设计视图中的相应控件，在相应的属性窗格中选择"事件"选项卡的对应事件，然后在下拉列表框中选择当前数据库中的相应宏。这样在事件发生时，就会自动执行所设定的宏。如果宏的操作参数引用了其他窗体或报表对象的值，则需使用对象完整的引用格式，其形式如下：

```
Forms![窗体名]![对象名]
Reports![报表名]![对象名]
```

7.2.7　宏的调试

使用单步执行宏，就可以观察宏的流程和每一步的操作结果，并且可以排除导致错误或产生非预期结果的操作。

(1)打开相应的宏，单击"单步"按钮将其选中。

(2)单击"运行"按钮，显示第一步宏操作，单击"单步执行"按钮，以执行显示在"单步执行宏"对话框中的操作。

(3)单击"停止所有宏"按钮，以停止宏的运行并关闭对话框。

(4)单击"继续"按钮，执行宏的未完成部分。

如果要在宏运行过程中暂停宏的执行，再单步运行宏，按 Ctrl＋Break 键。

7.2.8 宏的编辑与修改

创建完一个宏之后，还常常需要对开始创建的宏进行编辑，添加或删除新的操作或者修改以往操作的不足。

在导航窗格中选择"宏"对象，然后右击要修改的宏名，在弹出的快捷菜单中选择"设计视图"命令，单击"添加新操作"项则可以将新操作添加到宏中；如果需要删除宏中的某个操作，则选择该操作，按 Delete 键或单击宏窗格右侧的"删除"按钮 ✕ 将其删除；如果要修改宏中的某个操作，则选中该操作，直接为该操作修改参数即可；如果要移动宏中操作的顺序，则选中操作，单击窗格中的"上移"按钮 ⬆ 或"下移"按钮 ⬇ 即可完成移动操作。

7.2.9 常用宏操作

OpenForm：用于打开窗体。
OpenReport：用于打开报表。
OpenQuery：用于打开查询。
Close：用于关闭数据库对象。
QuitAccess：用于退出 Access。
Beep：可以通过计算机的扬声器发出嘟嘟声，一般作为警报声。
CancelEvent：取消一个事件，该事件导致 Access 执行包含宏的操作。
FindRecord：查找符合 FindRecord 参数指定条件的数据的第一个实例。该数据可能在当前的记录中、在之前或之后的记录中，也可以在第一个记录中，还可以在活动的数据表、查询数据表、窗体数据表或窗体中查询记录。
MessageBox：显示警告或提示信息。
RunMacro：运行宏，该宏可以在宏组中。
StopMacro：停止当前正在运行的宏。
GoToControl：把焦点移到打开的窗体、窗体数据表、查询数据表中当前记录的特定字段或控件上。

7.3 VBA 简介

7.3.1 VBA 是什么

虽然通过宏或者用户界面可以完成许多任务，而在其他许多数据库程序中，要完成相同的任务就必须通过编程。VBA 应用程序是 Microsoft 为 Microsoft Office 组件开发设计的程序语言，实际上是 Visual Basic 的子集。使用宏还是 VBA 来创建应用程序，取决于需要完成的任务。宏适合于执行简单的工作，而 VBA 则更适合于更具有难度的任务，同时 VBA 更灵活、功能更强、更具有可扩展性。

7.3.2 宏与 VBA

Access 允许将宏转换为 Visual Basic 代码，其操作步骤如下。

1. 将窗体或报表上的宏转换 Visual Basic 代码

(1)打开窗体或报表的设计视图。

(2)单击"将窗体的宏转换为 Visual Basic 代码"按钮或"将报表的宏转换为 Visual Basic 代码"按钮。

(3)在"转换宏"对话框中选择所需选项，如图 7-12 所示，单击"转换"按钮。

图 7-12　宏转换为 VB 代码

2. 将全局宏转换为 Visual Basic 代码

(1)在导航窗格中选择"宏"对象，选择需要转换为 Visual Basic 代码的宏。

(2)选择"文件" | "另存为"命令，打开"另存为"对话框，在"另存为"对话框中的"保存类型"下拉列表框中选择"模块"选项后，单击"确定"按钮。

(3)在"转换宏"对话框中选择所需选项，单击"转换"按钮，Access 自动打开 Visual Basic 编辑器显示转换后的模块代码。

7.4　VBA 语法基础

7.4.1　常量和变量

VBA 支持多种数据类型，在使用 VBA 编程时，还需要使用常量和变量。常量是指在程序运行过程中固定不变的量，变量是指在程序运行过程中其值可以变化的量。在使用变量和常量之前都必须先定义。

1. 声明常量和变量

```
Dim   变量 As 类型        '定义为局部变量，如 Dim xyz As integer
Private 变量 As 类型      '定义为私有变量，如 Private xyz As byte
Public  变量 As 类型      '定义为公有变量，如 Public  xyz As single
Global  变量 As 类型      '定义为全局变量，如 Globlal xyz As date
Static  变量 As 类型      '定义为静态变量，如 Static xyz As double
```

1)常见的数据类型

(1)布尔型。布尔(Boolean)型只有两个取值，分别是 True 或 False。 Boolean 型的缺省值是 False。

(2)日期型。VBA 提供了一个存储日期和时间值的数据类型——Date 型，它可以表示的日期范围为 100 年 1 月 1 日～9999 年 12 月 31 日，而时间是 0:00:00～23:59:59。

(3)字符型。字符(String)型用于表示程序中的一串字符。

(4)整数型、长整数型。

整数(Integer)型数据类型的存储为–32768～32767，在声明整数类型变量时可以用 Integer 型关键字。

（5）单精度浮点型、双精度浮点型、货币型。

单精度浮点（Single）型的范围如下。

负数：$-3.402823 \times 10^{38} \sim -1.401298 \times 10^{-45}$。

正数：$1.401298 \times 10^{-45} \sim 3.402823 \times 10^{38}$。

零：0。

注意：Single 型表示的数据类型并不是精确的，所以如果程序中所用数值不是很大应该避免使用浮点类型的变量。

双精度浮点（Double）型的存储范围如下。

负数：$-1.79769313486231 \times 10^{308} \sim -4.94065645841247 \times 10^{-324}$。

正数：$4.9406564584124 \times 10^{-324} \sim 1.79769313486232 \times 10^{308}$。

零：0。

Double 类型的声明字符是符号#，它在保存数值时的有效位数比 Single 类型大得多，而且可以表示较大的数值。但是在 Single 或 Double 类型的有效范围内不是所有的数值都可以用二进制形式表示的。所以，这里需要知道的是，当数值的精确度要求不高时，用浮点类型表示特别大或特别小的数值是非常合适的。但是如果参与计算的数值必须十分精确，就必须考虑使用定点整型数据类型了。VBA 中的货币（Currency）型数据类型和小数（Decimal）型数据类型都是定点数据类型。

货币型数据类型顾名思义一般用在货币计算中，因为这种场合对计算的精度要求很高，货币型的类型声明字符为@符号。

（6）字节型。字节型（Byte）是 0～255 的无符号类型，不能表示负数。

（7）对象型。VBA 是具有面向对象特性的程序设计语言。所谓对象，就是现实生活中的事物在计算机中的一种抽象。VBA 中的对象（Object）型变量用 32 位 4B 的地址来存储,该地址可以引用程序中的对象。可以使用 Dim…As…语句声明一个对象型变量，进而使用 Set 语句为这个对象型变量赋值，这里的赋值可以是程序中的任意类型的对象，也就是说 Object 型变量可以引用应用程序中的任何实际对象。

（8）用户自定义型。前面提到了对象，在 Access VBA 中对象分为两种，一种是 Access VBA 中内置的对象，也就是微软已经建立好的对象；另一种是用户自定义对象。用户自定义类型是用 Type 语句定义的数据类型，可以包含一个或多个某种数据类型的数据元素数组或一个先前定义的用户自定义类型。

【例 7.7】
```
        Type stu
            name As String     '定义字符串变量存储一个名字
            age As Integer      '定义整型变量存储年龄
            merry As Boolean    '定义布尔变量存储婚姻状况
            birth As Date       '定义日期变量存储出生日期
        End Type
```

（9）变体型。变体（Variant）数据类型没有类型声明字符，如果定义变量时缺省 As 类型部分，则为变体型变量。变体是一种特殊的数据类型，除了定长字符串数据及用户定义类型外，可以包含任何种类的数据，因此变体类型的变量可以说是 VB 中应用最广泛且最灵活的一种数据类型变体型变量，不仅可以存储所有类型的数据，而且当赋予不同类型值时可以自动进行类型转换。

2）作用域

一般变量作用域的原则是，哪部分定义就在哪部分起作用，模块中定义则在该模块中作用。需要注意以下几点。

（1）VBA 允许使用未定义的变量，默认是变体变量。

（2）在模块通用说明部分，加入 Option Explicit 语句可以强迫用户进行变量定义。

（3）常量为变量的一种特例，用 Const 定义，且定义时赋值，程序中不能改变值，作用域如同变量作用域。定义如下：

```
Const Pi=3.1415926 As single
```

2. 表达式

由各种运算符将变量、常量和函数连接起来构成表达式，VBA 的运算符包括算术运算符、关系运算符、逻辑运算符和连接运算符。

（1）赋值运算符：=。

（2）算术运算符：&、+（字符连接符）、+（加）、−（减）、Mod（取余）、\（整除）、*（乘）、/（除）、−（负号）、^（指数）。

（3）关系运算符：=（相同）、<>（不等）、>（大于）、<（小于）、>=（不小于）、<=（不大于）、Like、Is。

（4）逻辑运算符：Not（非）、And（与）、Or（或）、Xor（异或）、Eqv（相等）、Imp（隐含）。

（5）连接运算符：+、&。

各种运算符的优先级从高到低依次为函数、算术运算符、连接运算符、关系运算符、逻辑运算符。

3. VBA 书写规范

（1）VBA 不区分标识符的字母大小写，一律认为是小写字母。

（2）一行可以书写多条语句，各语句之间以冒号（:）分开。

（3）一条语句可以分多行书写，以空格加下划线来标识下行为续行。

（4）标识符最好能简洁明了，不造成歧义。

7.4.2　程序结构

1. 分支结构

1）If 条件语句

（1）If <条件>Then<该条件产生的结果（过程）>

【例 7.8】　If x>y Then z=x Else z=y

【例 7.9】　If x>100 Then x=x-100

（2）If <条件> Then
　　　<过程语句 1>
　Else
　　　<过程语句 2>
　End If

(3) If <条件 1> Then
     <过程语句 1>
  ElseIf <条件 2> Then
     <过程语句 2>
    ...
  Else
     <过程语句 n>
  End If

<条件>是一个数值或一个字符串表达式，可以用它来检查真或假。若<条件>为 True，则执行紧接在关键字 Then 后面的一条或多语句。若<条件>为 False，则无论接下来是什么语句，程序都将检测下一个 Else<条件>或执行 Else 关键字后面的语句。

【例 7.10】 编程计算 y 的值，其中

$$y = \begin{cases} 1, & x > 0 \\ 0, & x = 1 \\ -1, & x < 0 \end{cases}$$

程序代码如下：

```
If x >0 Then
    Print 1
ElseIf x < 0 Then
    Print -1
Else
    Print 0
End If
```

2) Select Case 语句

从上面的例子可以看出，如果条件非常复杂，就像有十几个条件分支，如果还使用 If 语句就会显得累赘，而且程序变得不易阅读。这时可以使用 Select Case 语句来写出结构清晰的程序。

使用 Select Case 语句可以根据与值列表或范围比较的表达式的求值结果，来有条件地执行语句。其语法格式如下：

```
Select Case<检验表达式>
    [Case<比较元素 1>
    [<过程语句 1>]]
    ...
    [Case Else
    [<过程语句 n>]]
End Select
```

如果<检验表达式>与 Case 子句中的一个<比较元素>相匹配，则 VBA 执行该子句后面的语句。

【例 7.11】 以下程序根据学生成绩 cj 输出优、良、及格和不及格。

程序代码如下：

```
Select Case cj
    Case is>=90
```

```
        Print "优"
        Case is>=80
        Print "良"
        Case is>=60
        Print "及格"
        Case Else
        Print "不及格"
End Case
```

2. 循环结构

1) For...Next...语句

该结构以指定次数来重复执行一组语句，其语法格式如下：

```
For 计数器=初值 To 末值 [Step 步长]
    [<过程语句>]
    [Exit For]
    [<过程语句>]
Next [计数器]
```

[计数器]必须是一个数值变量，而不是数组或记录元素。VBA 最开始把计数器的值设为初值。如果没有指定步长，则默认步长为 1。如果步长是正数或 0，则只要计数器小于或等于末值，VBA 在遇到相应的 Next 语句时，就把步长加到计数器上。可以改变 For 循环中的计数器值，但这将使过程很难调试。改变循环中的末值不会影响循环的执行。可以把一个 For 循环放在另一个 For 循环中。这样做时，必须为每个计数器选择不同的名字。

【例 7.12】　计算 $x=1+2+3+\cdots+100$。

程序代码如下：

```
For y=1 to 100
    x=x+y
    Next y
Print x
```

2) Do...loop 语句

用 Do...Loop 语句可以定义要多次执行的语句块。也可以定义一个条件，当这个条件为假时，就结束这个循环。Do...Loop 语句有以下两种形式：

```
Do[{While|Until}<条件>]
    [<过程语句>]
    [Exit Do]
    [<过程语句>]
Loop
```

或者使用下面的语法格式：

```
Do
    [<过程语句>]
    [Exit do]
    [<过程语句>]
Loop[{While|Until}<条件>]
```

上面的格式中，<条件>是用来检测真（非零）或假（零或 Null）的一个比较谓词或表达式。

While 子句和 Until 子句的作用正好相反。如果指定了一个 While 子句，则当<条件>为真时继续执行。如果指定了 Until 子句，则当<条件>为真时循环执行结束。如果把 While 或 Until 子句放在 Do 子句中，则必须满足条件才执行循环中的语句。如果把一个 While 或 Until 子句放在 Loop 子句中，则在检测条件前先执行循环中的语句。

7.4.3　VBA 过程和函数

过程是构成程序的一个模块，往往用来完成一个相对独立的功能。过程可以使程序更清晰、更具结构性。

1．Sub 过程

可以用 Sub 语句声明一个新的过程、它接受的参数和该过程中的代码。其语法格式如下：

```
[Public|Private][Static]Sub 子程序名([<参数>])[As 数据类型]
    [<子程序语句>]
    [Exit Sub]
    [<子程序语句>]
End Sub
```

使用 Public 关键字可以使这个过程适用于所有模块中的所有其他过程；用 Private 关键字可以使该子程序只适用于同一模块中的其他过程。

2．函数

如果需要返回参数，就要用到函数。VBA 中提供了大量的内置函数，如字符串函数 Mid()、统计函数 Max()等。在编程中直接引用就可以了，非常方便。但有时需要按自己的要求定制函数，用 Function 语句可以声明一个新函数，其语法格式如下：

```
[Public|Private][Static]Function 函数名([<参数>]) [As 数据类型]
    [<函数语句>]
    [函数名=<表达式>]
    [Exit Function]
    [<函数语句>]
    [函数名=<表达式>]
End Function
```

对函数使用 Public 关键字，则所有模块的所有其他过程都可以调用它。用 Private 关键字可以使这个函数只适用于同一模块中的其他过程。当把一个函数说明为模块对象中的私有函数时，就不能从查询、宏或另一个模块中的函数调用这个函数。

包含 Static 关键字时，只要含有这个过程的模块是打开的，则所有在这个过程中无论显示还是隐含说明的变量值都将被保留。

可以在函数名末尾使用一个类型声明字符或使用 As 子句来声明被这个函数返回的变量的数据类型。如果没有，则 VBA 将自动赋给该变量一个最合适的数据类型。

3．VBA 内部函数

VBA 程序语言中有许多内置函数，可以帮助程序代码设计和减少代码的编写工作。

1) 测试函数

IsNumeric(x)：是否为数字，返回 Boolean 类型的结果（True 或 False）。

IsDate(x)：是否是日期，返回 Boolean 类型的结果（True 或 False）。

IsEmpty(x)：是否为空，返回 Boolean 类型的结果（True 或 False）。

IsArray(x)：指出变量是否为一个数组。

IsError(expression)：指出表达式是否为一个错误值。

IsNull(expression)：指出表达式是否不包含任何有效数据（Null）。

IsObject(identifier)：指出标识符是否表示对象变量。

2) 数学函数

Sin(x)、Cos(x)、Tan(x)、Atan(x)：三角函数，单位为弧度。

Log(x)：返回 x 的自然对数。

Exp(x)：返回 e^x。

Abs(x)：返回绝对值。

Int(number)、Fix(number)：都返回参数的整数部分，但 Int 返回的整数不大于参数，如 Int(−8.4) = −9，Fix(−8.4) = −8。

Sgn(number)：返回一个 Variant 型值（Integer），指出参数的正负号。

Sqr(number)：返回一个 Double 型值，指定参数的平方根。

VarType(varname)：返回一个 Integer 型值，指出变量的子类型。

Rnd(x)：返回 0~1 的单精度数据，x 为随机种子。

3) 字符串函数

Trim(string)：去掉 string 左右两端的空格。

Ltrim(string)：去掉 string 左端的空格。

Rtrim(string)：去掉 string 右端的空格。

Len(string)：计算 string 的长度。

Left(string, x)：取 string 左边 x 个字符组成的字符串。

Right(string, x)：取 string 右边 x 个字符组成的字符串。

Mid(string, start, x)：取 string 从 start 位开始的 x 个字符组成的字符串。

Ucase(string)：转换为大写。

Lcase(string)：转换为小写。

Space(x)：返回 x 个空白的字符串。

Asc(string)：返回一个整型值，代表字符串中首字母的字符代码。

Chr(charcode)：返回字符串，其中包含与指定的字符代码相关的字符。

4) 转换函数

CBool(expression)：转换为 Boolean 型。

CByte(expression)：转换为 Byte 型。

CCur(expression)：转换为 Currency 型。

CDate(expression)：转换为 Date 型。

CDbl(expression)：转换为 Double 型。

CDec(expression)：转换为 Decemal 型。

CInt(expression)：转换为 Integer 型。

CLng(expression)：转换为 Long 型。

CSng(expression)：转换为 Single 型。

CStr(expression)：转换为 String 型。

CVar(expression)：转换为 Variant 型。

Val(string)：转换为数值型。

Str(number)：转换为 String 型。

5) 时间函数

Now：返回一个 Variant(Date)型值，根据计算机系统设置的日期和时间来指定日期和时间。

Date：返回包含系统日期的 Variant(Date)型值。

Time：返回一个指明当前系统时间的 Variant(Date)型值。

Timer：返回一个 Single 型值，代表从午夜开始到当前时间经过的秒数。

TimeSerial(hour, minute, second)：返回一个 Variant(Date)型值，包含具有具体时、分、秒的时间。

DateDiff(interval, date1, date2[, firstdayofweek[, firstweekofyear]])：返回 Variant(Long)型的值，表示两个指定日期间的时间间隔数目。

Second(time)：返回一个 Variant(Integer)型值，其值为 0～59 的整数，表示一分钟之中的某一秒。

Minute(time)：返回一个 Variant(Integer)型值，其值为 0～59 的整数，表示一小时中的某一分钟。

Hour(time)：返回一个 Variant(Integer)型值，其值为 0～23 的整数，表示一天之中的某一钟点。

Day(date)：返回一个 Variant(Integer)型值，其值为 1～31 的整数，表示一个月中的某一日。

Month(date)：返回一个 Variant(Integer)型值，其值为 1～12 的整数，表示一年中的某月。

Year(date)：返回 Variant(Integer)型值，包含表示年份的整数。

Weekday(date, [firstdayofweek])：返回一个 Variant(Integer)型值，包含一个整数，代表某个日期是星期几。

7.4.4　VBA 程序实例

下面介绍一个用 VBA 程序设计窗体的实例。

【例 7.13】 设计窗体"订单明细"，编写代码实现"创建发票"、"发运订单货物"、"完成订单"、"删除订单"等按钮的功能。

具体操作步骤如下。

(1)打开"罗斯文"数据库，在导航窗格中右击"订单明细"窗体，从弹出的快捷菜单中选择"设计视图"命令，打开该窗体的设计视图。

(2)在该窗体的空白位置右击，打开快捷菜单，从中选择"事件生成器"命令，打开如图 7-13 所示的对话框，选择"代码生成器"选项，单击"确定"按钮。

（3）打开 VBA 编辑器，在编辑器中输入如下代码：

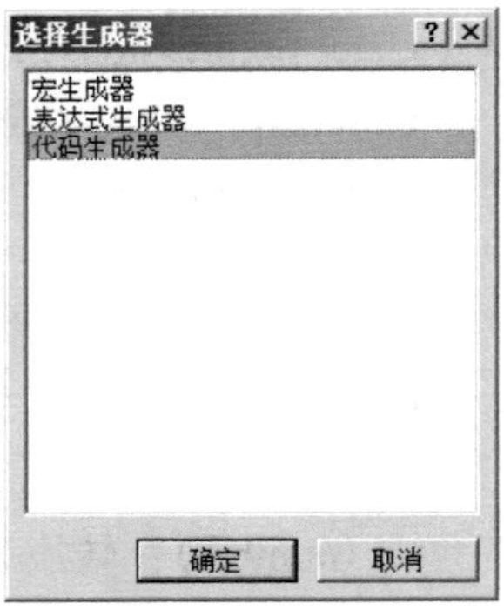

```
Option Compare Database
Option Explicit
Sub SetDefaultShippingAddress()
    If IsNull(Me![客户 ID]) Then
        ClearShippingAddress
    Else
        Dim rsw As New 记录集封装程序
        If rsw.OpenRecordset("客户扩展信息", "[ID] = "
            & Me.Customer_ID) Then
            With rsw.Recordset
                Me![发货名称] = ![联系人姓名]
                Me![发货地址] = ![地址]
                Me![发货城市] = ![城市]
                Me![发货省/市/自治区] = ![省/市/自治区]
                Me![发货邮政编码] = ![邮政编码]
                Me![发货国家/地区] = ![国家/地区]
            End With
        End If
    End If
End Sub
Function GetDefaultSalesPersonID() As Long
    GetDefaultSalesPersonID = GetCurrentUserID()
End Function
Function ValidateShipping() As Boolean
    If IsNull(Me![运货商 ID]) Then Exit Function
    If Nz(Me![发货名称]) = "" Then Exit Function
    If Nz(Me![发货地址]) = "" Then Exit Function
    If Nz(Me![发货城市]) = "" Then Exit Function
    If Nz(Me![发货省/市/自治区]) = "" Then Exit Function
    If Nz(Me![发货邮政编码]) = "" Then Exit Function
    ValidateShipping = True
End Function
Function ValidatePaymentInfo() As Boolean
    If IsNull(Me![付款类型]) Then Exit Function
    If IsNull(Me![实际付款日期]) Then Exit Function
    ValidatePaymentInfo = True
End Function
Sub SetFormState(Optional fChangeFocus As Boolean = True)
    If fChangeFocus Then Me.Customer_ID.SetFocus
    Dim Status As CustomerOrderStatusEnum
    Status = Nz(Me![状态 ID], New_CustomerOrder)
    TabCtlOrderData.Enabled = Not IsNull(Me![客户 ID])
    Me.cmdCreateInvoice.Enabled = (Status = New_CustomerOrder)
    Me.cmdShipOrder.Enabled = (Status = New_CustomerOrder) Or (Status =
                            Invoiced_CustomerOrder)
    Me.cmdDeleteOrder.Enabled = (Status = New_CustomerOrder) Or (Status =
                            Invoiced_CustomerOrder)
    Me.cmdCompleteOrder.Enabled = (Status <> Closed_CustomerOrder)
    Me.[Order Details_Page].Enabled = (Status = New_CustomerOrder)
    Me.[Shipping Information_Page].Enabled = (Status = New_CustomerOrder)
```

图 7-13　选择生成器

```
    Me.[Payment Information_Page].Enabled = (Status <> Closed_CustomerOrder)
    Me.Customer_ID.Locked = (Status <> New_CustomerOrder)
    Me.Employee_ID.Locked = (Status <> New_CustomerOrder)
    Me.sbfOrderDetails.Locked = (Status <> New_CustomerOrder)
End Sub
Function ValidateOrder(Validation_OrderStatus As CustomerOrderStatusEnum) As Boolean
    If IsNull(Me![客户 ID]) Then
        MsgBoxOKOnly MustSpecifyCustomer
    ElseIf IsNull(Me![员工 ID]) Then
        MsgBoxOKOnly MustSpecifySalesPerson
    ElseIf Not ValidateShipping() Then
        MsgBoxOKOnly ShippingNotComplete
    Else
        If Validation_OrderStatus = Closed_CustomerOrder Then
            If Not ValidatePaymentInfo() Then
                MsgBoxOKOnly PaymentInfoNotComplete
                Exit Function
            End If
        End If
        Dim rsw As New 记录集封装程序
        With rsw.GetRecordsetClone(Me.sbfOrderDetails.Form.Recordset)
            '检查是否至少指定了一个项目
            If .RecordCount = 0 Then
                MsgBoxOKOnly OrderDoesNotContainLineItems
            Else
                '检查是否所有项目都有已分配的库存
                Dim LineItemCount As Integer
                Dim Status As OrderItemStatusEnum
                LineItemCount = 0
                While Not .EOF
                    LineItemCount = LineItemCount + 1
                    Status = Nz(![状态 ID], None_OrderItemStatus)
                    If Status <> OnHold_OrderItemStatus And Status <>
                    Invoiced_OrderItemStatus Then
                     MsgBoxOKOnly MustBeAllocatedBeforeInvoicing
                        Exit Function
                    End If
                    rsw.MoveNext
                Wend
                ValidateOrder = True
            End If
        End With
    End If
End Function
Private Sub ClearShippingAddress()
    Me![发货名称] = Null
    Me![发货地址] = Null
    Me![发货城市] = Null
    Me![发货省/市/自治区] = Null
    Me![发货邮政编码] = Null
    Me![发货国家/地区] = Null
End Sub
```

(4)回到"订单明细"窗体设计视图窗口,选择"创建发票"按钮控件,在"属性表"窗格中单击"单击"项右侧的 ··· 按钮,如图7-14所示。

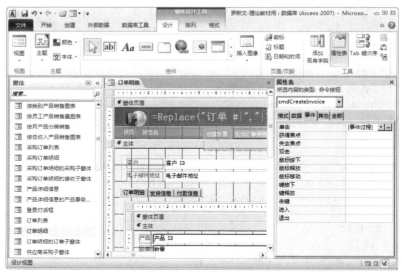

图7-14 "订单明细"窗体设计视图窗口

(5)选择"代码生成器"选项,单击"确定"按钮,在打开的 VBA 编辑器中输入如下代码:

```
Private Sub cmdCreateInvoice_Click()
    Dim OrderID As Long
    Dim InvoiceID As Long
    OrderID = Nz(Me![订单 ID], 0)
    '如果已创建了发票,则退出
    If 客户订单.IsInvoiced(OrderID) Then
        If MsgBoxYesNo(OrderAlreadyInvoiced) Then
            客户订单.PrintInvoice OrderID
        End If
    ElseIf ValidateOrder(Invoiced_CustomerOrder) Then
        '创建发票记录
        If 客户订单.CreateInvoice(OrderID, 0, InvoiceID) Then
        '将所有订单项目标记为已开票
        '需要将库存状态从"已售"更改为"现有"
    Dim rsw As New 记录集封装程序
    With rsw.GetRecordsetClone(Me.sbfOrderDetails.Form.Recordset)
       While Not .EOF
       If Not IsNull(![库存 ID]) And ![状态 ID] = OnHold_OrderItemStatus Then
         rsw.Edit
         ![状态 ID] = Invoiced_OrderItemStatus
         rsw.Update
        库存.HoldToSold ![库存 ID]
    End If
    rsw.MoveNext
    Wend
    End With
```

```
    '打印发票
    客户订单.PrintInvoice OrderID
    SetFormState
  End If
End If
End Sub
```

(6) 选择 "发运订单货物" 按钮控件，用同样的方法在打开的代码窗口中输入如下代码：

```
Private Sub cmdShipOrder_C 没 lick()
    If Not 客户订单.IsInvoiced(Nz(Me![订单 ID], 0)) Then
        MsgBoxOKOnly CannotShipNotInvoiced
    ElseIf Not ValidateShipping() Then
        MsgBoxOKOnly ShippingNotComplete
    Else
        Me![状态 ID] = Shipped_CustomerOrder
            If IsNull(Me![发货日期]) Then
            Me![发货日期] = Date
        End If
        eh.TryToSaveRecord
        SetFormState
    End If
End Sub
```

(7) 用同样的方法为 "完成订单" 按钮编写如下代码：

```
Private Sub cmdCompleteOrder_Click()
    If Me![状态 ID] <> Shipped_CustomerOrder Then
        MsgBoxOKOnly OrderMustBeShippedToClose
    ElseIf ValidateOrder(Closed_CustomerOrder) Then
        Me![状态 ID] = Closed_CustomerOrder
        eh.TryToSaveRecord
        MsgBoxOKOnly OrderMarkedClosed
        SetFormState
    End If
End Sub
```

(8) 用同样的方法为 "删除订单" 按钮编写如下代码：

```
Private Sub cmdDeleteOrder_Click()
    If IsNull(Me![订单 ID]) Then
        Beep
    ElseIf Me![状态 ID] = Shipped_CustomerOrder Or Me![状态 ID] = Closed_CustomerOrder Then
        MsgBoxOKOnly CannotCancelShippedOrder
    ElseIf MsgBoxYesNo(CancelOrderConfirmPrompt) Then
        If 客户订单.Delete(Me![订单 ID]) Then
            MsgBoxOKOnly CancelOrderSuccess
            eh.TryToCloseObject
        Else
            MsgBoxOKOnly CancelOrderFailure
        End If
```

```
      End If
End Sub
```

(9) 采用同样的方法为"清除地址"按钮编写如下代码:

```
Private Sub cmdClearAddress Click()
    ClearShippingAddress
End Sub
```

(10) 为"客户 ID"文本框的"更新后"属性添加如下代码:

```
Private Sub Customer_ID_AfterUpdate()
    SetFormState False
    If Not IsNull(Me![客户 ID]) Then
        SetDefaultShippingAddress
    End If
End Sub
```

(11) 为窗体的"成为当前"属性添加如下代码:

```
Private Sub Form_Current()
    SetFormState
End Sub
```

(12) 为窗体的"加载"属性添加如下代码:

```
Private Sub Form_Load()
    SetFormState
End Sub
```

本 章 小 结

本章介绍了数据库中的宏、宏的用途,以及如何创建、编辑和执行宏,还介绍了 VBA 编程的一些基础知识。

习　　题

1. 在 Access 中什么是宏? 宏和宏组的主要功能是什么?
2. 什么情况下使用宏? 什么情况下使用 VBA?
3. Access 中常用的操作数据库对象的宏操作有哪些?
4. Access 中常用的操作数据的宏操作有哪些?
5. 宏的执行方式有哪些?
6. 在 VBA 中,变量类型有哪些?
7. 分支结构有几种? 它们有什么区别?
8. 循环结构有几种? 它们有什么区别?

第8章 Access 数据库安全与管理

数据库系统中存储着大量的信息，在数据库的日常使用中，数据库中的数据还需要不断地进行维护、更新、备份、安全管理等。本章重点介绍数据库安全措施，包括：设置数据库密码、用户级安全设置、数据库编/解码、数据存储安全、数据库拆分、复制与同步数据库、优化数据库性能等内容及相关知识。

用 Access 建立一个数据库后，其默认状态是对用户开放所有数据库操作（如查询、修改和删除等）权限，这样会对数据库带来一定影响，严重的情况下还可能会毁掉整个数据库。在这种情况下，就需要采取一些措施来保护数据库的安全。

数据库安全性保护指的是如何保护一个数据库避免遭受未授权访问和恶意破坏等的机制和性能。

8.1　数据库安全措施

Access 有各种不同的策略来控制数据库及其对象（不包括 Access 项目文件）的访问级别，它主要提供了设置数据安全性的两种传统方法：设置数据库密码和用户级安全机制（仅对 MDB 文件有效）。设置数据库密码的方法只适用于打开数据库。使用用户级安全机制可以限制用户访问或更新数据库的某一部分，还可以将数据保存为 MDE 文件，以防止删除数据库中可编辑的 Visual Basic 代码和对窗体、报表、模块的设计与修改。

Access 数据库的安全主要包括保护数据库文件，使用用户级安全设置保护数据库对象，保护 VBA 代码，保护数据访问及多用户环境下的安全机制等。

在 Access 提供的多种措施中，按照安全级别由高到低可以分为编/解码、在数据库窗口中显示或隐藏对象、使用启动选项、使用密码、使用用户级安全机制等。

8.2　设置数据库密码

最简单易用的保护方法是为打开的数据库设置密码。添加密码后，所有用户都必须输入正确的密码后才可以打开数据库。所以在对数据库加密之前，最好先复制数据库，进行备份，并将其存放在安全的地方。

对数据库进行加密操作将会压缩数据库文件，并使其无法通过工具程序或字处理程序解密。数据库的解密是加密的反过程，解密后将不再限制用户对数据库的访问。

对数据库加/解密的操作步骤如下。

(1)对罗斯文数据库进行加密。启动 Access，以独占方式打开罗斯文数据库，单击"文件"按钮，在 Backstage 视图中单击"设置数据库密码"按钮，系统弹出图 8-1 所示的"设置数据库密码"对话框。输入要设置的密码，并在"验证"文本框中再次输入以确认，然后单击"确定"按钮。

（2）撤销罗斯文数据库的打开密码。启动 Access，以独占方式打开已加密罗斯文数据库，在 Backstage 视图中单击"撤销数据库密码"按钮，系统弹出如图 8-2 所示的"撤销数据库密码"对话框。输入正确的密码，然后单击"确定"按钮。下次启动该数据库时就可以发现数据库密码已被撤销。

图 8-1　"设置数据库密码"对话框

图 8-2　"撤销数据库密码"对话框

8.3　用户级安全机制

为数据库设置密码后，所有用户都必须先输入密码，才可以打开数据库。一旦打开数据库，将不再有其他任何安全机制。

保护数据库最灵活和最广泛的方法是采用用户级安全机制。所谓用户级安全机制，即预先定义若干用户或用户组，并定义各用户或用户组对数据库内各对象的访问权限，如是否对某些表、查询、窗体、报表等对象拥有查看、编辑、删除等权利。当某用户以自己的用户名和密码打开数据库后，该用户只能按照预先定义好的权限对某些对象进行相应的操作。

此机制是通过建立数据库中敏感数据和对象的访问级别来保护数据库安全的。Access 提供了设置安全机制向导，可以很方便地设置用户级安全机制。使用用户级安全机制有两个原因：①为了防止用户无意地更改应用程序所依赖的表、查询、窗体和宏而破坏应用程序；②保护数据库中的敏感数据。

默认情况下，共享的 Access 2010 数据库有两个组，即管理员组和用户组。 管理员组几乎拥有对数据库的一切权力（主要为所有权、管理权、修改权和读取权），用户组通常只有运行、输入等权力，也可以定义其他组。

通常用户级安全机制设置比较复杂，利用 Access 提供的设置安全机制向导可以简化设置操作，它可帮助用户指定权限，创建用户账户和组账户。但在运行该向导后，可以针对某个数据库及其中已有的表、查询、窗体、报表和宏，手动在工作组中指定、修改或删除用户账户和组账户的权限，也可以设置 Access 分配给在数据库中新建的表、查询、窗体、报表和宏的默认权限。

创建用户级安全机制的操作步骤如下。

（1）以共享方式打开罗斯文数据库（仅对 MDB 文件有效）。

（2）单击"文件"选项卡，单击"选项"按钮，在 Access 选项对话框中单击"自定义功能区"标签，确保"自定义功能区"下拉列表框中选中"主选项卡"选项，在列表框中单击"数据库工具"前的⊞图标，展开"管理"项，单击下方的"新建组"按钮，将该组重命名为"数据库安全"，选中"数据库安全"组，如图 8-3 所示。

（3）在左边"从下列位置选择命令"下拉列表框中选择"所有命令"选项，在列表框中选择"用户级安全机制向导"选项，单击"添加"按钮，则该按钮出现在"数据库安全"组中，如图 8-4 所示。

图 8-3　自定义功能区

图 8-4　在"数据库管理工具"选项卡中添加的"数据库安全"组

（4）添加完相关命令后，单击"数据库管理工具"选项卡的"数据库安全"组中的"用户级安全机制向导"按钮，启动设置安全机制向导，如图 8-5 所示。选中"新建工作组信息文件"单选按钮，在 Access 中的工作组信息文件中保存着用户级安全机制下的工作组成员的账户、用户密码等信息，一个工作组信息文件可以供多个数据库使用，使用同一个工作组信息文件中定义的用户和用户组来实现各自数据库的权限控制。

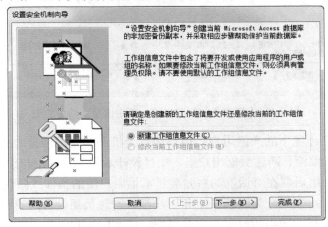

图 8-5　设置安全机制向导——确定信息文件

(5)单击"下一步"按钮，打开"设置安全机制向导"的第二个对话框，设置工作组信息文件的位置、文件名、工作组 ID，这里采用默认设置即可。

(6)单击"下一步"按钮，打开"设置安全机制向导"的第三个对话框，设置需要安全机制保护的数据库对象，如图 8-6 所示。

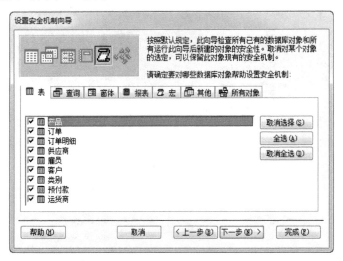

图 8-6　设置安全机制向导——确定要保护的数据库对象

(7)单击"下一步"按钮，打开"设置安全机制向导"的第四个对话框，设置工作组信息文件中包含哪些组，如图 8-7 所示。

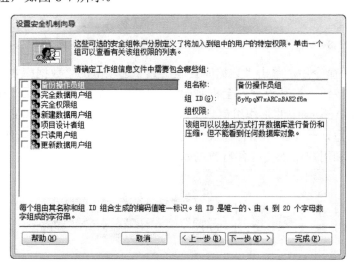

图 8-7　设置安全机制向导——确定信息文件中的组

工作组是多用户环境下的一组用户，用户级安全机制将用户组分为备份操作员组、完全数据用户组、完全权限组、新建数据用户组、项目设计者组、只读用户组及更新数据用户组，当用户选中某一用户组后，在对话框的右侧会显示该用户组的具体权限说明。

需要注意的是，工作组分为管理员组和用户组。管理员组拥有所有权限，用户组则根据需要针对不同的用户授予适当的权限。在对话框中提到的用户组包括所有用户，如果授予用户组某些权限，则所有用户都会拥有这些权限，不能针对某个用户。这里不再为用户组分配权限，而是使用如下方法建立用户并使其加入特定用户组而获得特定的权限。

（8）单击"下一步"按钮，打开"设置安全机制向导"的第五个对话框，确定是否授予用户组某些权限，如图 8-8 所示。

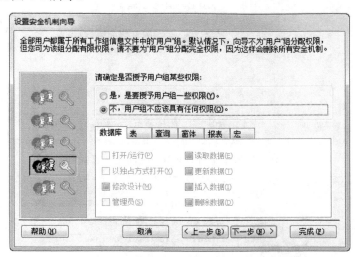

图 8-8 设置安全机制向导——用户组授权

（9）单击"下一步"按钮，打开"设置安全机制向导"的第六个对话框，添加用户信息，指定用户名和密码，在本例中添加一个用户名为 user1，密码为 123 的用户，单击 将该用户添加到列表(A) 按钮，将该用户添加到用户列表中，如图 8-9 所示。

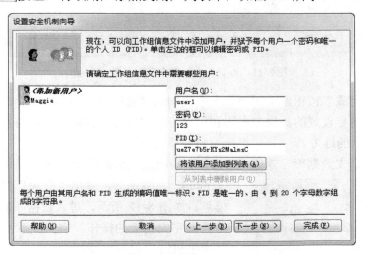

图 8-9 设置安全机制向导——添加用户

（10）单击"下一步"按钮，打开"设置安全机制向导"的第七个对话框，向工作组添加用户，如图 8-10 所示。

（11）单击"下一步"按钮，打开"设置安全机制向导"的第八个对话框，指定无安全机制的数据库备份文件的名称，如图 8-11 所示，安全起见，将原来没有设置安全机制的数据库进行备份。

图 8-10　设置安全机制向导——将用户添加到组

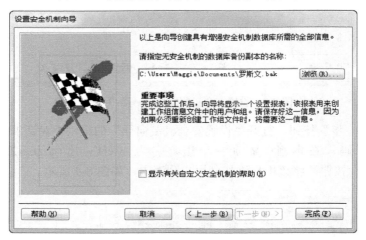

图 8-11　设置安全机制向导——结束向导

　　(12)单击"完成"按钮结束用户级安全机制的设置操作，屏幕上将会显示设置安全机制向导报表，通过向导设置的数据库密码和用户信息都保存在该报表中，可打印或导出报表，并保存在比较安全的地方。

　　(13)关闭罗斯文数据库，返回 Windows 桌面，在桌面将显示该数据库的快捷方式罗斯文.mdb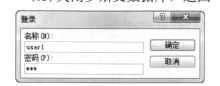，双击后，弹出"登录"对话框，输入登录信息，如图 8-12 所示，进入数据库后则按设置的用户组权限完成相应的操作。需要注意的是，在完成用户级安全机制设置后，不能直接打开原数据库，只能通过快捷方式打开，否则系统提示出错。

图 8-12　登录对话框

8.4　数据库编/解码

　　为了防止数据库文件被 Access 以外的其他软件，如文字处理等软件打开，使数据库结构暴露，可以对数据库文件进行编码。编码后的数据库在 Access 中使用时，并不能增强安全性。

需要注意的是，该功能仅对 MDB 文件有效。参照用户级安全机制设置的前几步方法添加"编/解码数据库"命令即可进行操作。

8.5　生成 ACCDE 文件

如果打开的数据库是 MDB 文件，则可以将数据库文件转换为 MDE 文件，如果打开的数据库是 ACCDB 文件，则可以将数据库文件转换为 ACCDE 文件，该功能可以完全保护 Access 中的代码免受非法访问。将 MDB 或 ACCDB 文件转换为 MDE 或 ACCDE 文件时，Access 将编译所有模块，删除所有可编辑的源代码，然后压缩目标数据库。原始的 MDB 文件不会受到影响。新数据库中的 VBA 代码仍然能运行，但不能查看或编辑。数据库将继续正常工作，仍然可以升级数据和运行报表。添加"生成 MDE 文件"命令即可进行操作。

8.6　数据存储安全

数据库的错误操作或一些意外灾难都可以使数据库中的宝贵数据损坏或丢失，带来无法弥补的损失。为了避免这些情况，应该加强对数据库存储的安全管理。

在 Access 中，数据存储安全管理措施有"备份/恢复数据库"和"压缩和修复数据库"等。

一般情况下，备份数据库应保存在其他位置；文件名默认为"原数据库名_当前日期"。数据库重新自动打开，备份结束。

在备份数据库时应该注意，如果数据库应用了用户级安全机制，则工作组信息文件也应同时备份；如果有数据访问页文档，则需要单独备份，因为这类文档是单独存放的。

为确保实现最佳性能，应该定期压缩和修复 Access 文件。压缩数据库文件可以重新组织文件在磁盘上的存储方式，减少文件的存储空间，提高读取效率，优化数据库的性能。

在对数据库文件压缩之前，Access 会对文件进行错误检查，一旦检测到数据库损坏，Access 会给用户发送一条消息，要求修复数据库。修复数据库文件可以修复数据库中的表、窗体、报表或模块的损坏以及打开特定报表、窗体或模块所需的信息。

8.7　数据库拆分

当把已经完成的数据库应用系统共享给网络上的其他用户时，要想访问数据库中的数据，用户必须把所需要的表、窗体、查询、报表、宏等数据库对象都复制到自己的计算机中，使用很不方便。

数据库拆分可以把数据库应用系统一分为二，将数据部分放在后端的数据库服务器上，而前端的操作界面(如窗体和报表等)放在每一个想使用这个数据库应用的计算机上，这样用户在自己的机器上操纵界面，而数据库服务器负责传输数据，就构成一个客户机/服务器的应用。

拆分后，在前端数据库窗口的表对象中，每个表的名字前面都有一个小箭头，说明这些表是连接到后端数据库的，这里的表只是一个空壳，里面没有任何数据，当打开这些表时 Access 会自动连接到后端数据库上，取回数据。而在后端数据库中只有一些表，其他数据库对象都放在前端数据库中。

具体操作方法为：单击"数据库管理工具"选项卡中的"移动数据"选项组中的"Access 数据库"按钮启动数据库拆分器，进行相应设置后即可完成数据库拆分操作。

8.8　优化数据库性能

在数据库的许多操作中，由于多次读表、读记录操作，会使处理任务的时间变得越来越长。为确保实现最佳性能，除了定期压缩和修复 Access 数据库外，还可以使用"数据库管理工具"选项卡中的"分析"选项组中的"分析性能"按钮启动性能分析器来优化数据库的性能。性能分析器主要是对整个数据库组进行分析，并给出推荐和建议来改善数据库的性能。

8.9　复制与同步数据库

复制数据库是指制作一个数据库文件的副本，它与复制数据库文件是不同的，通过复制数据库操作得到的数据库副本可以与源数据库保持同步更新，而复制数据库文件则不具备这样的性能。

在复制数据库的操作中，系统曾提示所有数据库结构的更改都必须在设计母板中进行。所以当设计母板中数据库对象的结构发生改变后，就需要执行同步数据库的操作，使副本数据库保持同步更新。

8.10　数据库升迁

Access 项目为其用户提供了一种创建客户机/服务器(C/S)应用程序的方法。Access 项目允许用户以本地模式访问 Microsoft SQL Server 数据库，就像访问本地 Access 数据库一样。

Access 项目是一种特殊的 Access 数据文件，包含表、查询、数据库图表、窗体、报表、页、宏和模块等对象。Access 项目中的表、查询和数据库图表等对象存放在 Microsoft SQL Server 数据库中，只有连接到 Microsoft SQL Server 数据库才能在项目窗口中查看和使用这些对象。项目中的窗体、报表、页、宏和模块等对象则存放在本地 Access 文件中，这些对象使用的是来自 Microsoft SQL Server 数据库的数据。

由于 Access 项目需要访问 Microsoft SQL Server 服务器，所以要安装 MSDE 2000 或 Microsoft SQL Server 作为服务器。

升迁向导用于将 Access 数据库对象(如表、查询、窗体、报表、页、宏和模块等)的一部分或全部迁移到 Microsoft SQL Server 数据库或新的 Access 项目中。通常，升迁向导将 Access 数据库的表以及与表相关的索引、有效性规则、默认值和表关系迁移到 Microsoft SQL Server 数据库，查询转换为 Microsoft SQL Server 视图或存储过程，而窗体、报表、页、宏和模块等数据库对象则迁移到 Microsoft Access 项目中。

数据库升迁的具体操作步骤如下。

(1)准备工作包括：启动 SQL Server 服务及备份数据库，以避免在升迁过程中意外破坏数据库导致的损失，查看磁盘空间，确保有足够的空间来保存新的 SQL Server 数据库。

　　(2)打开罗斯文数据库，单击"数据库管理工具"选项卡中的"移动数据"选项组中的
SQL Server 按钮，启动升迁向导，如图 8-13 所示。

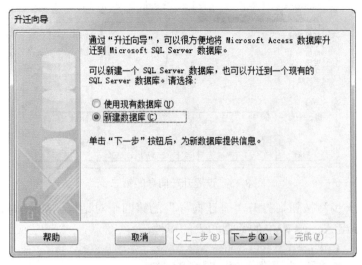

图 8-13　设置升迁向导的第一步

　　(3)单击"下一步"按钮，打开"升迁向导"的第二个对话框，如图 8-14 所示。

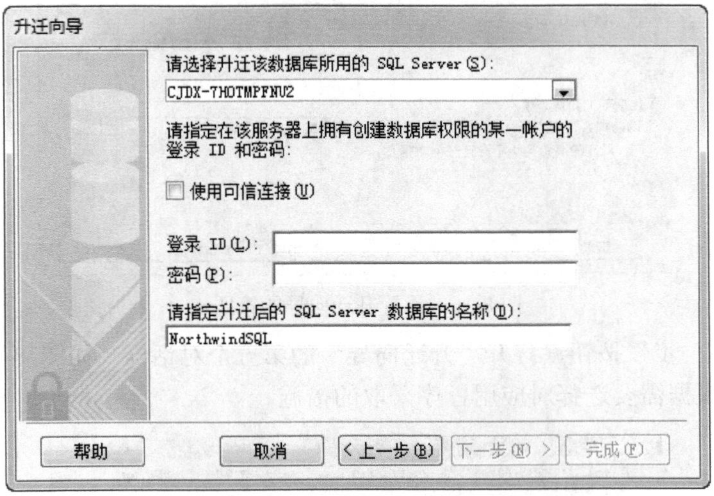

图 8-14　设置升迁向导的第二步

　　如果以当前 Windows 身份登录 SQL Server 向导，可选中□ 使用可信连接(U) 复选框，就不需
要输入登录 ID 和密码；若要用 SQL 账户登录，则应取消选中□ 使用可信连接(U) 复选框，并在"登
录 ID"文本框中输入用户名，在"密码"文本框中输入密码。在"请指定升迁后的 SQL Server
数据库的名称"文本框中需要指定升迁后的 SQL Server 数据库名称，升迁向导默认以 Access
数据库名称加上"SQL"作为升迁后的 SQL Server 数据库名称。
　　(4)单击"下一步"按钮打开"升迁向导"的第三个对话框，如图 8-15 所示。在"可以
的表"列表框中列出了当前 Access 数据库的表，双击表名将表添加到"导出到 SQL Server"
列表框中，也可通过按钮操作实现表的添加。

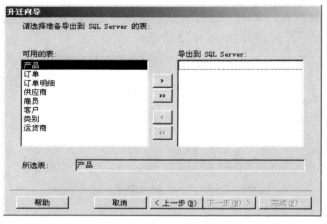

图 8-15　设置升迁向导的第三步

(5)单击"下一步"按钮,打开"升迁向导"的第四个对话框,如图 8-16 所示。在该对话框中选择是否导出 Access 表中的数据和表的属性。

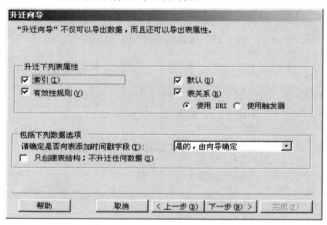

图 8-16　设置升迁向导的第四步

(6)单击"下一步"按钮,打开"升迁向导"的第五个对话框,如图 8-17 所示。在该对话框中,用户可根据需要选择对应用程序采取的措施。

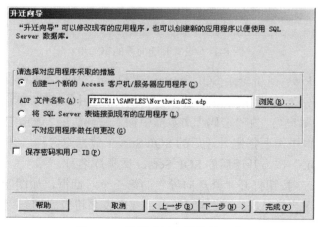

图 8-17　设置升迁向导的第五步

（7）单击"下一步"按钮，打开"升迁向导"的第六个对话框，完成升迁向导的设置，最后会自动生成一个升迁向导报表，在报表中显示 Access 数据库和升迁后的 SQL Server 信息、升迁参数、表信息和升迁过程中遇到的错误信息。

（8）升迁完成后，启动 SQL Server，在数据库中可查看到升迁后的罗斯文数据库（NorthwindSQL）的相关对象，如图 8-18 所示，同时生成一个项目文件 NorthwindCS.adp，可在 Access 中打开。

图 8-18　数据库升迁结果

本 章 小 结

本章从数据访问安全的角度介绍了数据库密码管理、用户级安全机制、数据库编/解码、生成 ACCDE 文件等安全机制；从数据存储安全的角度介绍了备份/恢复数据库、数据库拆分和优化数据库性能等安全机制的具体实现方法。在实际应用中，往往需要多种安全机制同时使用才能提高数据的安全性，得到一个更加安全的数据库。

习　　题

1. 简述 Access 数据库的安全措施。
2. 如何保护 Access 数据库？
3. 对 Access 数据库进行加密或解密有哪些要求？
4. 怎样设置用户级安全机制？
5. 用户级安全机制中有哪些权限？这些权限允许用户执行哪些操作？

第9章 罗斯文系统

本章综合前面各章所学知识，并以罗斯文贸易系统为例，向读者介绍 Access 开发应用程序的相关知识，使读者对一个基本的管理信息系统应该具备的功能有整体的了解，希望读者在学习完本章以后，结合本书前面讲述的知识，能够具备一定的开发类似数据库应用系统的能力。

9.1 系 统 简 介

罗斯文数据库是 Access 自带的示例数据库，是学习 Access 开发的非常好的入门实例。这个实例涵盖了 Access 数据库的表、关系、查询、报表、窗体、宏、VBA 编程等主要内容，对罗斯文数据库的学习，能够使读者对 Access 数据库有全面的了解。

这里所说的罗斯文公司是一个虚构的商贸公司，该公司进行世界范围的食品采购与销售，就是通常所讲的买进来再卖出去，赚取中间差价。罗斯文公司销售的食品分为几大类，每类食品又细分出各类具体的食品。这些食品由多个供应商提供，然后由销售人员售给客户。销售时需要填写订单，并由货运公司将产品运送给客户。

罗斯文商贸管理系统是建立在罗斯文数据库上的一个信息管理系统，它的主要功能是对罗斯文公司的贸易进行信息化管理。系统可由主页上提供的各个链接按钮使用相应的系统功能。

9.2 创建"罗斯文"数据库

"罗斯文"数据库是 Access 2010 的官方模板数据库之一，也是十分著名的 Access 学习材料。在 Access 2010 中，单击 Access 主界面中的"文件"选项卡，然后在标签页左边栏中的"新建"|"样本模板"区域找到"罗斯文"模板(图 9-1)，设定好数据库文件名和存放路径后单击"创建"按钮，就创建并打开了"罗斯文"数据库。

图 9-1 创建"罗斯文"数据库

9.3　系统功能概览

使用 Access 打开"罗斯文"数据库所在的 ACCDB 文件时，首先显示的是一个登录对话框，如图 9-2 所示，在登录对话框上选择"员工"完成系统登录。登录后 Access 工作区中出现罗斯文商贸系统的主界面，如图 9-3 所示。主界面上有罗斯文贸易管理系统各个功能模块的入口，如新建客户订单、新建采购订单等，项目将对各个功能进行简要介绍。

图 9-2　登录界面

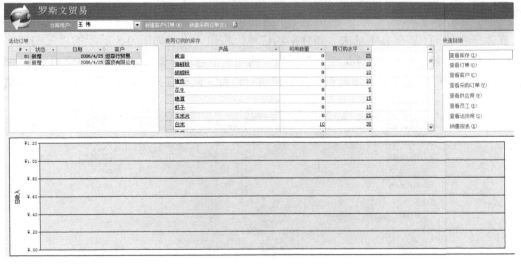

图 9-3　系统主界面

9.3.1　新建客户订单

在系统主界面中单击"新建客户订单"按钮，出现如图 9-4 所示的"订单"界面。此时，订单状态为"新增"。在此界面中，可以录入"客户"、"销售人员"、"电子邮件地址"、"订单日期"等订单汇总信息，接着在"订单明细"选项卡中录入当前订单所订购产品的明细信息(包括产品名称、数量、单价、折扣、总价、状态等)，在"发货信息"选项卡中填入物流相关信息，在"付款信息"选项卡中填入付款相关信息。上述信息填写完整后就可单击"创建发票"

按钮、"发运订单货物"按钮来处理本次新增订单了，此时，订单状态改变为"已发货"。最后单击"完成订单"按钮完成整个订单的处理，订单状态改变为"已关闭"，本次订单处理结束，单击"关闭"按钮关闭订单界面。

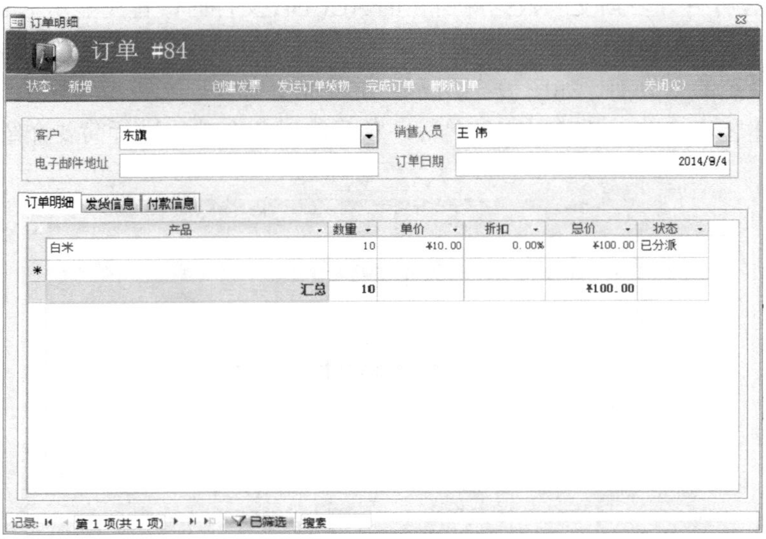

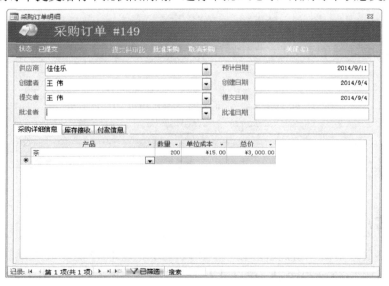

图 9-4　"订单"界面

9.3.2　新建采购订单

在系统主界面(图 9-3)中单击"新建采购订单"按钮，出现如图 9-5 所示的"采购订单"界面。在此界面中填写好"采购详细信息"选项卡的相关信息后，就可以单击"提交供审批"按钮，将新创建的采购订单提交给有审批权限的用户进行审批。此时，采购订单状态变为"已提交"。

图 9-5　采购订单界面

当具有审批权的用户打开"已提交"的采购订单后，可以单击"批准采购"或"取消采购"按钮来行使采购订单审批权。

9.3.3 "快速链接"区的功能介绍

在系统主界面(图 9-3)的右侧有"快速链接"功能区,其中提供了"查看库存"、"查看订单"、"查看客户"、"查看采购订单"、"查看供应商"、"查看员工"、"查看运货商"、"销售报表"等功能。

(1)单击"查看库存"链接后,可在 Access 中打开如图 9-6 所示的标题为"库存列表"的新标签页。在此标签页中除了可以查看系统中的库存信息外,还可以单击列表中最后一列的"采购"按钮方便快捷地采购相应产品。此外,在"库存列表"标签页中还有一个"添加产品"按钮,单击后出现如图 9-7 所示的界面,根据界面提示可向系统中添加新的产品。

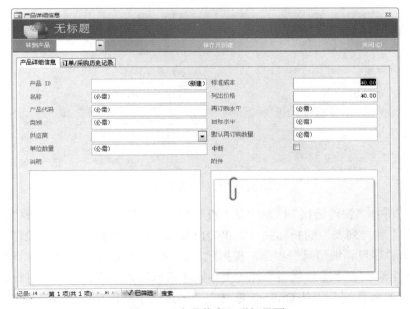

产品	总库存	已分派库存	可用库存	供应商所欠库存	总计	目标水平	再订购数量	从供应商采购
苹果汁	25	25	0	41	41	40	0	采购
蕃茄酱	50	0	50	50	100	100	0	采购
盐	0	0	0	40	40	40	0	采购
麻油	15	0	15	0	15	40	25	采购
酱油	0	0	0	10	10	100	90	采购
海鲜粉	0	0	0	0	0	40	40	采购
胡椒粉	0	0	0	0	0	40	40	采购
沙茶	40	0	40	0	0	40	0	采购
猪肉	0	0	0	0	0	40	40	采购
糖果	0	0	0	20	20	20	0	采购
桂花糕	0	0	0	40	40	40	0	采购
花生	0	0	0	0	0	20	20	采购
啤酒	23	23	0	0	0	60	60	采购
虾米	0	0	0	120	120	120	0	采购
虾子	0	0	0	0	0	40	40	采购
柳橙汁	325	325	0	300	300	100	0	采购
玉米片	0	0	0	0	0	100	100	采购

图 9-6 "库存列表"界面

图 9-7 "产品信息"明细界面

(2)单击主界面"快速链接"区域中的"查看订单"链接后，可在 Access 中打开如图 9-8 所示的标题为"订单列表"的新标签页。在此标签页中除了可以添加新订单外，还可以在选中一行订单记录后单击"查看发票"按钮，查看相应的订单发票(图 9-9)。

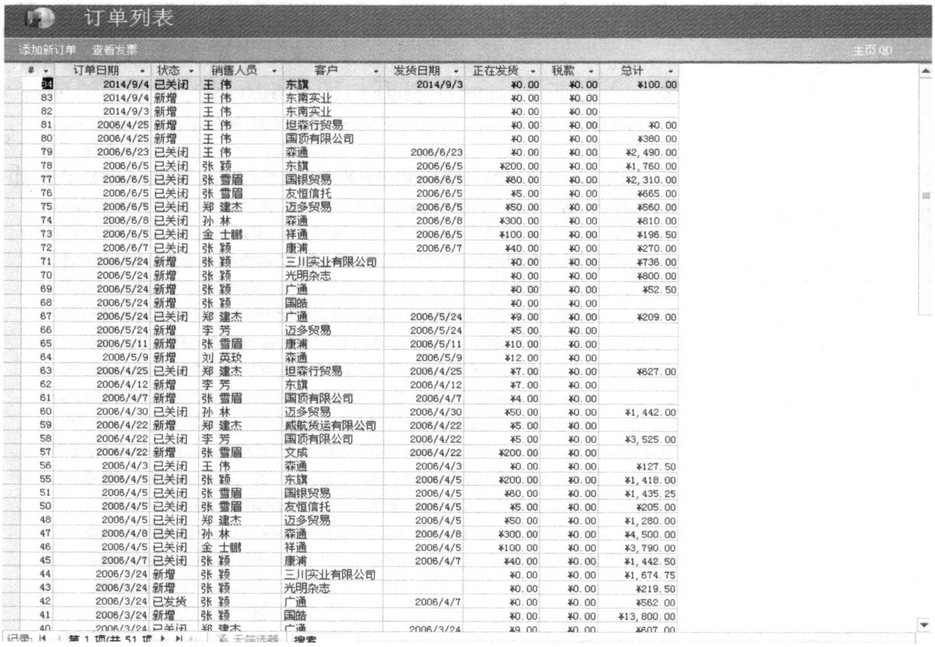

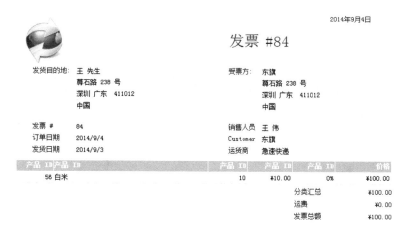

图 9-8　"订单列表"界面

图 9-9　"订单发票"界面

(3)单击主界面"快速链接"区域中的"查看客户"链接后，可在 Access 中打开如图 9-10 所示的标题为"客户列表"的新标签页。单击此标签页中的"新建客户"按钮，可以打开如图 9-11 所示的"客户详细信息"界面，根据此界面的提示可以向系统中添加新的客户或修改已存在的客户信息。在"客户列表"标签页中除了可以添加、修改客户信息外，还可以使用"通过电子邮件收集数据"、"从 Outlook 添加"、"通过电子邮件发送列表"等按钮触发相应的系统功能，需要说明的是，这个功能需要用户的计算机上安装 Outlook 软件才能正常使用。

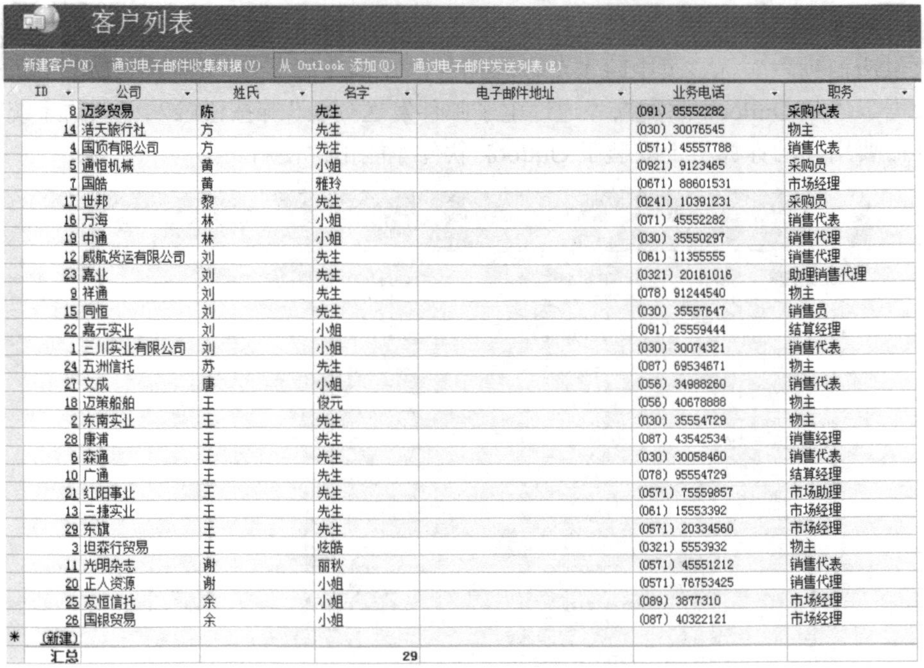

ID	公司	姓氏	名字	电子邮件地址	业务电话	职务
8	迈多贸易	陈	先生		(091) 85552282	采购代表
14	浩天旅行社	方	先生		(030) 30076545	物主
4	国顶有限公司	方	先生		(0571) 45557788	销售代表
5	通恒机械	黄	小姐		(0921) 9123465	采购员
7	国皓	黄	雅玲		(0671) 88601531	市场经理
17	世邦	黎	先生		(0241) 10391231	采购员
16	万海	林	小姐		(071) 45552282	销售代表
19	中通	林	小姐		(030) 35550297	销售代理
12	威航货运有限公司	刘	先生		(061) 11355555	销售代理
23	嘉业	刘	先生		(0321) 20161016	助理销售代理
9	祥通	刘	先生		(078) 91244540	物主
15	同恒	刘	先生		(030) 35557647	销售员
22	嘉元实业	刘	小姐		(091) 25559444	结算经理
1	三川实业有限公司	刘	小姐		(030) 30074321	销售代表
24	五洲信托	苏	先生		(087) 69534671	物主
27	文成	唐	小姐		(056) 34988260	销售代表
18	迈策船舶	王	俊元		(056) 40678888	物主
2	东南实业	王	先生		(030) 35554729	物主
28	康浦	王	先生		(087) 43542534	销售经理
6	森通	王	先生		(030) 30058460	销售代表
10	广通	王	先生		(078) 95554729	结算经理
21	红阳事业	王	先生		(0571) 75559857	市场助理
13	三捷实业	王	先生		(061) 15553392	市场经理
29	东旗	王	先生		(0571) 20334560	市场经理
3	坦森行贸易	王	炫皓		(0321) 5553932	物主
11	光明杂志	谢	丽秋		(0571) 45551212	销售代表
20	正人资源	谢	小姐		(0571) 76753425	销售代理
25	友恒信托	余	小姐		(089) 3877310	市场经理
26	国银贸易	余	小姐		(087) 40322121	市场经理
(新建)						
汇总			29			

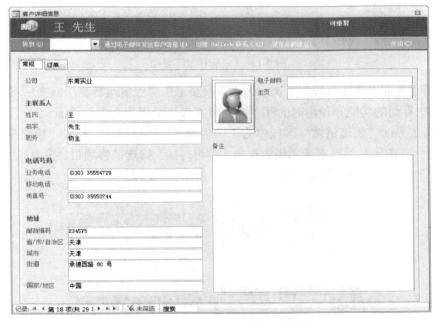

图 9-10 “客户列表”界面

图 9-11 “客户详细信息”界面

(4) 单击主界面“快速链接”区域的“查看采购订单”链接后，可在 Access 中打开如图 9-12 所示的标题为“采购订单”界面，在此界面中可以对“采购订单”进行添加和查看。

(5) 单击主界面“快速链接”区域中的“查看供应商”链接后，可在 Access 中打开标题为“供应商列表”的新标签页。单击此标签页中的“新建供应商”按钮，可以打开“供应商详细信息”界面，根据此界面的提示可以向系统中添加新的供应商或修改已存在的供应商信息。在“供应商列表”标签页中除了可以添加、修改客户信息外，还可以使用“通过电子邮件收集数据”、“从 Outlook 添加”、“通过电子邮件发送列表”等按钮触发相应的系统功能，此功能同样需要用户的计算机上安装了 Outlook 软件才能正常使用。

采购订单

添加新采购

#	状态	供应商	总计	提交者	已提交	批准者	已批准	支付日期
151	已提交	德昌	¥80.00	王 伟	2014/9/4			
150	已提交	康富食品	¥160.00	王 伟	2014/9/4			
149	已提交	佳佳乐	¥3,000.00	王 伟	2014/9/4			
148	已提交	日正	¥1,040.00	王 伟	2006/4/26			
147	已批准	正一	¥1,560.00	王 伟	2006/4/26	王 伟	2014/9/4	
146	已批准	康富食品	¥3,960.00	王 伟	2006/4/26	王 伟	2014/9/4	
142	已批准	康堡	¥13.50	王 伟	2006/4/25	王 伟	2006/4/25	
141	已批准	康堡	¥187.50	王 伟	2006/4/25	王 伟	2006/4/25	
140	已批准	德昌	¥90.00	王 伟	2006/4/25	王 伟	2006/4/25	
111	已批准	佳佳乐	¥500.00	王 伟	2006/3/31	王 伟	2006/4/4	
110	已批准	佳佳乐	¥8,500.00	李 芳	2006/3/24	王 伟	2006/4/4	
109	已批准	康富食品	¥175.00	郑 建杰	2006/3/24	王 伟	2006/4/4	
108	已批准	康富食品	¥750.00	郑 建杰	2006/3/24	王 伟	2006/4/4	
107	已批准	佳佳乐	¥3,000.00	孙 林	2006/3/24	王 伟	2006/4/4	
106	已批准	德昌	¥1,300.00	金 士鹏	2006/3/24	王 伟	2006/4/4	
105	已批准	日正	¥1,500.00	金 士鹏	2006/3/24	王 伟	2006/4/4	
104	已批准	康富食品	¥350.00	张 颖	2006/3/24	王 伟	2006/4/4	
103	已批准	康富食品	¥70.00	张 颖	2006/3/24	王 伟	2006/4/4	
102	已批准	佳佳乐	##########	张 颖	2006/3/24	王 伟	2006/4/4	
101	已批准	佳佳乐	¥400.00	王 伟	2006/1/14	王 伟	2006/1/22	
100	已批准	康富食品	¥1,000.00	张 雪眉	2006/1/14	王 伟	2006/1/22	
99	已批准	佳佳乐	##########	李 芳	2006/1/14	王 伟	2006/1/22	
98	已批准	康富食品	¥1,400.00	郑 建杰	2006/1/14	王 伟	2006/1/22	
97	已批准	康富食品	¥210.00	金 士鹏	2006/1/14	王 伟	2006/1/22	
96	已批准	佳佳乐	¥1,000.00	赵 军	2006/1/14	王 伟	2006/1/22	
95	已批准	为全	¥225.00	王 伟	2006/1/14	王 伟	2006/1/22	
94	已批准	德昌	¥1,040.00	王 伟	2006/1/14	王 伟	2006/1/22	
93	已批准	日正	¥5,060.00	王 伟	2006/1/14	王 伟	2006/1/22	
92	已批准	康富食品	##########	王 伟	2006/1/14	王 伟	2006/1/22	
91	已批准	妙生	¥4,950.00	王 伟	2006/1/14	王 伟	2006/1/22	
90	已批准	佳佳乐	¥5,370.00	王 伟	2006/1/14	王 伟	2006/1/22	

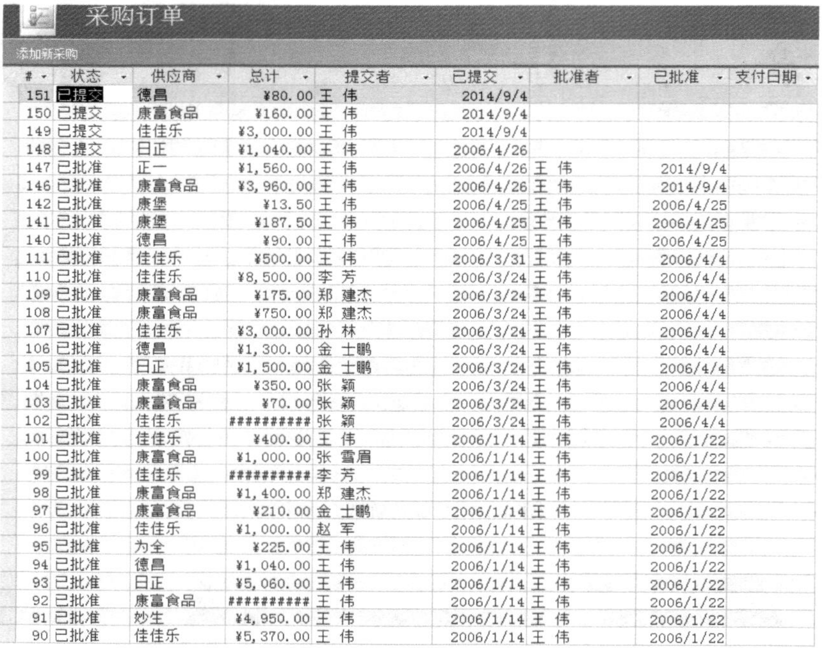

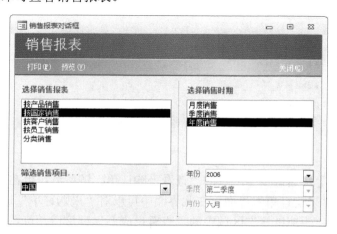

图 9-12　“采购订单”界面

(6) 单击主界面“快速链接”区域中的“查看员工”、“查看运货商”链接后可以打开相应的界面，这些界面的功能和使用时的注意事项可参考“供应商列表”界面。

(7) 单击主界面“快速链接”区域中的“销售报表”链接后可以打开“销售报表”界面，如图 9-13 所示。在此对话框中选择销售报表、销售时期、筛选销售项目、报表时间等参数后，单击“预览”按钮即可查看销售报表。

图 9-13　“销售报表”界面

9.4　VBA 数据库编程

9.4.1　数据库引擎及其接口

Microsoft Office VBA 是通过 Microsoft Jet 数据库引擎工具来支持对数据库的访问。所谓数据库引擎实际上是一组动态链接库(DLL)，当程序运行时被连接到 VBA 程序而实现对数据库的数据访问功能。数据库引擎是应用程序与物理数据库之间的桥梁，它以一种通用接口的方式，使各种类型物理数据库对用户而言都具有统一的形式和相同的数据访问与处理方法。

Microsoft Office VBA 中主要提供了 3 种数据库访问接口：开放数据库互连应用编程接口(open database connectivity API，ODBC API)、数据访问对象(data access object，DAO)和 ActiveX 数据对象(ActiveX data object，ADO)。

ODBC API：目前 Windows 提供的 32 位 ODBC 驱动程序对每一种客户机/服务器 RDBMS、最流行的索引顺序访问方法(ISAM)数据库(Jet、dBASE、Foxbase 和 FoxPro)、扩展表(Excel)和划界文本文件都可以操作。在 Access 应用中，直接使用 ODBC API 需要大量 VBA 函数原型声明(declare)和一些烦琐、低级的编程，因此，实际编程很少直接进行 ODBC API 的访问。

DAO：提供一个访问数据库的对象模型。利用其中定义的一系列数据访问对象，如 Database、QueryDef、RecordSet 等对象，实现对数据库的各种操作。这是 Office 早期版本提供的编程模型，用来支持 Microsoft Jet 数据库引擎，像开发者通过 ODBC 直接连接到其他数据库一样，连接到 Access 数据库。DAO 最适用于单系统应用程序或在小范围本地分布使用，其内部已经对 Jet 数据库的访问进行了加速优化，而且使用起来也是很方便的。所以如果数据库是 Access 数据库且是本地使用，可以使用这种访问方式。

ADO：是基于组件的数据库编程接口，是一个和编程语言无关的 COM 组件系统。使用它可以方便地连接任何符合 ODBC 标准的数据库。

Microsoft Office 2000 及以后版本的应用程序均支持广泛的数据源和数据访问技术，于是产生了一种新的数据访问策略——通用数据访问(universal data access，UDA)。用来实现通用数据访问的主要技术是称为 OLE DB(对象链接和嵌入数据库)的低级数据访问组件结构和称为 ActiveX 数据对象 ADO 的对应于 OLE DB 的高级编程接口。

9.4.2　利用 DAO 访问数据库

通过 DAO 编程实现数据库访问时，首先要创建对象变量，然后通过对象方法和属性来进行操作。下面给出数据库操作一般的语句和步骤：

```
'定义对象变量
Dim ws As Workspace
Dim db As Database
Dim rs As RecordSet
'通过 Set 语句设置各个对象变量的值
Set ws = DBEngine.Workspace(0)                      '打开默认工作区
Set db = ws.OpenDatabase(<数据库文件名>)              '打开数据库文件
Set rs = db.OpenRecordSet(<表名、查询名或 SQL 语句>)   '打开数据记录集
```

```
Do While Not rs.EOF              '利用循环结构遍历整个记录集直至末尾
    ...                          '安排字段数据的各类操作
    rs.MoveNext                  '记录指针移至下一条
Loop
rs. close                        '关闭记录集
db. close                        '关闭数据库
Set rs = Nothing                 '回收记录集对象变量的内存占有
Set db = Nothing                 '回收数据库对象变量的内存占有
...
```

9.4.3　ActiveX 数据对象

利用 ADO 访问数据库一般过程和步骤如下。

(1)定义和创建 ADO 对象实例变量。

(2)设置连接参数并打开连接——Connection。

(3)设置命令参数并执行命令(分返回和不返回记录集两种情况)——Command。

(4)设置查询参数并打开记录集——RecordSet。

(5)操作记录集(检索、追加、更新、删除)。

(6)关闭、回收有关对象。

具体可参阅以下程序段分析。

程序段 1　在 Connection 对象上打开记录集：

```
'创建对象引用
Dim con As new ADODB.Connection     '创建一个连接对象
Dim rs As new ADODB .RecordSet      '创建一个记录集对象

con.Open<连接串等参数>              '打开一个连接
rs.Open<连接串等参数>               '打开一个记录集

Do While Not rs.EOF                 '利用循环结构遍历整个记录集直至末尾
...                                 '安排字段数据的各类操作
rs.MoveNext                         '记录指针移至下一条
Loop
rs.close                            '关闭记录集
con.close                           '关闭连接
Set rs = Nothing                    '回收记录集对象变量的内存占有
Set con = Nothing                   '回收连接对象变量的内存占有
...
```

程序段 2　在 Command 对象上打开记录集：

```
...
'创建对象引用
Dim cmd As new ADODB.Command        '创建一个命令对象
Dim rs As new ADODB.RecordSet       '创建一个记录集对象
'设置命令对象的活动连接、类型及查询等属性
With cmd
    .ActiveConnection = <连接串>
```

```
      .CommandType = <命令类型参数>
      .CommandText = <查询命令串>
End With
rs.Open cmd, <其他参数>              '设置 rs 的 ActiveConnection 属性
Do While Not rs.EOF                 '利用循环结构遍历整个记录集直至末尾
    ...                             '安排字段数据的各类操作
    rs.MoveNext                     '记录指针移至下一条
Loop
rs.close                            '关闭记录集
Set rs = Nothing                    '回收记录集对象变量的内存占有
...
```

本 章 小 节

　　本章以罗斯文数据库及建立在此之上的罗斯文商贸管理信息系统为例，向读者展示了 Access 模板数据库"罗斯文"的主要功能。随后介绍了 VBA 数据库编程的相关知识，使用 VBA 进行数据查询和操作，进而可以实现一些更为复杂的 Access 功能。Access 不只是一个简单易用的数据库软件，更是一个高效、易学的开发平台。通过本章的介绍，希望读者找到学习 Access 的新起点和前进方向。

习　　题

1. 试根据本章相关叙述整理并绘制罗斯文商贸管理信息系统的功能模块图。
2. "罗斯文"数据库中用到了哪些 Access 对象（如表、查询、窗体等）？

参考文献

程伟渊. 2007. 数据库基础——Access 2003 应用教程. 北京：中国水利水电出版社.

高雅娟，张媛，张梅. 2013. Access 2010 数据库实例教程. 北京：北京交通大学出版社.

纪澍琴，刘威，王宏志. 2007. Access 数据库应用基础教程. 北京：北京邮电大学出版社.

解圣庆. 2006. Access 2003 数据库教程. 北京：清华大学出版社.

科教工作室. 2011. Access 2010 数据库应用. 北京：清华大学出版社.

李杰，郭江. 2007. Access 2003 实用教程. 北京：人民邮电出版社.

李新燕. 2005. 数据库应用技术——Access 篇. 北京：人民邮电出版社.

李耀洲，马广月，王尧，等. 2005. 中文 Access 2003 实用教程. 北京：人民邮电出版社.

李禹生. 2006. Access 数据库技术. 北京：北京交通大学出版社.

刘凡馨. 2007. Access 数据库实用教程. 北京：清华大学出版社.

刘永宽，吴荣华. 2007. 数据库 (Access 2003) 原理与应用. 北京：北京师范大学出版社.

卢湘鸿，陈恭和，白艳. 2007. 数据库 Access 2003 应用教程. 北京：人民邮电出版社.

卢湘鸿，李吉梅，何胜利. 2007. Access 数据库技术应用. 北京：清华大学出版社.

钱丽璞. 2013. Access 2010 数据库管理. 北京：中国铁道出版社.

萨师煊，王珊. 2000. 数据库系统概论. 北京：高等教育出版社.

申莉莉，等. 2005. Access 数据库应用教程. 北京：机械工业出版社.

沈祥玖，尹涛. 2007. 数据库原理与应用——Access. 北京：高等教育出版社.

史秀璋，林洁梅. 2003. Access 应用技术教程. 北京：高等教育出版社.

徐卫克. 2012. Access 2010 基础教程. 北京：中国原子能出版社.

张强，杨玉明. 2011. Access 2010 中文版入门与实例教程. 北京：电子工业出版社.

郑小玲. 2007. Access 数据库实用教程. 北京：人民邮电出版社.

普通高等教育"十二五"规划教材

Access 数据库
技术及应用实践教程

徐　娟　周　雄　陶　冶　主编

科学出版社

北　京

内 容 简 介

本书以 Microsoft Access 2010 为应用环境，按照《Access 数据库技术及应用》（余建坤等主编）中各章的学习要求，介绍了数据库和表、查询设计和 SQL、窗体设计、报表设计、宏与 VBA、数据库安全与管理实验、系统登录功能实现实验。实验示例操作步骤详细，注重培养学生的实际操作能力，突出应用性和实用性，重要章节还配有相关习题及答案。

本书可作为普通高等学校非计算机专业学生学习数据库理论和应用的教材，也可作为 Access 数据库应用技术培训及全国计算机等级考试（二级 Access）的参考用书。

图书在版编目（CIP）数据

Access 数据库技术及应用：含实践教程 / 余建坤等主编. —北京：科学出版社，2015

普通高等教育"十二五"规划教材

ISBN 978-7-03-043300-8

Ⅰ．①A…　Ⅱ．①余…　Ⅲ．①关系数据库系统－高等学校－教材　Ⅳ．①TP311.138

中国版本图书馆 CIP 数据核字（2015）第 026396 号

责任编辑：李淑丽　王晓丽 / 责任校对：刘亚琦
责任印制：徐晓晨 / 封面设计：华路天然工作室

科 学 出 版 社 出版
北京东黄城根北街 16 号
邮政编码：100717
http://www.sciencep.com

北京虎彩文化传播有限公司 印刷

科学出版社发行　各地新华书店经销

*

2015 年 2 月第 一 版　开本：787×1092　1/16
2021 年 1 月第八次印刷　印张：7 1/4
字数：172 000

定价：**49.00 元**（全套）

（如有印装质量问题，我社负责调换）

前　　言

随着信息技术和社会信息化的发展，以数据库系统为核心的办公自动化系统、管理信息系统、决策支持系统等得到了广泛应用，数据库技术已成为计算机应用的一个重要方面。数据库原理及应用已是高等学校中非计算机专业，尤其是经管类专业的一门重要公共课程。随着计算机科学技术的快速发展，高校学生计算机知识起点不断提高，大学计算机基础课程教学改革不断深入，教育部高等学校计算机基础课程教学指导委员会提出以计算思维为导向的大学计算机课程改革，基于这样的背景，我们结合普通高等学校非计算机专业学生的特点，以应用为目的、以案例为引导、以任务为驱动编写了本书。

本书以 Access 2010 作为应用环境，按照配套教材《Access 数据库技术及应用》中各章学习要求，设置了适合非计算机专业学生的实验，注重培养和提高数据库的实际操作和应用能力，重要章节还配有相关习题及答案。全书共 8 章，其内容是把教学管理系统开发的各个环节设计成实验内容，由 8 个实验环节组成，每个实验操作均根据理论教材各章重要的知识点和教学目标设计了若干实验任务，结合普通高等学校非计算机专业学生的特点，实验示例操作步骤尽量详细，通过上机实践，使学生熟悉和掌握一个完整的数据库应用系统开发过程。

本书由徐娟、周雄、陶冶主编，其中第 1 章由陈振兴编写，第 2 章由徐娟编写，第 3 章由陶冶编写，第 4 章由周荣华编写，第 5 章由尹传娟编写，第 6 章由谭瑛编写，第 7 章由李春宏编写，第 8 章由冯涛编写。本书案例"教学管理系统"由李春宏和王莉莉设计，全书由徐娟、周雄和陶冶统稿和定稿。

由于时间紧迫，编者水平有限，书中难免有疏漏之处，诚请广大读者批评指正。

编　者

2014 年 11 月

目　　录

第1章　Access 功能浏览实验

实验　认识 Access 数据库

1. 实验目的

通过查看罗斯文商贸公司数据库中的数据表、查询、窗体、报表等对象，熟悉 Access 2010 的各种操作界面，增强学习者对 Access 数据库系统的感性认识。

2. 实验内容

以罗斯文商贸数据库为操作内容，使用数据表、查询、窗体、报表等对象。

3. 实验操作

(1) 启动 Access 2010。

(2) 执行"文件"|"打开"命令，打开罗斯文示例数据库文件，如图 1.1 所示。

图 1.1　"文件"菜单操作

(3) 在"安全警告"窗口中单击"启用内容"按钮，如图 1.2 所示。

(4) 打开数据库之后，系统要求选择登录员工，如图 1.3 所示。

(5) 如图 1.4 所示，登录后打开的主页界面主要由四部分组成。

顶部是功能区，由一系列包含命令的命令选项卡组成，功能区包括将相关常用命令分组在一起的主选项卡、只在使用时才出现的上下文选项卡，以及快速访问工具栏。

图 1.2 "安全警告"窗口

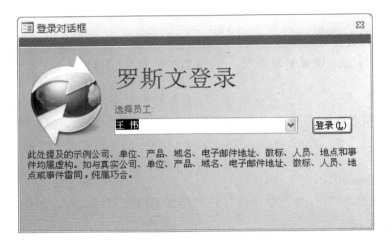

图 1.3 员工登录对话框

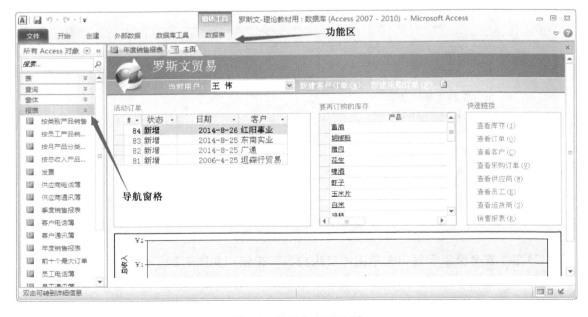

图 1.4 数据库主页界面

　　左侧的导航窗格是各数据库对象的设计列表，支持展开/折叠，可以对 Access 数据库的表、查询、窗体、报表等对象进行新建、查看和编辑。

　　底部显示状态栏，用于查看状态消息、属性提示、进度指示等。可以使用状态栏上的视图切换控件，在可用视图之间快速切换活动窗口。

　　其余部分是工作区，用于显示或编辑当前打开的数据库对象。

　　例如，双击导航窗格中的"表"对象中的"产品"项可以看到各种产品信息，如图 1.5 所示，双击每条记录的附件可以查看、管理附件内容。

图 1.5　产品信息

　　(6)在图 1.4 所示的主页界面中，可以单击"新建客户订单"、"新建采购订单"、"查看库存"、"查看订单"、"查看供应商"和"销售报表"等链接使用相应功能，这些功能是由开发者设计的。例如，单击"查看供应商"链接，屏幕出现供应商基本信息浏览窗口，如图 1.6 所示。

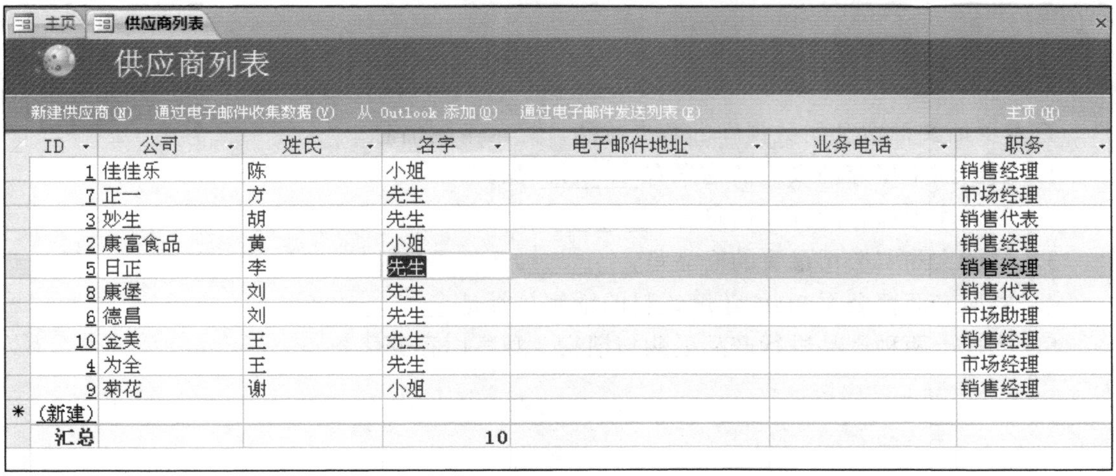

图 1.6　供应商信息

　　双击其中一条记录，打开供应商详细信息，如图 1.7 所示。

图 1.7　供应商详细信息

习　　题

填空题

查看罗斯文商贸公司数据库的数据状态，记录下列信息。

1．数据库中保存的供应商信息有_____家。

2．数据库中保存的订单信息有_____张。

3．罗斯文商贸公司最贵的商品是_____。

4．罗斯文商贸公司 2006 年度饮料的销售总额是_____。

5．选择一两种产品进行产品采购与销售，观察库存变化。

第2章 数据库和表

实验 2.1 创建数据库

1. 实验目的

掌握数据库的创建方法和步骤。

2. 实验内容

通过直接创建空数据库的方法建立教学管理系统数据库"教学管理系统.accdb"。

3. 实验操作

(1) 启动 Microsoft Access 2010 应用程序，从任务窗格中选择"文件"|"新建"选项，再选择"空数据库"选项。

(2) 在"文件名"文本框中输入数据库文件的名字"教学管理系统.accdb"，单击"保存位置"按钮，在打开的"文件新建数据库"对话框中选择数据库文件的保存位置(如 F:\)，再单击"创建"按钮，打开"数据库"窗口，如图 2.1 所示。

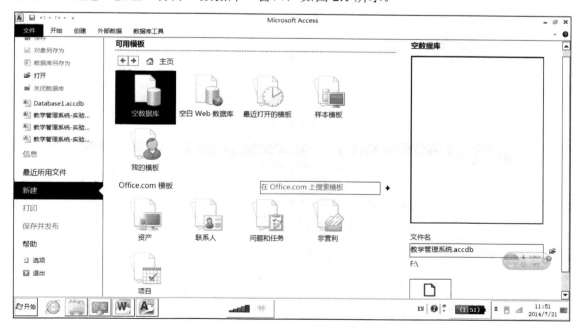

图 2.1　创建数据库

实验 2.2 创建数据表

1. 实验目的

(1) 熟悉表的多种创建方法和过程。
(2) 掌握使用表设计器创建表的方法。
(3) 掌握通过直接输入数据的方法创建表。

2. 实验内容

(1) 使用表设计器创建学生档案表结构，如图 2.2 所示。

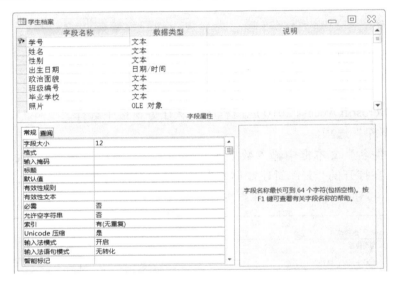

图 2.2 学生档案表结构

(2) 在学生档案表中输入数据，如图 2.3 所示。

	学号	姓名	性别	出生日期	政治面貌	班级编号	毕业学校	照片	单击以添
	201204001245	徐达	男	1992/5/21	团员	计经12-1	洱源1中	Bitmap Image	
	201205001234	段雯	女	1993/12/12	群众	计机12-1	北京4中	Bitmap Image	
	201205001235	孙俊波	男	1992/12/30	团员	太原2中	太原2中	Bitmap Image	
	201205001236	方哲楠	女	1993/1/23	预备党员	信息12-1	昆明3中	Bitmap Image	
	201205001237	祝玉坤	男	1992/4/2	团员	信息12-1	大理1中	Bitmap Image	
	201205001238	李锦恒	男	1990/11/3	团员	计机12-2	思茅2中	Bitmap Image	
	201205001239	曾源	男	1993/1/2	团员	计机12-2	昆明12中	Bitmap Image	
	201205001240	徐盛	男	1992/7/9	团员	计机12-2	曲靖2中	Bitmap Image	
	201205001241	杨娅	女	1992/6/9	团员	计机12-2	水富3中	Bitmap Image	
	201205001242	张佳然	女	1992/10/1	团员	物联网12-1	昆明5中	Bitmap Image	
	201205001243	郭凯	男	1993/1/28	团员	物联网12-1	明德中学	Bitmap Image	
	201205001244	陈清泉	男	1993/3/9	群众	计经12-1	大理2中	Bitmap Image	
	201305001234	张梦云	女	1994/12/2	团员	卓计13-1	昆14中	Bitmap Image	
	201305001235	郭梦晗	女	1994/12/3	预备党员	卓计13-1	昆明8中	Bitmap Image	

记录: |◄ ◄ 第1项(共14项) ► ►| ►✳ 承 无筛选器 搜索

图 2.3 学生档案表中的记录

(3)通过直接输入数据的方法创建一个课程名表，表名为"课程名"，如图 2.4 所示。

课程编号	课程名	课程类别	学分
0001	操作系统	必修	2
0002	c语言	必修	2
0003	VB程序设计	任选	2
0004	数据库应用	限选	2
0005	数据库原理	通识	3
0006	Java程序设计	通识	2
0007	编译原理	任选	1
0008	汇编语言	限选	2
0009	数据挖掘	必修	2
0010	网络工程	必修	2
0011	计算机导论	必修	2
0012	Web网页设计	通识	3
0013	Excel高级应用	任选	2
0014	计算机审计	任选	2
0015	电子商务物流管理	限选	2
0016	信息系统分析与设计	限选	2
			0

图 2.4　课程名表

3. 实验操作

(1)使用表设计器创建表名为"学生档案"的表结构。

① 打开数据库"教学管理系统.accdb"。

② 在"数据库"窗口中选择"表"|"表 1"为操作对象，再选择"视图"|"设计视图"命令，打开"表设计"窗口。

③ 参照表 2.1 所示字段属性内容依次定义每个字段的名字、类型和长度等参数。再单击"关闭"按钮，选择"文件"|"另存为"命令，将其保存为"学生档案"表，再单击"确定"按钮结束表的创建，同时"学生档案"表被自动加入数据库"教学管理系统.accdb"中。

表 2.1　学生档案表的字段属性

字段名	字段类型	字段	其他属性
学号	文本	12	主键
姓名	文本	10	
性别	文本	1	
出生日期	日期时间	8	
政治面貌	文本	4	
班级编号	文本	20	
毕业学校	文本	50	
照片	OLE 对象		

(2)在学生档案表中输入数据。

① 在"数据库"窗口中双击"学生档案"表对象，在"数据表"视图中输入数据，如图 2.3 所示。

② 插入照片 OLE 对象。选择第一个学生照片数据位置，右击并从弹出的快捷菜单中选择"插入对象"|"新建"|"Bitmap Image"命令，打开画图软件，将外存储设备上的学生照片依次复制保存，退出画图软件。

③ 选择"文件"｜"保存"命令，保存学生档案表的记录。

（3）通过直接输入数据的方法创建一个教师基本情况表，表名设置为"课程名"。

① 打开数据库"教学管理系统.accdb"，在"数据库"窗口中选择"表"为操作对象，单击"创建"｜"表"按钮，创建表1。

② 双击"表"｜"表1"按钮将其设置为操作对象，进入"表1"窗口，如图 2.5 所示。

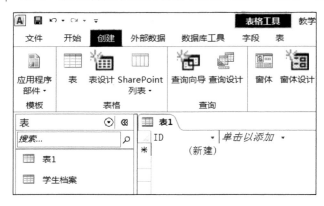

图 2.5 "表1"窗口

③ 在该窗口中直接输入"课程名"表的数据内容，系统将根据用户所输入的数据内容自动定义新表的结构。

④ 单击"保存"按钮打开"另存为"对话框，输入表名"课程名"，如图 2.6 所示，单击"确定"按钮，结束表的创建。

图 2.6 "另存为"对话框

⑤ 在数据库中选中该表，单击"视图"｜"设计视图"按钮，打开该表的设计窗口。

⑥ 重新定义每个字段的"字段名称"、"数据类型"及"字段大小"等相关属性，如表 2.2 所示。删除第一个字段 ID 字段。

表 2.2　课程名表的字段属性

字段名	字段类型	字段	其他属性
课程编号	文本	4	主键
课程名	文本	20	
课程类别	文本	2	
学分	数字	整型	

⑦ 单击设计窗口的关闭按钮，保存对该表设计的修改结构，返回数据库窗口。

使用直接输入数据的方法创建表，这种方法操作方便，但字段名很难体现对应数据的内容，且字段的数据类型也不一定符合设计者的思想。因此，用这种方法创建的表还要经过再次修改字段名和字段属性后才能完成表的设计。

实验 2.3　设置数据表的字段属性

1. 实验目的

(1)为数据表设置主键。
(2)掌握修改表的字段属性的方法。
(3)掌握设置"输入掩码"属性的方法。
(4)掌握设置字段的"有效性规则"和"有效性文本"属性的方法。

2. 实验内容

(1)设置学生档案表的"学号"字段为主键。
(2)设置课程名表的"课程编号"字段成主键。
(3)设置学生档案表的"学号"字段输入掩码为 999999999999。
(4)设置学生档案表的"性别"字段有效性规则为""男" or "女""，有效性文本为"请注意性别只能输入"男"或者"女"！"；设置课程名表的"学分"字段有效性规则为">=1 and <=4"，有效性文本为"学分范围为 1～4！"。

3. 实验操作

1)设置主键

(1)打开"教学管理系统.accdb"数据库，选择"学生档案"表为操作对象，单击"设计"按钮进入"表"结构设计窗格。

(2)在"表"结构设计窗格中，选定可作为主键的字段"学号"并右击，在弹出的快捷菜单中选择"主键"命令，或单击工具栏中的主键按钮，则该字段被定义为主键，在该字段的前面会自动出现一个主键符号，如图 2.7 所示。

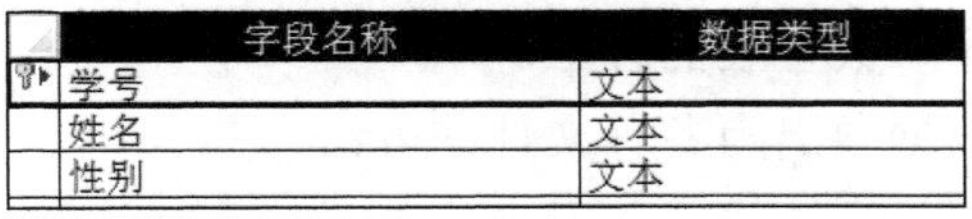

字段名称	数据类型
学号	文本
姓名	文本
性别	文本

图 2.7　设置主键

（3）保存"学生档案"表，结束主键的创建。

（4）按照上面的步骤将课程名表的"课程编号"字段设置成主键。

2）设置输入掩码属性

在数据库窗口中单击"表"对象。在设计视图下打开"学生档案"表，单击"学号"字段，在"输入掩码"文本框中输入 999999999999，如图 2.8 所示。

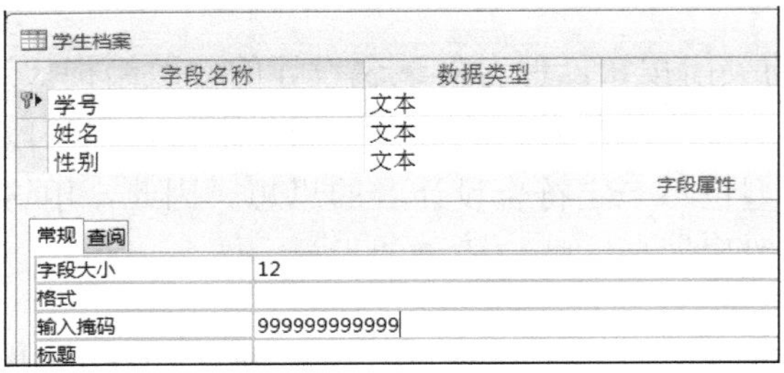

图 2.8　设置输入掩码属性

3）设置字段的"有效性规则"和"有效性文本"属性

在数据库窗口中单击"表"对象。在设计视图下打开"学生档案"表，单击"性别"字段，在"有效性规则"文本框中输入""男" or "女""，在"有效性文本"文本框中输入"请注意性别只能输入"男"或者"女"！"如图 2.9 所示。

参照以上步骤设置课程名表的"学分"字段有效性规则为">=1 and <=4"，有效性文本为"学分范围为 1～4！"。

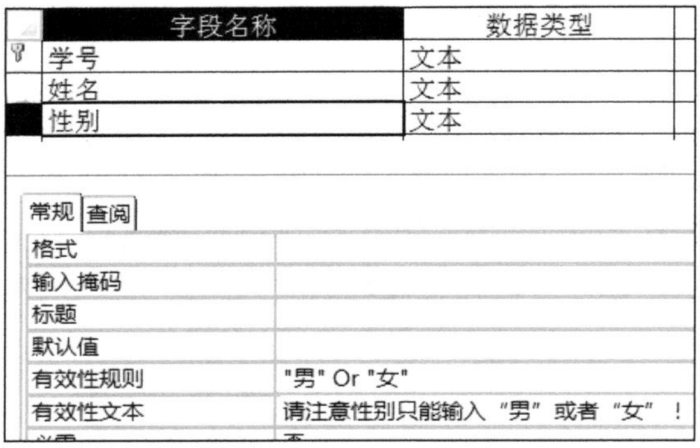

图 2.9　设置有效性规则和有效性文本属性

实验 2.4　导入导出数据

1. 实验目的

（1）熟悉将各种数据导入数据表的方法。

（2）熟悉将数据表中数据导出为各种文件的方法。

2. 实验内容

(1)将已经建好的 Excel 文件"学生选课及成绩.xlsx"导入"教学管理系统.accdb"数据库中，数据表的名称为"学生选课及成绩"，设置主键为"学号"和"课程编号"。重新定义每个字段的字段名称、数据类型及字段大小等相关属性，如表 2.3 所示。

表 2.3　学生选课及成绩表的字段属性

字段名称	数据类型	字段大小	其他属性
学号	文本	12	主键
学年	文本	10	
学期	文本	4	
课程编号	文本	4	
教师工号	文本	6	
平时	数字	长整型	
期中	数字	长整型	
期末	数字	长整型	

(2)将已经创建好的文本文件"教师授课信息.txt"导入"教学管理系统.accdb"数据库中，数据表的名称为"教师授课信息"，设置主键为"课程编号"和"教师编号"。重新定义每个字段的字段名称、数据类型及字段大小等相关属性，如表 2.4 所示。

表 2.4　教师授课信息表的字段属性

字段名称	数据类型	字段大小	其他属性
课程编号	文本	4	主键
教师编号	文本	6	
班级编号	文本	20	
学年	文本	10	
学期	文本	4	
学时	数字	整型	
授课地点	文本	20	
授课时间	文本	20	

(3)将已经建好的数据库文件 b.accdb 中的"教师档案"表导入"教学管理系统.accdb"数据库中，数据表的名称为"教师档案"。

(4)将数据表"教师档案"导出为 Excel 文件。

(5)将数据表"课程名"导出为文本文件。

3. 实验操作

(1)将已经建好的 Excel 文件"学生选课及成绩.xlsx"导入"教学管理系统.accdb"数据库中，数据表的名称为"学生选课及成绩.xlsx"，设置主键为"学号"和"课程编号"。

① 打开"教学管理系统.accdb"数据库，在数据库窗口中选择"外部数据"导入并链接组中的 Excel 按钮命令，弹出"获取外部数据-Excel 电子表格"对话框。

② 在"查找范围"下拉列表框中指定文件所在的文件夹及文件名(该文件已经存在)，

如图 2.10 所示。打开文件，再单击"确定"按钮。在导入数据表向导中选择工作表"学生选课及成绩"。

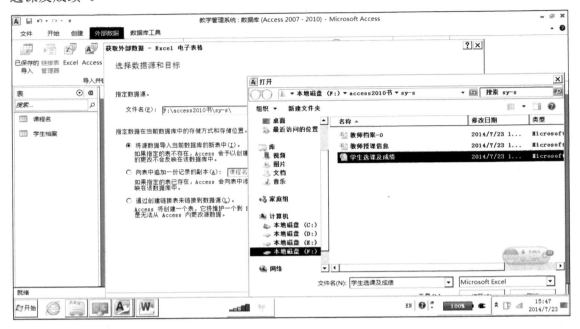

图 2.10　指定导入文件的文件类型

③ 在"导入数据表向导"对话框中选中"第一行包含列标题"复选框，如图 2.11 所示，单击"下一步"按钮，弹出"导入数据表向导"的下一个对话框。

图 2.11　选中"第一行包含列标题"复选框

④ 如果不准备导入"学号"字段，则单击"学号"字段，再选中"不导入字段（跳过）"复选框。在此取消选中该复选框，完成后单击"下一步"按钮，弹出"导入数据表向导"的下一个对话框，如图 2.12 所示。

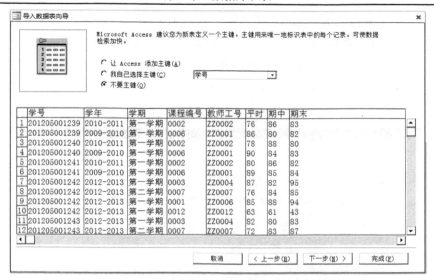

图 2.12　设置主键

⑤ 在图 2.12 中选中"不要主键"单选按钮，再单击"下一步"按钮，弹出"导入数据表向导"的下一个对话框，指定将数据导入"学生选课及成绩"表，如图 2.13 所示。

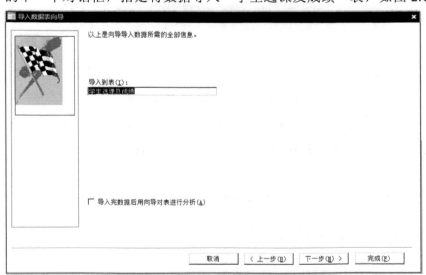

图 2.13　指定数据表的名称

⑥ 单击"完成"按钮，弹出"导入数据表向导"结果提示框，提示数据导入已经完成。完成之后，"教学管理系统.accdb"数据库会增加一个名为"学生选课及成绩"的数据表，内容是来自"学生选课及成绩.xlsx"的数据。

⑦ 设置表"学生选课及成绩"为操作对象，单击"设计"按钮进入"表"结构设计窗口，设置主键为"学号"和"课程编号"。重新定义每个字段的字段名称、数据类型及字段大小等相关属性，如表 2.3 所示。

(2)将已经建好的"教师授课信息.txt"导入"教学管理系统.accdb"数据库中，数据表的名称为"教师授课信息"，设置主键为"课程编号"和"教师编号"。

① 打开"教学管理系统.accdb"数据库，在数据库窗口中选择"外部数据"导入并链接组中的"文本文件"按钮命令，弹出"获取外部数据-文本文件"对话框。

② 在"查找范围"下拉列表框中指定文件所在的文件夹及文件名（该文件已经存在），如图 2.14 所示。打开文件，再单击"确定"按钮。在导入文本向导中选择文本文件"教师授课信息"。

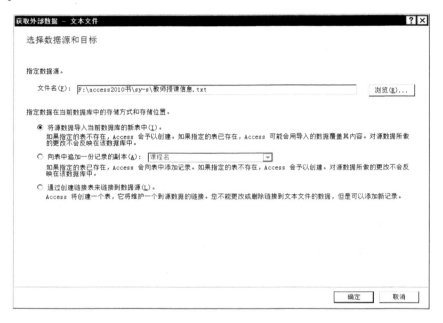

图 2.14　指定导入文件的文件名

③ 在"导入文本向导"对话框中选中"带分隔符"单选按钮，如图 2.15 所示，单击"下一步"按钮，弹出"导入数据表向导"的下一个对话框。

图 2.15　选中"带分隔符"单选按钮

④ 在该对话框中选中"第一行包含字段名称"复选框，如图 2.16 所示，单击"下一步"按钮，弹出"导入数据表向导"的下一个对话框。

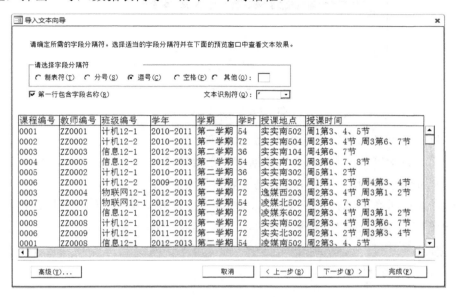

图 2.16   选中"第一行包含字段名称"复选框

⑤ 如果不准备导入"学号"字段，则单击"学号"字段，再选中"不导入字段(跳过)"复选框。在此取消选中该复选框，完成后单击"下一步"按钮，弹出"导入文本向导"的下一个对话框。

⑥ 选中"不要主键"单选按钮，再单击"下一步"按钮，弹出"导入文本向导"的下一个对话框，指定将数据导入"学生选课及成绩"表中。

⑦ 单击"完成"按钮，弹出"导入文本向导"结果提示框，提示数据导入已经完成。完成之后，"教学管理系统.accdb"数据库会增加一个名为"教师授课信息"的数据表，内容是来自"教师授课信息.txt"的数据。

⑧ 选择表"教师授课信息"为操作对象，单击"设计"按钮，进入"表"结构设计窗口，设置主键为"课程编号"和"教师编号"。重新定义每个字段的字段名称、数据类型及字段大小等相关属性，如表 2.4 所示。

(3)将已经建好的数据库文件 b.accdb 中的"教师档案"表导入"教学管理系统.accdb"数据库中，数据表的名称为"教师档案"。

① 打开"教学管理系统.accdb"数据库，在数据库窗口中选择"外部数据"导入并链接组中的 Access 按钮命令，弹出"获取外部数据-Access 数据库"对话框。

② 在"查找范围"下拉列表框中指定文件所在的文件夹及文件名(该文件已经存在)。打开文件，再单击"确定"按钮。在导入对象中选择表"教师档案"项，如图 2.17 所示。

③ 单击"确定"按钮，再单击"保存步骤"中的"关闭"按钮，将数据表导入表"教师档案"。

图 2.17　指定导入对象

(4)将数据表"教师档案"导出为 Excel 文件。

① 打开"教学管理系统.accdb"数据库,在数据库窗口中选择"外部数据"导出组中的 Excel 按钮命令,弹出"导出-Excel 电子表格"对话框。

② 指定文件所在的文件夹及文件名,如图 2.18 所示。单击"确定"按钮,再单击"保存步骤"中的"关闭"按钮,将数据表导出为工作表"教师档案.xlsx"。

图 2.18　指定导出文件的文件名

(5)将数据表"课程名"导出为文本文件。

① 打开"教学管理系统.accdb"数据库,在数据库窗口中选择"外部数据"导出组中的"文本文件"按钮命令,弹出"导出-文本文件"对话框。

② 指定文件所在的文件夹及文件名。在"导出文本文件向导"对话框中选中"带分隔符"单选按钮,如图 2.15 所示,单击"下一步"按钮,在对话框中选中"第一行包含字段名称"复选框。

③ 单击"确定"按钮,再单击"保存步骤"中的"关闭"按钮,将数据表导出为文本文件"课程名.txt"。

实验 2.5　常用数据表操作

1. 实验目的

掌握 Access 常用的数据表操作。

2. 实验内容

(1)将"学生档案"表中学号为 201204001245 的学生信息列隐藏或者冻结。
(2)将"学生选课及成绩"表按课程编号进行排列。
(3)筛选"学生档案"表中是团员的学生。

3. 实验操作

(1)将"学生档案"表中学号为 201204001245 的学生信息列隐藏或者冻结。
①打开"学生档案"表，选中学号为 201204001245 的列。
②选择"开始"记录组的其他命令中的"隐藏列"（或冻结列）命令，便可以将所选的列隐藏（或冻结），而选择"取消隐藏列"命令（或取消对所有列的冻结），则可以将隐藏（或冻结）的列恢复，其他命令如图 2.19 所示。
③单击"保存"按钮，完成设置。

图 2.19　其他命令

(2)将"学生选课及成绩"表按课程编号进行排列。
①打开"学生选课及成绩"表，选中"课程编号"字段。
②右击选中的列，从弹出的快捷菜单中选择"升序排序"命令（若要降序排序，则单击"降序排序"命令），如图 2.20 所示。
③单击工具栏上的"保存"按钮，可以保存排序记录。

学号	学年	学期	课程编号	教师工号
201205001238	2010-2011	第一学期	0000	
201205001234	2010-2011	第一学期	0000	
201205001242	2012-2013	第一学期	0000	
201205001243	2012-2013	第一学期	0000	
201205001237	2012-2013	第二学期	0000	
201205001236	2012-2013	第二学期	0000	
201205001235	2010-2011	第一学期	0002	
201205001241	2010-2011	第一学期	0002	
201205001240	2010-2011	第一学期	0002	
201205001239	2010-2011	第一学期	0002	
201205001237	2012-2013	第一学期	0002	
201205001243	2012-2013	第一学期	0002	
201205001238	2011-2012	第二学期	0003	
201205001242	2012-2013	第一学期	0003	
201205001236	2012-2013	第二学期	0003	
201205001234	2011-2012	第二学期	0003	
			0005	
201205001236	2012-2013	第一学期	0005	
201205001234	2010-2011			

右键菜单：升序(S)、降序(O)、复制(C)、粘贴(P)、字段宽度(F)、隐藏字段(F)、取消隐藏字段(U)、冻结字段(Z)、取消冻结所有字段(A)、查找(F)…、插入字段(F)、修改查询(L)、修改表达式(E)、重命名字段(N)、删除字段(L)

记录: ⏮ ◀ 第 1 项(共 51 项) ▶ ⏭ ⏩ 无筛选器 搜索

图 2.20 选择要排序的字段

(3)筛选"学生档案"表中是团员的学生。

① 打开"学生档案"表，选中要参加筛选的一个字段中的全部或部分内容，这里选择"团员"项；然后右击选中的内容，再单击"等于"团员""命令，如图 2.21 所示。

② 单击工具栏上的"保存"按钮，可以保存筛选设置。

图 2.21 选定筛选内容

实验 2.6 建立表间关联关系

1. 实验目的

(1)学会分析表之间的关系，并创建合理的关系。

(2)掌握参照完整性的含义，并学会设置表间的参照完整性。

(3)理解"级联更新相关字段"和"级联删除相关记录"的含义。

(4)学会设置"级联更新相关字段"和"级联删除相关记录"。

2．实验内容

分析"教学管理系统.accdb"数据库中各表之间的关系，创建科学合理的关系。

3．实验操作

分析"教学管理系统.accdb"数据库中各表之间的关系，创建科学合理的关系。

(1)打开"教学管理系统.accdb"数据库。

(2)单击"数据库工具"|"关系"按钮 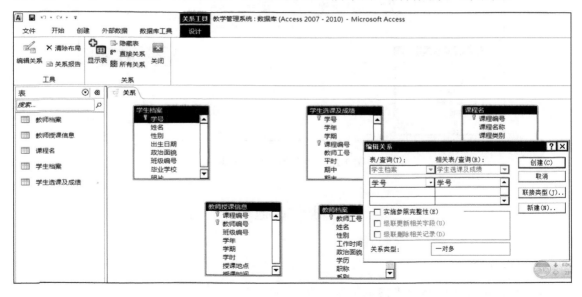，打开"关系"窗口。

(3)在"显示表"对话框中单击"学生档案"项，然后单击"添加"按钮，接着使用同样的方法将"课程名"、"学生选课及成绩"、"教师档案"、"教师授课信息"等表添加到"关系"窗口中。

(4)选定"学生档案"表中的"学号"字段，然后单击并将其拖拽到"学生选课及成绩"表中的"学号"字段上，释放鼠标，弹出如图 2.22 所示的"编辑关系"对话框。

图 2.22　弹出"编辑关系"对话框

如果在定义关系时选中了"实施参照完整性"复选框，则为表关系启用参照完整性。实施后，Access 将拒绝违反表关系参照完整性的任何操作。

如果在定义关系时选中了"级联更新相关字段"复选框，则当更改主表中记录的主键时，Microsoft Access 就会自动将所有相关记录中的主键值更新为新值。

注意：如果主表中的主键是一个自动编号字段，则选中"级联更新相关字段"复选框将不起作用，因为不能更改自动编号字段中的值。

如果在定义关系时选中了"级联删除相关记录"复选框，则当删除主表中的记录时，Microsoft Access 就会自动删除相关表中的相关记录。当在选中"级联删除相关记录"复选框的情况下从窗体或数据表中删除记录时，Microsoft Access 会警告相关记录也可能会被删除。然而，当使用删除查询删除记录时，Microsoft Access 将自动删除相关表中的记录而不显示警告消息。

（5）用同样的方法依次建立其他几个表间的关系，如图 2.23 所示。

（6）单击"关闭"按钮，这时 Access 询问是否保存布局的修改，单击"是"按钮即可保存所创建的关系。

表间建立关系后，在主表的数据表视图中能看到左边新增了带有"+"的一列，说明该表与另外的表（子数据表）建立了关系。通过单击"+"按钮可以看到子数据表中的相关记录。

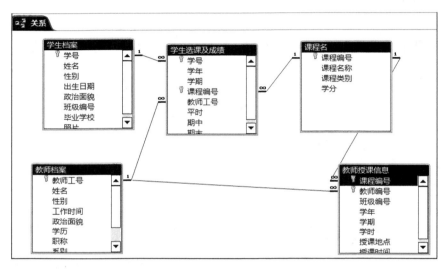

图 2.23　建立各表间的关系

习　　题

一、选择题

1．Access 提供的数据类型不包括（　　　）。

　　A．通用　　　　　　B．备注　　　　　　C．货币　　　　　　D．日期/时间

2．建立索引的目的是（　　　）。

　　A．可以快速地对数据表中的记录进行查找或排序

　　B．可以加快所有的操作查询的执行速度

　　C．可以基于单个字段创建，也可以基于多个字段创建

　　D．可以对所有数据类型建立索引

3．Access 可以导入或连接（　　　）数据源。

　　A．Access　　　　　B．FoxPro　　　　　C．Excel　　　　　D．以上皆可

4．利用 Access 2010 创建的数据库文件，其默认扩展名为（　　　）。

　　A．.accdb　　　　　B．.dbf　　　　　　C．.frm　　　　　　D．.mdb

5．Access 数据库中存储和管理数据的基本对象是（　　），它是具有结构的某个相同主题的数据集合。

　　A．窗体　　　　　　B．表　　　　　　C．工作簿　　　　　　D．报表

6．在 Access 数据库中，表就是（　　）。

　　A．关系　　　　　　B．记录　　　　　　C．索引　　　　　　D．数据库

7．下列选项中错误的字段名是（　　）。

　　A．已经发出货物客户　　B．通讯地址～1　　C．通讯地址.2　　D．1 通讯地址

8．数据表及查询是 Access 数据库的（　　）。

　　A．数据来源　　　　B．控制中心　　　　C．强化工具　　　　D．用于浏览器浏览

9．如果表中有"联系电话"字段，若要确保输入的联系电话值只能为 8 位数字，应将该字段的输入掩码设置为（　　）。

　　A．00000000　　B．99999999　　C．########　　D．????????

10．通配任何单个字母的通配符是（　　）。

　　A．#　　　　　　　B．!　　　　　　　C．?　　　　　　　D．[]

11．若输入文本时要达到密码显示"*"号的效果，则应设置的属性是（　　）。

　　A．默认值　　　　　B．标题　　　　　　C．密码　　　　　　D．输入掩码

12．要在输入某日期/时间型字段值时自动插入当前系统日期，应在该字段的默认值属性框中输入（　　）表达式。

　　A．Date()　　　　B．Date[]　　　　C．Time()　　　　D．Time[]

13．数据表中的行称为（　　）。

　　A．字段　　　　　　B．数据　　　　　　C．记录　　　　　　D．数据视图

14．默认值设置通过（　　）操作来简化数据输入。

　　A．清除用户输入数据的所有字段　　　　B．用指定的值填充字段

　　C．消除了重复输入数据的必要　　　　　D．用与前一个字段相同的值填充字段

15．下列说法中正确的是（　　）。

　　A．在 Access 中，数据库中的数据存储在表和查询中

　　B．在 Access 中，数据库中的数据存储在表和报表中

　　C．在 Access 中，数据库中的数据存储在表、查询和报表中

　　D．在 Access 中，数据库中的全部数据都存储在表中

16．下列选项中正确的字段名称是（　　）。

　　A．Student.ID　　B．Student[ID]　　C．Student_ID　　　D．Student!ID

17．表示表的列的数据库术语是（　　）。

　　A．字段　　　　　　B．元组　　　　　　C．记录　　　　　　D．数据项

18．Access 中表和数据库的关系是（　　）。

　　A．一个数据库可以包含多个表　　　　　B．一个表只能包含两个数据库

　　C．一个表可以包含多个数据库　　　　　D．一个数据库只能包含一个表

19．可以输入任何一个字符或者空格的输入掩码是（　　）。

　　A．0　　　　　　　B．#　　　　　　　C．&　　　　　　　D．C

20. 下列关于输入掩码的叙述中，错误的是（　　）。

　　A. 在定义字段的输入掩码时，既可以使用输入掩码向导，也可以直接使用字符

　　B. 定义字段的输入掩码是为了设置密码

　　C. 输入掩码中的字段 0 表示可以选择输入数字 0～9 的一个数

　　D. 直接使用字符定义输入掩码时，可以根据需要将字符组合起来

21. 要从学生关系中查询学生的姓名和班级所进行的查询操作属于（　　）。

　　A. 选择　　　　　B. 投影　　　　　C. 连接　　　　　D. 自然连接

22. 下列选项中能描述输入掩码 "&" 字符含义的是（　　）。

　　A. 可以选择输入任何字符或一个空格　　　B. 必须输入任何字符或一个空格

　　C. 必须输入字母或数字　　　　　　　　　D. 可以选择输入字母或数字

23. 关于自动编号数据类型，下列描述正确的是（　　）。

　　A. 自动编号数据为文本型

　　B. 某表中有自动编号字段，当删除所有记录后，新增加的记录的自动编号从 1
　　　 开始

　　C. 自动编号数据类型一旦被指定，就会永久地与记录连接

　　D. 自动编号数据类型可自动进行编号的更新，当删除已经编号的记录后，自动
　　　 进行自动编号类型字段的编号更改

24. 下面说法中，错误的是（　　）。

　　A. 文本型字段最长为 255 个字符

　　B. 要得到一个计算字段的结果，仅能运用总计查询来完成

　　C. 在创建一对一关系时，要求两个表的相关字段都是主关键字

　　D. 创建表之间的关系时，正确的操作是关闭所有打开的表

25. 输入数据时，如果希望输入的格式标准保持一致，或希望检查输入时的错误，可以（　　）。

　　A. 控制字段大小　　B. 设置默认值　　C. 定义有效性规则　　D. 设置输入掩码

二、填空题

1. _____是数据库中用来存储数据的对象，是整个数据库系统的基础。

2. 自动编号及_____、_____、_____、_____的数据类型不能建立索引。

3. 在输入数据时，如果希望输入的格式标准保持一致或希望检查输入时的错误，可以通过设置字段的_____属性来设置。

4. 通过设计_____及_____复选框，可以覆盖、删除或更改相关记录的限制，同时仍然保留参照完整性。

5. _____数据类型可以用于为每个新记录自动生成数字。

6. 表是数据库中最基本操作_____之一，也是数据库其他对象的_____和操作基础。

7. 在对表进行操作时是把_____与表的内容分开进行操作的。

8. 修改表结构只能在_____视图中完成。

9．如果某一字段没有设置显示标题，则系统将_____设置为字段的显示标题。

10．字段的有效性规则是在给字段输入数据时所设置的_____。

11．在同一个数据库中的多张表，若想建立表间的关联关系，就必须给表中的某字段建立_____。

12．修改字段包括修改字段的名称、_____、说明等。

13．备注类型字段可以存放_____个字符。

14．一般情况下，一个表可以建立_____主键。

15．在 Access 的数据表中，必须为每个字段指定一种数据类型。字段的数据类型有_____、_____、_____、_____、_____、_____、_____、_____、_____和_____。

三、简答题

1．简述使用表设计视图创建表的基本步骤。

2．有效性文本的作用是什么？

3．在表对象中，对主键有什么要求？

4．为什么要定义一个表和与之相关的表中的记录间的关联关系？

5．简述实体完整性、参照完整性、用户自定义完整性。

第3章 查询设计和 SQL

实验 3.1 简单查询向导

1. 实验目的

使用"简单查询向导"创建查询。

2. 实验内容

从"教学管理系统"数据库的"学生档案"表中查询学生的学号、姓名、班级。

3. 实验操作

(1)打开"教学管理系统"数据库，单击"创建"选项卡，如图 3.1 所示。

图 3.1 "创建"选项卡

(2)在图 3.1 所示界面中单击"查询向导"按钮，进入"新建查询"对话框，如图 3.2 所示。

图 3.2 "新建查询"对话框

(3)在图 3.2 所示的对话框中选择"简单查询向导"选项，再单击"确定"按钮，进入"简单查询向导"对话框一，如图 3.3 所示。

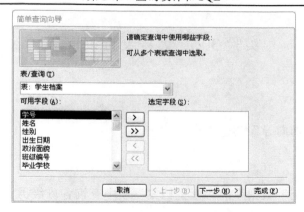

图 3.3 "简单查询向导"对话框一

(4)在图 3.3 所示的对话框中选择"表/查询"下拉列表框中的"表：学生档案"选项。在"可用字段"列表框中双击"学号"、"姓名"和"班级编号"字段，就可将其添加到"选定字段"列表框中。单击"下一步"按钮，进入"简单查询向导"对话框二，如图 3.4 所示。

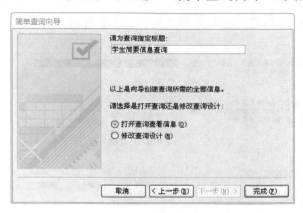

图 3.4 "简单查询向导"对话框二

(5)在图 3.4 所示的对话框中为所作查询指定标题"学生简要信息查询"，单击"完成"按钮，就可看到查询运行的结果，如图 3.5 所示。

图 3.5 实验 3.1 查询结果

实验 3.2 交叉表查询向导

1. 实验目的

使用"交叉表查询向导"创建查询。

2. 实验内容

从"教学管理系统"数据库的"学生档案"表中查询各班级男女学生的政治面貌。

3. 实验操作

(1)同实验 3.1 的步骤(1)。

(2)同实验 3.1 的步骤(2)。

(3)在图 3.2 所示界面中选择"交叉表查询向导"选项,然后单击"确定"按钮,出现图 3.6 所示的"交叉表查询向导"对话框一。

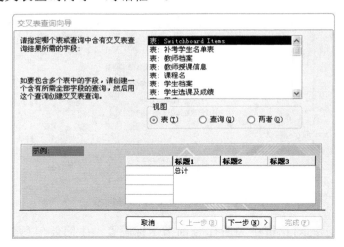

图 3.6 "交叉表查询向导"对话框一

(4)选择"表:学生档案"选项,单击"下一步"按钮,出现如图 3.7 所示的"交叉表查询向导"对话框二。先双击"可用字段"列表框中的"政治面貌"字段,再双击"性别"字段,它们将作为交叉表查询的行标题。

(5)单击"下一步"按钮,出现如图 3.8 所示的"交叉表查询向导"对话框三,选择"班级编号"作为列标题。

(6)单击"下一步"按钮,出现如图 3.9 所示的"交叉表查询向导"对话框四,选择按学号计数作为统计结果。

(7)单击"下一步"按钮,指定查询的名称为"各班级政治面貌统计表"。单击"完成"按钮,产生的查询结果如图 3.10 所示。

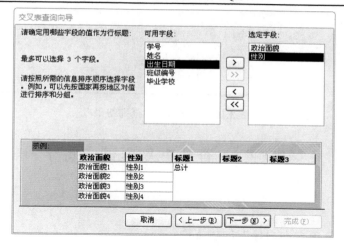

图 3.7　"交叉表查询向导"对话框二

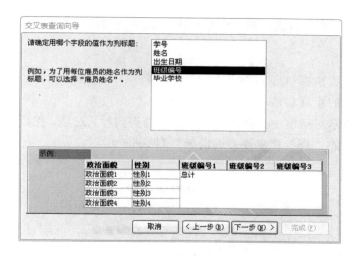

图 3.8　"交叉表查询向导"对话框三

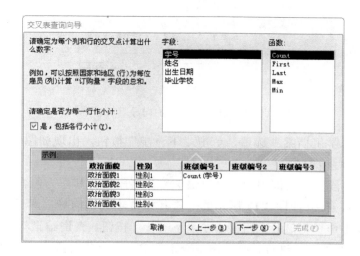

图 3.9　"交叉表查询向导"对话框四

政治面貌	性别	总计 学号	计机12-1	计机12-2	计经12-1	物联网12-1	信息12-1	卓计13-1
群众 男	男	1				1		
群众	女	1	1					
团员	男	7	1	3	1	1	1	
团员	女	3		1				1
预备党员	女	2					1	1

图 3.10　实验 3.2 的查询结果

实验 3.3　查找重复项查询向导

1. 实验目的

使用"查找重复项查询向导"创建查询。

2. 实验内容

从"教学管理系统"数据库的"学生档案"表中查询该数据库中各班级学生的人数。

3. 实验操作

(1)同实验 3.1 的步骤(1)。

(2)同实验 3.1 的步骤(2)。

(3)在图 3.2 所示对话框中选择"查找重复项查询向导"选项,然后单击"确定"按钮,出现如图 3.11 所示的"查找重复项查询向导"对话框一。

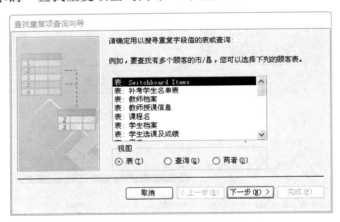

图 3.11　"查找重复项查询向导"对话框一

(4)选择"表:学生档案"选项,单击"下一步"按钮,出现如图 3.12 所示的"查找重复项查询向导"对话框二。

(5)在"可用字段"列表框中双击"班级编号"字段,将其作为包含重复值的字段,单击"下一步"按钮,打开如图 3.13 所示的"查找重复项查询向导"对话框三。

(6)在这一步不作任何选择,直接单击"下一步"按钮,查询结果将把同一班级的学生作为一组,对该组中的学号进行计数。指定查询的名称为"各班级人数统计",单击"完成"按钮,产生的查询结果如图 3.14 所示。

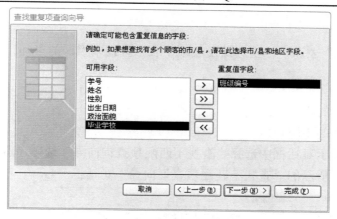

图 3.12 “查找重复项查询向导”对话框二

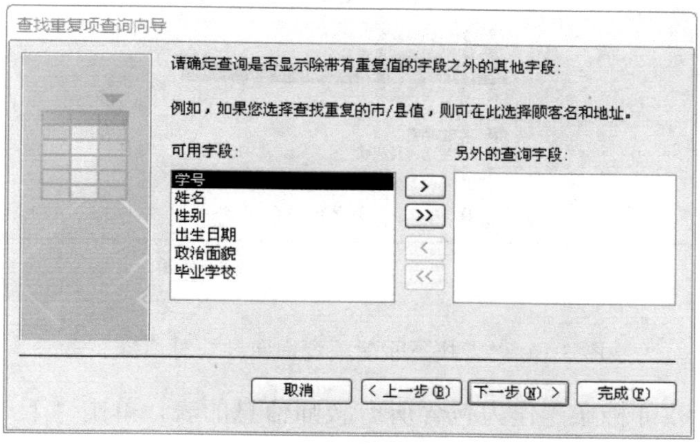

图 3.13 “查找重复项查询向导”对话框三

各班级人数统计

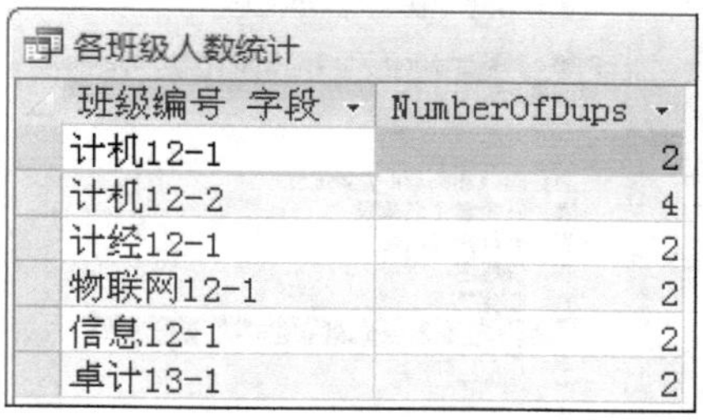

班级编号 字段	NumberOfDups
计机12-1	2
计机12-2	4
计经12-1	2
物联网12-1	2
信息12-1	2
卓计13-1	2

图 3.14 各班级人数统计

实验 3.4 查找不匹配项查询向导

1. 实验目的

使用“查找不匹配项查询向导”创建查询。

2. 实验内容

从"教师档案"表和"学生选课及成绩"表中查询未授课的老师。

3. 实验操作

(1) 同实验 3.1 的步骤(1)。

(2) 同实验 3.1 的步骤(2)。

(3) 在图 3.2 所示对话框中选择"查找不匹配项查询向导"选项，然后单击"确定"按钮，出现如图 3.15 所示的"查找不匹配项查询向导"对话框一。

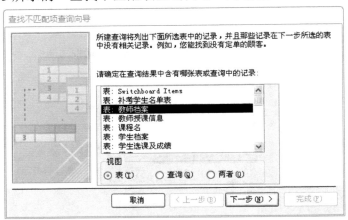

图 3.15 "查找不匹配项查询向导"对话框一

(4) 选择"表：教师档案"作为包含所有教师信息的表，单击"下一步"按钮，出现如图 3.16 所示的"查找不匹配项查询向导"对话框二。

图 3.16 "查找不匹配项查询向导"对话框二

(5) 选择"表：学生选课及成绩"作为包含所有上课教师信息的表，然后单击"下一步"按钮，打开如图 3.17 所示的"查找不匹配项查询向导"对话框三。

(6) 以两个表的共同字段"教师工号"作为匹配字段，单击"下一步"按钮，打开"查找不匹配项查询向导"对话框四，如图 3.18 所示。

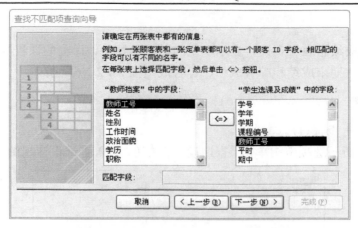

图 3.17　"查找不匹配项查询向导"对话框三

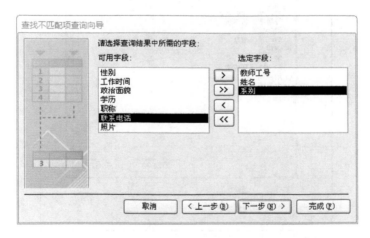

图 3.18　"查找不匹配项查询向导"对话框四

(7)选择教师工号、姓名和系别，单击"下一步"按钮。指定查询的名称为"未授课教师名单"，单击"完成"按钮，产生的查询结果如图 3.19 所示。

图 3.19　实验 3.4 的查询结果

实验 3.5　查询设计视图(一)

1. 实验目的

利用查询设计视图创建多表查询，在设计视图中设置排序，在字段栏中输入表达式进行计算。

2. 实验内容

创建一个"成绩总表"查询，显示学生的学号和姓名、课程的课程号和课程名、平时成绩、期中成绩、期末成绩和综合成绩，综合成绩按 2：2：6 计算。

3. 实验操作

(1) 同实验 3.1 步骤(1)。

(2) 在图 3.1 所示选项卡中单击"查询设计"按钮，进入查询设计视图，如图 3.20 所示。

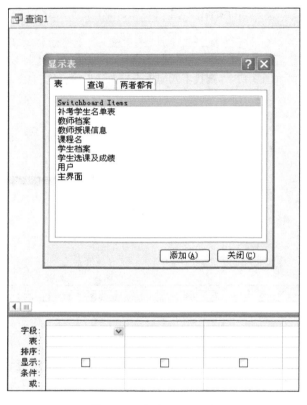

图 3.20　查询设计视图

(3) 双击"显示表"对话框中的"课程名"表、"学生选课及成绩"表和"学生档案"表，就可把这 3 个表添加到该查询设计中。关闭"显示表"对话框，按图 3.21 所示进行设计。

① 添加字段：双击"学生档案"表中的"学号"和"姓名"字段，双击"课程名"表中的"课程号"和"课程编号"字段，双击"学生选课及成绩"表中的"平时"、"期中"和"期末"字段。

② 输入表达式"综合成绩: [平时]*0.2+[期中]*0.2+[期末]*0.6"。

(4) 单击 ! 按钮，或切换到数据表视图查看结果，如图 3.22 所示。

(5) 保存该查询为"成绩总表"。

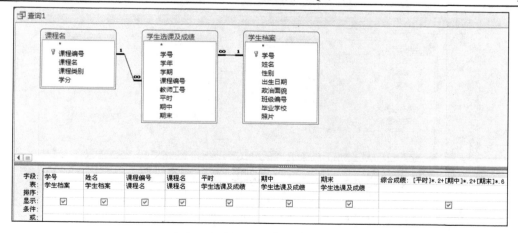

图 3.21　实验 3.5 的查询设计

学号	姓名	课程编号	课程名	平时	期中	期末	综合成绩
20120500123	曾源	0002	c语言	76	86	83	82.2
20120500123	曾源	0006	Java程序设计	86	80	82	82.4
20120500124	徐盛	0002	c语言	78	88	80	81.2
20120500124	徐盛	0006	Java程序设计	90	84	83	84.6
20120500124	杨娅	0002	c语言	80	86	82	82.4
20120500124	杨娅	0006	Java程序设计	89	85	84	85.2
20120500124	张佳然	0003	VB程序设计	87	82	95	90.8
20120500124	张佳然	0007	编译原理	76	84	85	83
20120500124	张佳然	0001	操作系统	85	88	94	91
20120500124	张佳然	0012	Web网页设计	63	61	43	50.6
20120500124	郭凯	0003	VB程序设计	82	80	83	82.2

图 3.22　实验 3.5 的查询结果

实验 3.6　查询设计视图(二)

1. 实验目的

使用准则筛选记录。

2. 实验内容

查找姓张或姓郭的 22 岁团员。

3. 实验操作

(1) 同实验 3.5 步骤(1)。

(2) 同实验 3.5 步骤(2)。

(3) 按照图 3.23 所示进行设计。

(4) 切换到数据表视图查看结果。

(5) 保存查询。

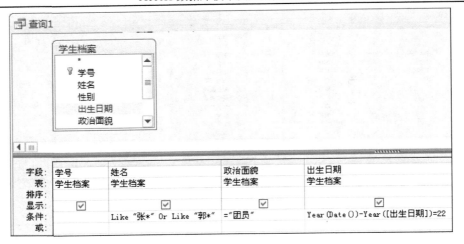

图 3.23　实验 3.6 的查询设计

实验 3.7　查询设计视图(三)

1. 实验目的

使用查询进行统计计算。

2. 实验内容

计算每门课程期末成绩的最高分、最低分和平均分,显示课程编号、课程名、最高分、最低分。

3. 实验操作

(1)同实验 3.5 步骤(1)。
(2)同实验 3.5 步骤(2)。
(3)按照图 3.24 所示进行设计。

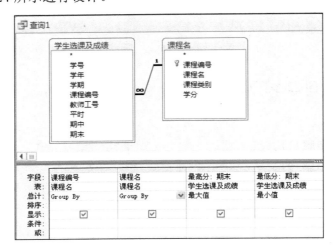

图 3.24　实验 3.7 的查询设计

（4）切换到数据表视图查看结果。
（5）保存查询。

实验 3.8　查询设计视图（四）

1．实验目的

掌握参数查询和查询属性。

2．实验内容

建立一个成绩查询，使学生可以输入自己的学号查询其成绩，并且学生不能在查询中修改成绩。

3．实验操作

（1）同实验 3.5 步骤（1）。
（2）同实验 3.5 步骤（2）。
（3）按照图 3.25 所示进行设计。

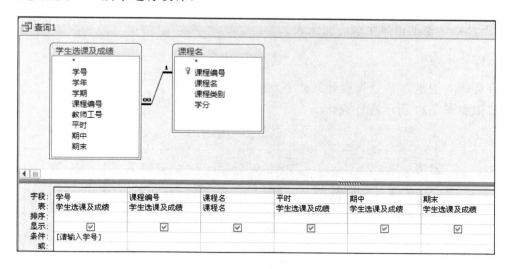

图 3.25　实验 3.8 的查询设计

（4）选择查询设计工具栏的 属性表 项，在"属性表"窗格中将"记录集类型"设置为"快照"，如图 3.26 所示。
（5）切换到数据表视图查看结果，并尝试修改成绩。
（6）保存查询。

图 3.26　实验 3.8 的查询属性设置

实验 3.9　操作查询(一)

1.　实验目的

掌握生成表查询的方法。

2.　实验内容

将不及格学生的信息生成一张新表。

3.　实验操作

(1)选择"创建"|"查询设计"命令。
(2)按照图 3.27 所示进行设计。

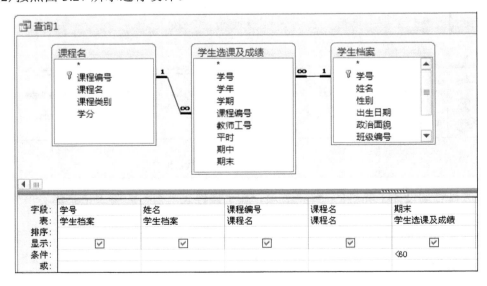

图 3.27　实验 3.9 的查询设计

(3)在查询设计工具栏中选择"生成表"项，系统弹出如图 3.28 所示的"生成表"对话框。在"表名称"组合框中输入"补考学生名单表"，单击"确定"按钮。

图 3.28 "生成表"对话框

(4)运行该查询，并将查询结果记录到新表中。

(5)打开补考学生名单表，查看操作结果。

实验 3.10 操作查询(二)

1. 实验目的

掌握追加查询的方法。

2. 实验内容

增加一门课程，相关信息如下：课程编号为 0017，课程名为算法设计与分析，课程类别为任选，学分为 2。

3. 实验操作

(1)选择"创建"|"查询设计"命令。

(2)在查询设计工具栏中选择"追加"项，Access 将弹出"追加"对话框，如图 3.29 所示，在"表名称"组合框中选择"课程名"项。

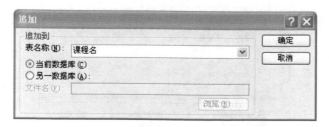

图 3.29 "追加"对话框

(3)按图 3.30 所示进行查询设计。

(4)运行该查询，系统显示一个消息框，询问是否要进行追加，单击"是"按钮，系统开始追加记录。

(5)打开"课程名"表，查看操作结果。

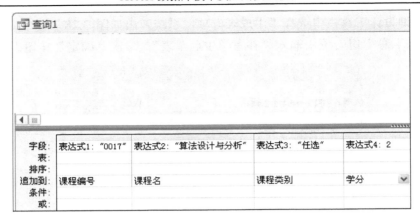

图 3.30　实验 3.10 的查询设计

实验 3.11　操作查询(三)

1. 实验目的

掌握更新查询的方法。

2. 实验内容

在实验 3.10 的基础上,将课程编号为 0017 的课程类型改为限选,学分改为 3。

3. 实验操作

(1)选择"创建"|"查询设计"命令。

(2)在查询设计工具栏中选择"更新"选项。

(3)按照图 3.31 所示进行查询设计。

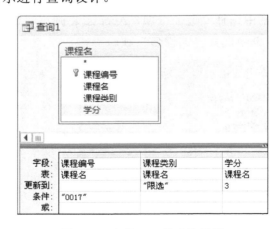

图 3.31　实验 3.11 的查询设计

　　(4)运行该查询,系统显示一个消息框,询问是否要进行更新,单击"是"按钮,系统开始更新记录。

　　(5)打开"课程名"表,查看操作结果。

实验 3.12　操作查询(四)

1. 实验目的

掌握删除查询的方法。

2. 实验内容

在实验 3.11 的基础上，删除课程编号为 0017 的课程。

3. 实验操作

(1)选择"创建"|"查询设计"命令。
(2)在查询设计工具栏中选择"删除"选项。
(3)按图 3.32 所示进行查询设计。

图 3.32　实验 3.12 的查询设计

　　(4)运行该查询，系统显示一个消息框询问是否要删除记录，单击"是"按钮，系统开始删除记录。
　　(5)打开"课程名"表，查看操作结果。

习　　题

一、选择题

1. 使用_____可以对表中的数据进行统计和分析。
　　A. 选择查询　　　B. 参数查询　　　C. 交叉表查询　　　D. 操作查询
2. 操作查询不包括_____。
　　A. 追加查询　　　B. 删除查询　　　C. 更新查询　　　D. 联合查询
3. SELECT 语句是根据_____子句进行分组的。

　　A．FROM　　　　　B．WHERE　　　　C．GROUP　　　　　　D．ORDER

4．_____对数据的横向筛选，即查询满足一定条件的记录。

　　A．选择查询　　　　B．准则查询　　　C．交叉表查询　　　　D．操作查询

5．用_____可以在两个表中查询一个表有而另一个表没有的记录。

　　A．选择查询　　　　B．联合查询　　　C．查找不匹配项查询　　D．操作查询

二、填空题

1．数据库的真正优点是具有很强的_____和_____能力。

2．_____就是根据给定的条件，从数据库的表中筛选出符合条件的记录，构成用户需要的数据集合。

3．_____记录集是不可修改的。

4．Access 提供了两种建立查询的方法，一种方法是使用_____，另一种方法是使用_____。

5．数据查询是数据库的核心操作。SQL 的数据查询只有一条_____语句，却是用途最广泛的一条语句，具有灵活的使用方式和丰富的功能。

三、简答题

1．简述查询的五种视图及其作用。

2．简述用设计视图创建查询的步骤。

3．简述 SELECT 语句的执行过程。

第4章 窗体设计

实验 4.1 使用窗体向导创建窗体

1. 实验目的

(1)掌握使用窗体向导创建窗体的方法。
(2)掌握使用设计视图修改窗体的方法。

2. 实验内容

以"学生档案"表为记录源设计"学生档案"窗体，要求窗体是纵栏式，显示全部字段，并修改窗体和部分控件的属性。

3. 实验操作

(1)使用向导创建初步窗体：选择表对象中的"学生档案"表，切换到"创建"选项卡，在窗体组单击"窗体向导"按钮，在如图 4.1(a)～图 4.1(c)所示的窗体向导中，第 1 步选择显示全部字段，第 2 步窗体布局选择"纵栏表"，第 3 步设定窗体标题为"学生档案"。

(2)修改控件属性：切换至窗体的设计视图，双击打开"学号"文本框控件的属性表，修改其背景色为#FFFF66，照片绑定对象框的边框样式设置为透明；将窗体页眉节的标题标签的前景色改为黑色(#000000)，主体节所有标签的前景色改为黑色(#000000)。

(3)设置窗体属性：双击窗体选定器，打开窗体属性表，设置窗体的记录选择器为否，滚动条为两者均无，最大最小化按钮为无，如图 4.1(d)所示；设定窗体的主题为"波形"，完成后的窗体效果如图 4.2 所示。

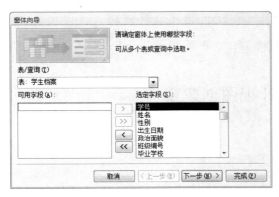

(a)

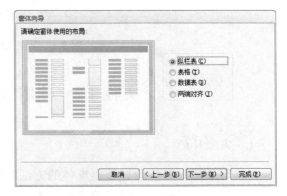

(b)

(c)　　　　　　　　　　　　　　　(d)

图 4.1　"学生档案"窗体的创建过程

图 4.2　"学生档案"窗体效果

实验 4.2　使用设计视图创建窗体

1. 实验目的

(1)掌握使用窗体向导创建窗体的方法。

(2)掌握使用设计视图修改窗体的方法。

(3)掌握创建常用控件的方法。

2. 实验内容

以"学生选课及成绩"表为记录源设计"成绩录入"窗体，要求打开窗体时处于输入数据的状态，并可以使用列表选择课程编号和教师工号，添加"总评"文本框计算总评成绩。窗体最终效果如图 4.3 所示。

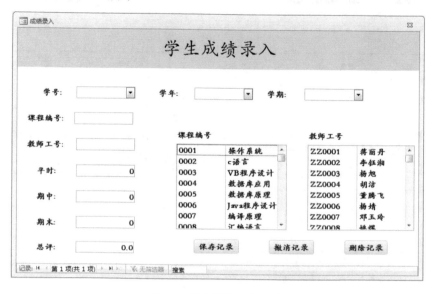

图 4.3 "成绩录入"窗体

3. 实验操作

(1)使用向导创建初步窗体：选中表对象中的"学生选课及成绩"表，再单击"创建"选项卡，在窗体组单击"窗体向导"按钮，在弹出的向导对话框中选择显示所有字段，布局为纵栏表，标题设置为"成绩录入"。

(2)重设"学号"文本框控件：切换至窗体的设计视图，选择"学号"文本框，按Delete 键删除。点击控件工具箱中的组合框控件，在窗体主体节单击，弹出组合框向导，按照图 4.4(a)～(g)所示的步骤创建"学号"组合框。

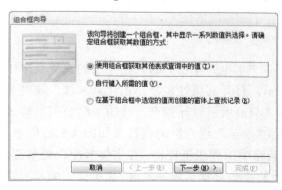

(a)

(b)

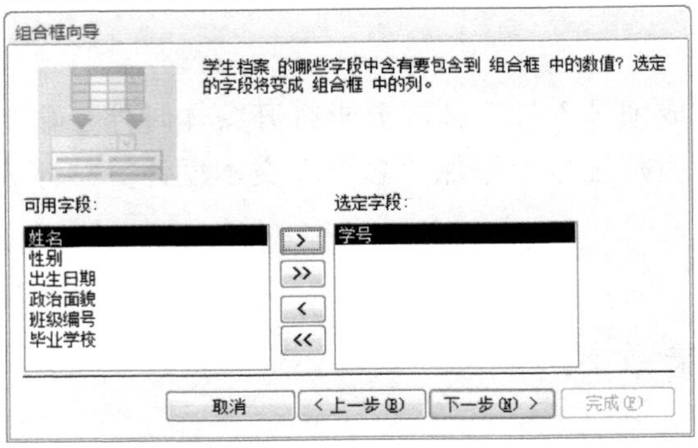

(c)

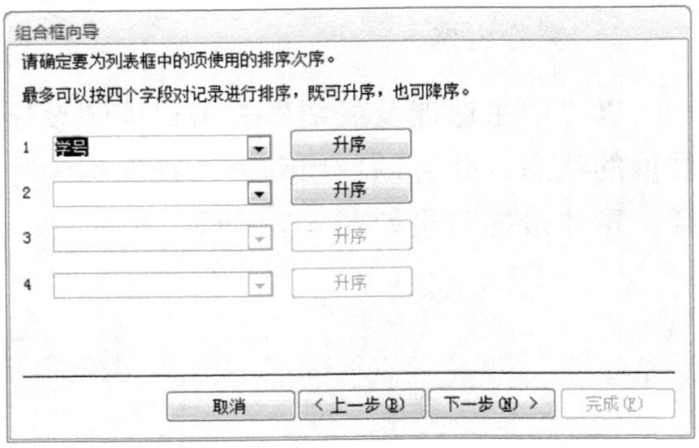

(d)

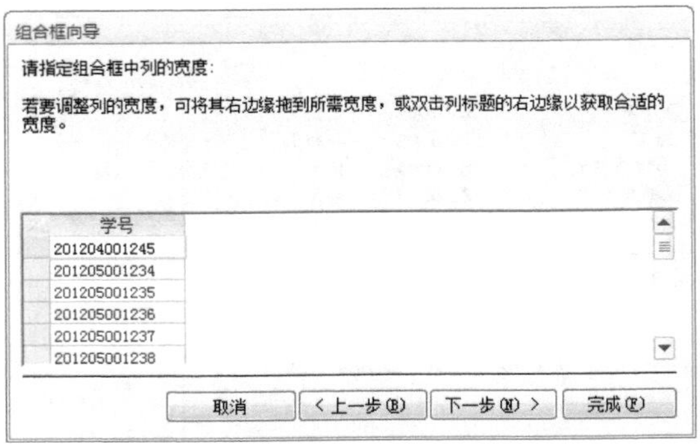

(e)

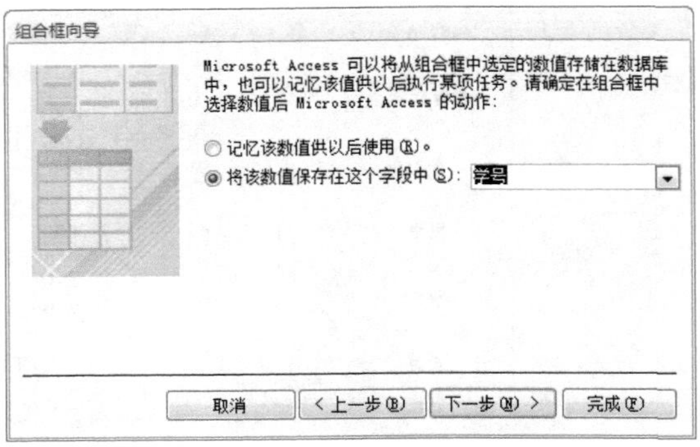

(f)

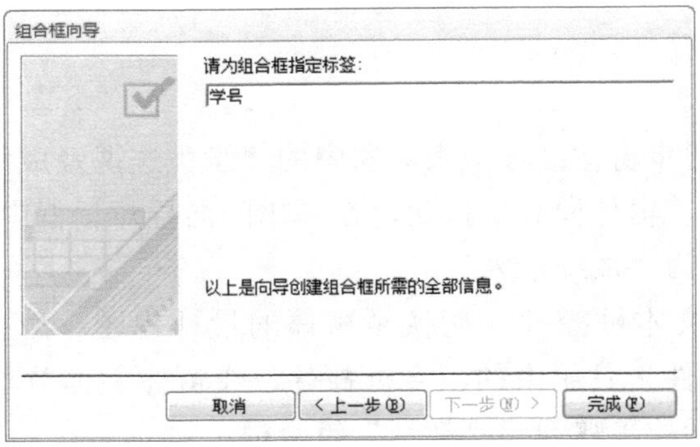

(g)

图 4.4　更改"学号"控件

　　(3)重设"学期"文本框控件：选择"学期"文本框并单击右键，在弹出的快捷菜单中选择"更改为"|"组合框"命令，如图 4.5 所示。打开其属性表，单击"行来源"属性旁的生成按钮，在弹出的查询生成器中，按照图 4.6(a)所示设计查询，按图 4.6(b)所示修改查询属性，将"唯一值"设为"是"，完成之后"学年"组合框的属性表如图 4.6(c)所示。

　　(4)创建"课程编号"列表框控件：单击工具箱中的列表框控件，在主体节空白处单击，在弹出的向导对话框中按照图 4.7(a)～(h)所示的步骤设置其数据来源，显示课程编号和课程名称。

图 4.5　更改"学期"控件类型

(a)

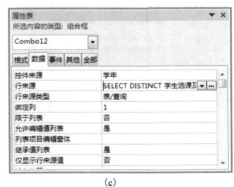

(b)　　　　　　　　　　　　　　　　　　(c)

图 4.6　"学年"组合框行来源设置

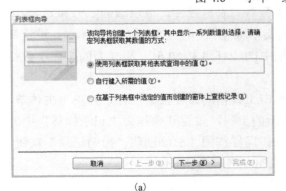

(a)

(b)

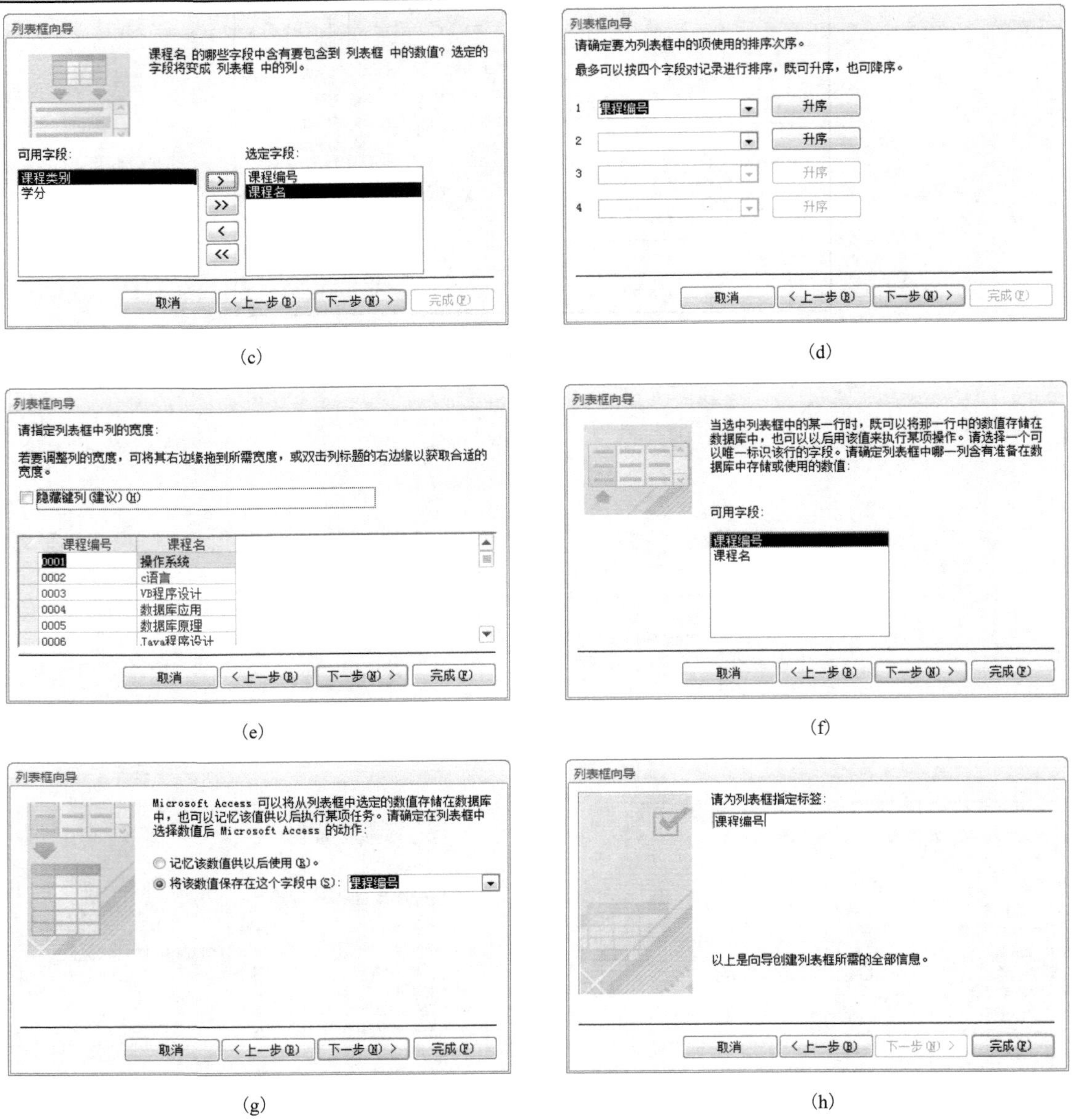

(c)

(d)

(e)

(f)

(g)

(h)

图 4.7　创建"课程编号"列表框

(5) 仿照上一步的方法再创建一个"教师工号"列表框控件，显示教师工号和姓名。

(6) 添加"总评"文本框：单击工具箱中的文本框控件，在主体节左下角单击，设置其名称为"总评"，控件来源为"=[平时]*0.2+[期中]*0.2+[期末]*0.6"，格式为固定，小数位数为 1 位。

(7) 在主体节右下角添加 3 个命令按钮：单击工具箱的命令按钮控件，并单击主体节，在弹出的对话框中按照图 4.8(a)和图 4.8(b)所示的步骤，设置其操作为"记录操作"中的"保存记录"，标题为"保存记录"，名称为 save；同样按图 4.8(c)创建"撤销记录"按钮、名称为 cancel，按图 4.8(d)创建"删除记录"按钮、名称为 delete。

(8) 修饰窗体：按照图 4.3 调整各控件的位置和大小；窗体页眉节的标题控件设置为 28

号、黑色；主体节所有控件和标签前景色为黑色、12 号、加粗。窗体属性为：记录选择器为否，滚动条为两者均无，最大最小化按钮为无，数据输入为是。至此，完成创建。最后效果如图 4.3 所示。

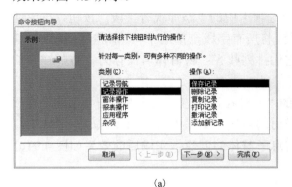

(a)

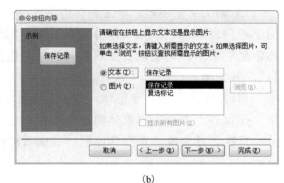

(b)

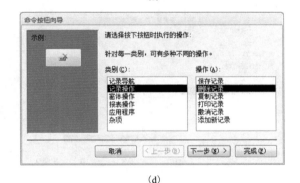

(c)

(d)

图 4.8 创建"保存记录"等 3 个命令按钮

实验 4.3 创建主/子窗体(一)

1. 实验目的

(1)掌握使用设计视图创建窗体的方法。
(2)掌握使用设计视图修改窗体的方法。
(3)掌握创建常用控件的方法。

2. 实验内容

以"教师档案"表和"教师授课信息"表为记录源设计"教师详细信息"的主/子窗体，要求分两个选项卡分别显示"教师档案"表的全部字段和"教师授课信息"表的部分字段信息，并且两页的数据存在关联关系。

3. 实验操作

(1)使用设计视图创建空白窗体：单击"创建"选项卡，在窗体组单击"窗体设计"按钮，出现一个空白窗体；设置窗体的属性表中的"记录源"为"教师档案"表。

（2）添加选项卡控件：单击工具箱中的选项卡控件，在窗体的主体节中单击，出现默认两页的选项卡，调整其大小和位置，并将选项卡的两个页标题分别设置为"基本信息"和"任课信息"。

（3）添加绑定字段：单击窗体组的"设计"选项卡中的"添加现有字段"按钮，在出现的字段列表中，按住 Shift 键分别单击首尾字段，将所有字段全部选中，然后将其拖动到"基本信息"页中，调整该页中的所有控件，使它们排列整齐；将窗体名保存为"教师详细信息"，并关闭窗体。

（4）使用向导创建子窗体：选中表对象中的"教师授课信息"表，再单击"创建"选项卡，在窗体组中单击"窗体向导"按钮，在弹出的向导对话框中按照图 4.9(a)～图 4.9(c)所示依次选择字段、布局和标题，完成教师信息子窗体的创建，完成后的效果如图 4.9(d)所示。

（a）　　　　　　　　　　　　　　　　　　　　　（b）

（c）　　　　　　　　　　　　　　　　　　　　　（d）

图 4.9　使用向导创建教师信息子窗体

（5）插入子窗体：打开"教师详细信息"窗体的设计视图，切换到"任课信息"选项卡，将上一步生成的教师信息子窗体拖动到该页面中，打开子窗体控件的属性表，确认数据选项卡中的"链接主字段"和"链接子字段"，如图 4.10 所示；调整子窗体控件大小和布局。

(6)设置窗体的属性：记录选择器为否，滚动条为两者均无，如图 4.11 所示。最后完成的效果如图 4.12 所示。

图 4.10　子窗体控件属性

图 4.11　窗体属性

图 4.12　"教师详细信息"窗体

实验 4.4 创建主/子窗体(二)

1. 实验目的

(1)掌握使用窗体向导创建窗体的方法。

(2)掌握创建主/子窗体的步骤。

(3)掌握计算控件的创建方法。

2. 实验内容

以"成绩"查询为记录源设计"学生详细信息"主/子窗体,要求窗体上方显示"学生档案"表的部分字段信息,下方嵌入"学生成绩子窗体",显示"成绩"查询的部分字段,主子窗体之间通过学号进行连接。

3. 实验操作

(1)创建主窗体:选择表对象中的"学生档案"表,单击"创建"选项卡,在窗体组单击"窗体向导"按钮,在弹出的向导对话框中按照图 4.13(a)~图 4.13(c)的步骤依次设置显示字段、窗体布局、窗体标题;将完成后的初步窗体切换到设计视图,调整主体节所有控件的位置,并设置所有控件的前景色为黑色;窗体页眉节的标题标签字号为 28,前景色为黑色;完成后的效果如图 4.13(d)所示。

(a)

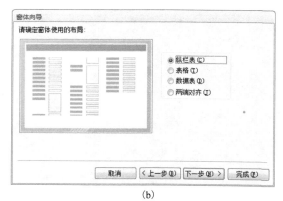
(b)

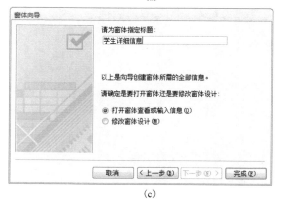
(c)

(d)

图 4.13 创建"学生详细信息"主窗体

（2）创建子窗体：选择查询对象中的"成绩"查询，单击"创建"选项卡，在窗体组单击"窗体向导"按钮，在弹出的向导对话框中按照图 4.14(a)～图 4.14(c)的步骤依次选择显示字段、窗体布局、窗体标题；完成后的效果如图 4.14(d)所示。

(a)

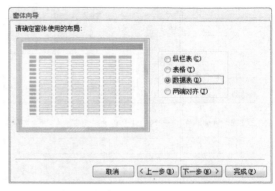

(b)

(c)

(d)

图 4.14　创建"学生成绩子窗体"

（3）在子窗体中添加计算控件：将完成后的"学生成绩子窗体"切换到设计视图，在窗体页脚区拉出合适高度的区域；在控件工具箱中单击文本框，在弹出的向导中单击"取消"按钮，设置文本框名称为 t_avg，控件来源为"=Avg([成绩])"；再创建一个文本框，设置其名称为 t_judge，控件来源为"=IIf([t_avg]>=60,"合格","不合格")"；该子窗体的设计视图如图 4.15 所示。

（4）向主窗体插入子窗体：打开"学生详细信息"主窗体，进入设计视图，拖动主体节下框线，留出合适大小的空白区域；从窗体对象中选中"学生成绩子窗体"并拖动到主窗体主体节的空白处，打开子窗体控件属性表，确认链接主字段和链接子字段均为"学号"，如图 4.16 所示；调整子窗体控件的位置和大小。

（5）在主窗体中添加计算控件：在"学生详细信息"主窗体的窗体页脚节中添加两个文本框控件，名称分别为 avg 和 judge；控件来源属性分别为"=[学生成绩子窗体].[Form]![t_avg]"和"=[学生成绩子窗体].[Form]![t_judge]"，可以按照图 4.17 在表达式生成器中快速设定；

将两个文本框及其附属标签设置为加粗、14 号；平均分文本框的格式设为固定，小数位数为 1 位。

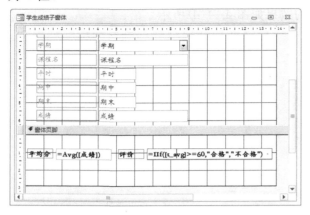

图 4.15 "学生成绩子窗体"设计视图　　　　图 4.16　子窗体控件属性表

图 4.17　设置计算控件的控件来源

（6）设置主窗体属性：记录选择器为否，滚动条为两者均无。完成后的学生详细信息窗体如图 4.18 所示。

图 4.18　完成后的"学生详细信息"窗体

实验 4.5 创建对话框窗体(一)

1. 实验目的

(1)掌握常见控件的创建方法。

(2)掌握对话框窗体的创建方法。

2. 实验内容

创建"登录"对话框,效果如图 4.19 所示,可以在两个文本框中分别输入用户名和密码,密码不显示明文而是"***";单击"确定"按钮运行宏"登录";单击"取消"按钮关闭登录窗体;单击"退出"按钮则退出 Access 应用程序。

图 4.19 "登录"窗体

3. 实验操作

(1)创建空白窗体:单击"创建"选项卡,在窗体组单击"窗体设计"按钮,Access 创建新的空白窗体,并处于设计视图中。

(2)添加标题:从控件工具箱中选择标签控件,在窗体主体节上方单击,输入内容为"欢迎使用教学管理系统";设置前景色为黑色,28 号;背景样式透明。

(3)添加"用户名"和"密码"文本框:从控件工具箱中选择"文本框"控件,拖动鼠标在窗体主体创建一个文本框,在弹出的向导对话框中设置文本框名称为 user;附属标签标题为"用户名:";再次创建一个文本框,在向导中设置名称为 password,附属标签标题为"密码:";文本框及其附属标签均设置其前景色为黑色,背景色为白色,加粗;文本框的输入掩码属性设为"密码"。

(4)添加"确定"按钮:单击控件工具箱中的命令按钮控件,在主体节左下角单击,在弹出的向导对话框中单击"取消"按钮,双击按钮打开属性表,将其标题设为"确定",名称设置为 ok,"单击"属性设置为"登录"(是一个宏)。

　　(5)添加"取消"按钮：再次单击工具箱中的命令按钮控件，在主体节下方中部单击，在弹出的向导对话框中按照图 4.20(a)～图 4.20(c)所示步骤设置：第 1 步选择命令按钮的操作为"窗体操作"类别中的"关闭窗体"；第 2 步指定按钮显示内容"取消"；第 3 步指定按钮的名称为 cancel；完成"取消"按钮的创建。

　　(6)添加"退出"按钮：再次单击工具箱中的命令按钮控件，在主体节下方中部单击，在弹出的向导对话框中按照图 4.20(d)～图 4.20(f)所示步骤进行设置：第 1 步选择命令按钮的操作为"应用程序"类别中的"退出应用程序"；第 2 步指定按钮显示内容"退出"；第 3 步指定按钮的名称为 quit；完成"退出"按钮的创建。

图 4.20　创建命令按钮

(7)修饰窗体：调整 3 个命令按钮的宽度均为 1.6cm，高度 0.85cm，字体加粗；水平间距相等。设定窗体的属性为：记录选择器为否，滚动条为两者均无，最大最小化按钮为无，边框样式为对话框边框，自动居中为是，图片为 bg.jpg，图片缩放模式为拉伸。

(8)切换至窗体视图，完成后的效果如图 4.19 所示。

实验 4.6　创建对话框窗体(二)

1．实验目的

(1)掌握常见控件的创建方法。
(2)掌握窗体和控件属性的修改方法。

2．实验内容

创建如图 4.21 所示的"教师综合查询"对话框窗体，要求单击按钮可以打开对应的查询，并对窗体进行美化。

图 4.21　"教师综合查询"窗体

3．实验操作

(1)创建空白窗体：单击"创建"选项卡，在窗体组单击"窗体设计"按钮，Access 自动创建一个空白的窗体并处于设计视图，右击窗体，在弹出的快捷菜单中选择"窗体页眉/页脚"命令。

(2)添加标题、矩形和直线：单击工具箱中的标签控件，在窗体页眉节单击，输入标签内容"教师综合查询"，字号为 26；字体为华文新魏；单击工具箱中的矩形控件，在主体节中画出矩形框，高度为 7cm，宽度为 12cm，边框宽度为 3pt，边框颜色为浅蓝色(#00B7EF)；再单击工具箱中的直线控件，将其竖直放置在矩形框中间，直线的高度、边框宽度和颜色与矩形框一致；直线将矩形框一分为二。

（3）添加命令按钮：单击工具箱中的命令按钮控件，将其放置在左半边矩形框中，在弹出的向导对话框中按照图 4.22（a）～（d）所示的步骤依次选择按钮的操作为查询、查询为"按教师工号查"，按钮标题为"按工号查询"，按钮名称为 cmd1。

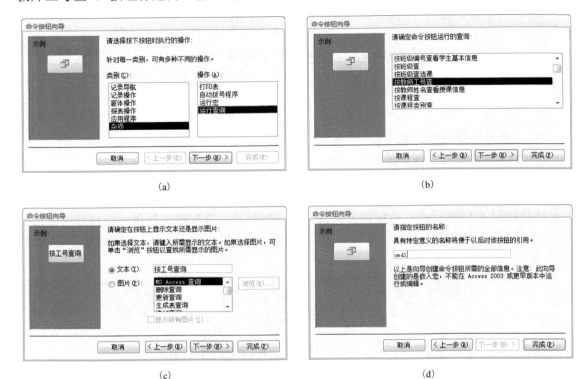

图 4.22　创建命令按钮

（4）仿照上一步依次添加其他 3 个按钮放在左半边矩形框内，操作为打开不同的查询，即按姓名查、按职称查、按系名查，标题分别为按姓名查询、按职称查询、按系名查询，名称分别为 cmd2、cmd3、cmd4。

（5）仿照步骤（3），依次添加 4 个按钮放在右半边矩形框内，操作同样是打开不同的查询，即按教师信息查看授课信息、教师授课名单、教师授课成绩、教师周学时统计，标题按图 4.21 设置，名称分别为 cmd5～cmd8。

（6）修改控件属性：将两组共 8 个按钮统一高度和宽度、垂直间距相等，并设置字号为 12 号；前景色为黑色、加粗；窗体页眉处的标题标签设置为 26 号字，前景色为黄色（#00B7EF），边框样式为实线，颜色为黄色。

（7）设置窗体属性：图片为 bg2.jpg，图片缩放模式为拉伸，记录选择器为否，导航按钮为否，滚动条为两者均无，最大最小化按钮为无。将窗体保存为"教师综合查询"，完成后的效果如图 4.21 所示。

仿照此例，还可以创建如图 4.23 所示的"学生综合查询"窗体和"课程与选课查询"窗体，方法基本一样。

图 4.23 另外的查询窗体

实验 4.7 创建图表窗体

1. 实验目的

掌握使用图表控件创建图表窗体的方法。

2. 实验内容

以"教师档案"查询为记录源设计分页式图表窗体"教师信息统计",分 3 页分别显示各系别、各职称、各学历的教师人数。

3. 实验操作

(1)创建空白窗体:单击"创建"选项卡,在窗体组单击"窗体设计"按钮,出现一个空白窗体,适当扩大主体节的区域。

(2)添加选项卡控件:单击控件工具箱中的选项卡控件,在主体节中单击"创建"选项卡,右击选项卡,在其快捷菜单中选择"插入页"命令,形成 3 页的选项卡,将 3 个页的标题分别设为"按系别统计"、"按职称统计"和"按学历统计";调整选项卡控件的大小。

(3)添加图表控件:选中"按系别统计"选项卡,单击控件工具箱中的图表控件,在弹出的向导对话框中按照图 4.24(a)～(e)所示的步骤分别设置图表来源、所用字段、图表类型、图表布局和图表标题,其中图 4.24(d)图表布局需要将"教师工号"拖动到左上角;完成后的效果图如图 4.24(f)所示。

(4)仿照上一步,在"按职称统计"和"按学历统计"选项卡中依次添加图表控件,不同之处仅在于图 4.24(b)的步骤中,要将"系别"分别替换为"职称"和"学历";完成后的效果分别如图 4.25(a)和图 4.25(b)所示。

(5)设置窗体属性:记录选择器为否,导航按钮为否,最大最小化按钮为无,滚动条为两者均无。

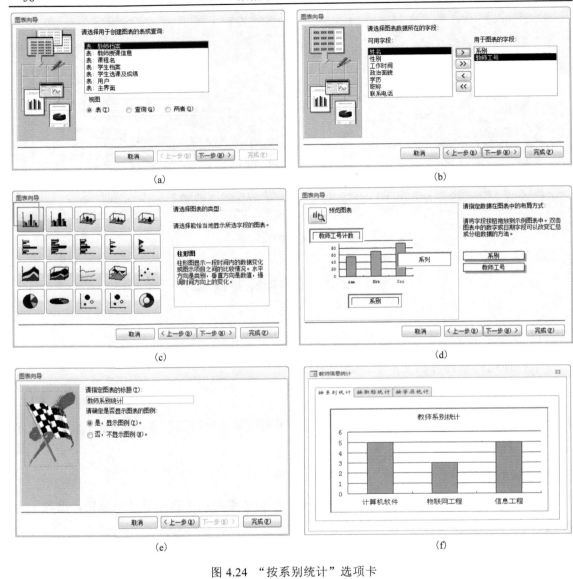

图 4.24 "按系别统计"选项卡

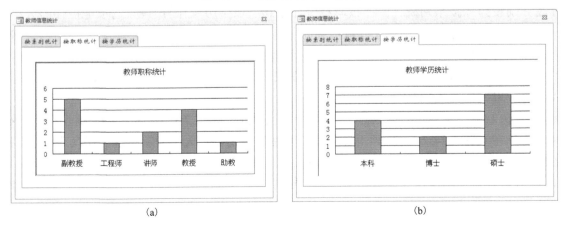

图 4.25 "按职称统计"和"按学历统计"选项卡

说明：若想修改图表类型，如改为饼状图，则应将图 4.24(c)和图 4.24(d)中依次修改为图 4.26(a)和图 4.26(b)所示内容，完成后双击图表区进入图表编辑状态；在绘图区右击，从弹出的快捷菜单中选择"图表选项"命令，按照图 4.26(c)所示添加百分比标签，并调整绘图区大小。完成后的教师职称统计饼状图如图 4.26(d)所示。

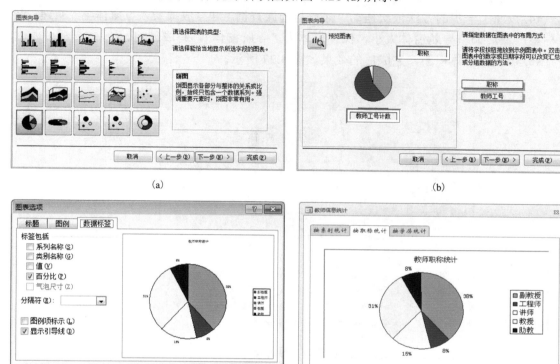

(a) (b)

(c) (d)

图 4.26 更改图表类型

实验 4.8 创建导航窗体

1. 实验目的

掌握创建导航窗体的方法。

2. 实验内容

创建一个导航窗体，要求导航标签在左侧，单击标签可以在 8 个窗体间切换，如图 4.27 所示。

3. 实验操作

(1)单击"创建"选项卡，在窗体组单击"导航"按钮，选择"垂直标签，左侧"选项，Access 自动创建空白窗体，并处于布局视图中。

（2）从窗体对象中将"学生档案"窗体拖动到"新建"导航标签处；再依次拖动"学生详细信息"和"学生综合查询"窗体到"新建"导航标签处。

（3）双击新建标签，空出一个单元格；拖动"教师详细信息"窗体到"新建"导航标签处，再依次拖动"教师信息统计"、"教师综合查询"窗体。

（4）按照上一步的方法依次拖动"课程与选课查询"和"成绩录入"窗体至"新建"导航标签；最后调整导航窗体大小，保存窗体为"导航窗体"，完成创建。

（5）切换至窗体视图，完成后的效果如图 4.27 所示。

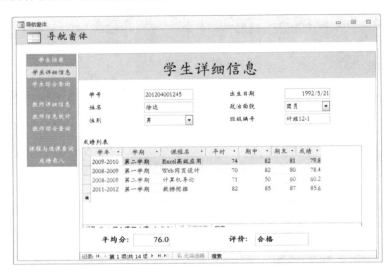

图 4.27　导航窗体

习　　题

一、选择题

1. 为窗体上的控件设置 Tab 键次序，应选择属性对话框中的（　　）选项卡。
　　A．格式　　　　　　B．数据　　　　　　　C．事件　　　　　　D．其他

2. 为命令按钮设置单击时所发生的动作，应选择其属性对话框中的（　　）选项卡。
　　A．格式　　　　　　B．事件　　　　　　　C．方法　　　　　　D．数据

3. 若要改变窗体的数据源，应设置的属性是（　　）。
　　A．记录源　　　　　B．控件来源　　　　　C．筛选查询　　　　D．默认值

4. 在"控件来源"属性中输入表达式"=[价格]*[数量]"，此控件的类型是（　　）。
　　A．绑定型　　　　　B．非绑定型　　　　　C．计算型　　　　　D．函数型

5. 使用文本框可以输入的数据是（　　）。
　　A．只有文本型数据
　　B．不能输入数字
　　C．可以输入文本、数字、日期、货币、备注、超链接型数据

　　　D. 可以输入 OLE 对象型数据

6. 一个窗体的记录源(　　　)。

　　　A. 只能设定为一个表或查询

　　　B. 只能设定为多个表

　　　C. 只能设定为多个查询

　　　D. 无论主窗体还是子窗体，记录源都只能设定为一个表或查询

7. 窗体"订单"上的文本框"总计"需要用到窗体上的其他两个文本框"小计"和"运货费"的值，那么它的控件来源表达式应该为"(　　　)"。

　　　A. =[订单].[Form]![小计]+ [订单].[Form]![运货费]

　　　B. =[小计 Text]+[运货费 Text]

　　　C. =[Form]![订单]![小计]+[Form]![订单]![运货费]

　　　D. =[小计]+[运货费]

8. 窗体"订单"上的文本框"小计"需要用到子窗体"订单子窗体"中的"单价"文本框和"数量"文本框的值，那么它的控件来源表达式应该为"(　　　)"。

　　　A. =[单价]*[数量]

　　　B. =[单价.Text]*[数量.Text]

　　　C. =[Forms]![订单子窗体]![单价]*[Forms]![订单子窗体]![数量]

　　　D. =[订单子窗体].[Form]![单价]* [订单子窗体].[Form]![数量]

9. 对于同一个数据表来说，关于它的数据表视图、对应查询的数据表视图和对应窗体的数据表视图，以下说法不正确的是(　　　)。

　　　A. 三者实际上是数据表的不同外在表现形式

　　　B. 外在表现形式可能是一样的

　　　C. 如果表现出来的形式一模一样，则没有必要设计查询和窗体

　　　D. 三者分属于三种不同的数据库对象，作用不一样

二、填空题

1. 窗体的数据源主要包括表和_____。

2. 对"是/否"型数据的输入，可以使用_____、_____、_____3 种控件。

3. 要设置窗体背景图像，需设置窗体的_____属性。

4. 若要改变控件的数据来源，则应设置的属性是_____。

5. 创建主/子窗体时，必须定义主/子窗体之间的_____。

6. 若看不见工具箱和字段列表，应该单击菜单的_____，或者单击_____的相关按钮。

7. 窗体页眉/页脚内容可以在_____和_____中显示，页面页眉/页脚内容只能在_____中显示。

8. 要想使窗体中的数据在运行时不允许更改，可设置窗体属性中的"_____"选项卡，其中的"允许设计更改"属性应改为"_____"。

9. "产品"表中的"类别"字段的数据类型是查阅向导型，则创建窗体时，从字段列表中将该字段拖动到窗体，生成的控件是_____类型的控件。

第 5 章 报 表 设 计

实验 5.1 使用"报表"按钮自动创建报表

1. 实验目的

掌握使用"报表"按钮自动创建报表的方法。

2. 实验内容

以"学生档案"表为数据源，自动创建"学生档案表"报表。

3. 实验操作

(1) 启动 Access 2010，打开"教学管理系统"数据库。

(2) 在 Access 导航窗格中选中"学生档案"表。

(3) 在"创建"选项卡的"报表"组中单击"报表"按钮，"学生档案表"报表立即创建完成，并且切换到布局视图，如图 5.1 所示。

学生档案表					2014年8月12日 20:32:12		
学号	姓名	性别	出生日期	政治面貌		班级编号	毕业学校
201204001245	徐达	男	1992/5/21	团员		计经12-1	洱源1中
201205001234	段雯	女	1993/12/12	群众		计机12-1	北京4中
201205001235	孙俊波	男	1992/12/30	团员		计机12-2	太原2中
201205001236	方哲楠	女	1993/1/23	预备党员		信息12-1	昆明3中
201205001237	祝玉坤	男	1992/4/2	团员		信息12-1	大理1中
201205001238	李锦恒	男	1990/11/3	团员		计机12-1	思茅2中
201205001239	曾源	男	1993/1/2	团员		计机12-2	昆明12中
201205001240	徐盛	男	1992/7/9	团员		计机12-2	曲靖2中

图 5.1 "学生档案表"报表

(4) 单击快速访问工具栏的"保存"按钮，弹出"另存为"对话框，输入报表名称"学生档案表"，单击"确定"按钮。

实验 5.2 使用报表向导创建报表

1. 实验目的

(1) 掌握使用报表向导创建表格式报表、纵栏式报表的方法。

(2) 掌握使用报表向导创建分组报表的方法。

2. 实验内容

（1）使用报表向导创建教师档案纵栏式报表，根据用户输入的教师编号输出其基本信息。

（2）以"课程名"、"学生选课及成绩"表为数据源，使用报表向导创建"课程平均分"报表，打印课程名、成绩，并输出各门课程的平均分、最低分、最高分。

3. 实验操作

1）创建"教师档案"纵栏式报表

（1）打开"教学管理系统"数据库，创建参数查询"按教师工号查"，其设计视图如图 5.2 所示。

图 5.2 "按教师工号查"查询

（2）在"创建"选项卡的"报表"组中单击"报表向导"按钮，在打开的对话框中选择数据源为查询"按教师工号查"，将其全部字段移动到"选定字段"列表框中，如图 5.3 所示。

图 5.3 选择数据源及字段

（3）单击"下一步"按钮，打开"报表向导"的第二个对话框，在该对话框中不进行分组设置，如图 5.4 所示。

（4）单击"下一步"按钮，打开如图 5.5 所示的排序对话框，在该对话框中不进行设置。

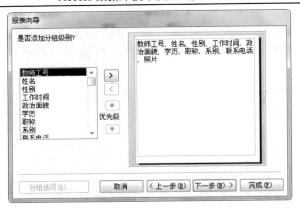

图 5.4　分组对话框

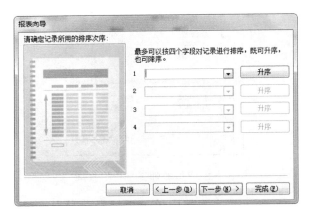

图 5.5　排序对话框

(5)单击"下一步"按钮，打开布局对话框，在"布局"选项区选择创建"纵栏式"报表，如图 5.6 所示。

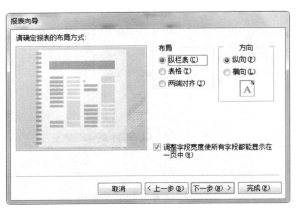

图 5.6　布局对话框

(6)单击"下一步"按钮，在打开的对话框中指定报表标题为"教师档案表"，如图 5.7 所示。

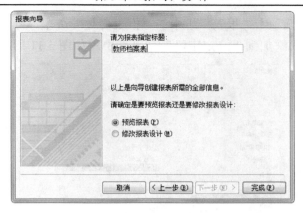

图 5.7 设置标题对话框

（7）单击"完成"按钮，完成报表的创建。报表运行时先在对话框中输入教师编号（图 5.8），然后才能打开该教师的档案预览，如图 5.9 所示。

图 5.8 "输入参数值"对话框   图 5.9 "教师档案表"预览

2）创建"课程平均分"报表

（1）在"教学管理系统"数据库中创建"成绩"查询，其设计视图如图 5.10 所示。

图 5.10 "成绩"查询设计视图

（2）选择"创建"选项卡"报表"组中的"报表向导"命令，将"成绩"查询中的"课程名"和"成绩"字段添加到"选定字段"列表框中，如图 5.11 所示。

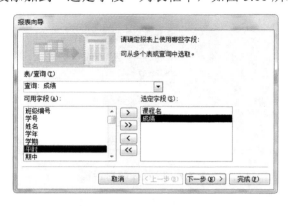

图 5.11　选择数据源及字段

（3）单击"下一步"按钮，在打开的对话框中选择"通过课程名"的方式来查看数据，如图 5.12 所示。

图 5.12　选择分组方式

（4）单击"下一步"按钮，在打开的对话框中设置排序方式为"成绩"字段的降序，如图 5.13 所示；单击"汇总选项"按钮，在打开的"汇总选项"对话框中选中成绩字段的"平均"、"最小"和"最大"复选框，如图 5.14 所示，单击"确定"按钮。

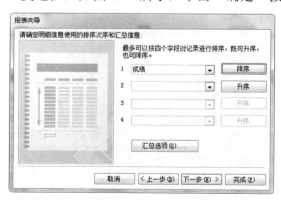

图 5.13　设置排序次序

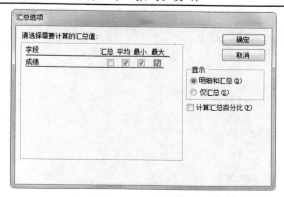

图 5.14　设置汇总方式

(5)单击"下一步"按钮，打开布局方式对话框(图 5.15)，使用默认布局方式。

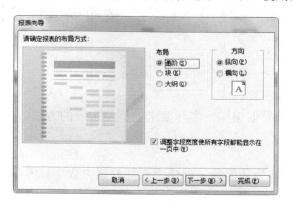

图 5.15　设置布局方式

(6)单击"下一步"按钮，在打开的对话框中指定报表标题为"课程平均分"，如图 5.16 所示。

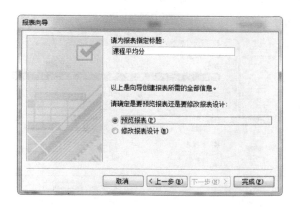

图 5.16　设置报表标题

(7)单击"完成"按钮，打开报表预览视图，如图 5.17 所示。

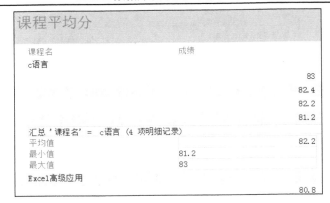

图 5.17　"课程平均分"报表

实验 5.3　使用"标签"按钮创建标签报表

1．实验目的

(1)理解标签报表的用途。

(2)掌握使用标签向导创建满足实际要求的标签报表的方法。

2．实验内容

以"教师档案"表作为数据源，创建"教师联系方式"标签报表。

3．实验操作

(1)打开"教学管理系统"数据库，在"导航"窗格中选定"教师档案"表。

(2)单击"创建"选项卡"报表"组中的"标签"按钮，打开"标签向导"的第一个对话框，选择默认的 C2166 型号即可，如图 5.18 所示。

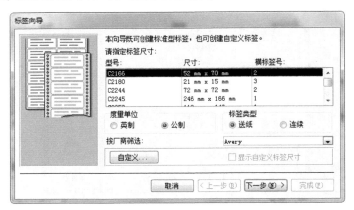

图 5.18　设置标签尺寸

(3)单击"下一步"按钮，在打开的对话框中设置文本为 12 号加粗楷体，如图 5.19 所示。

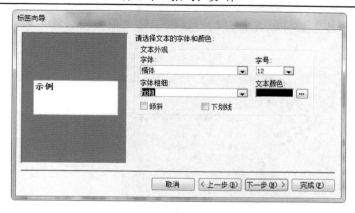

图 5.19 设置文本字体、颜色、字号

(4) 单击 "下一步" 按钮，在打开的对话框中设计标签原型，如图 5.20 所示。方法：在原型标签的第一行输入 "工号："，双击可用字段中的 "教师工号"，其他行按相同方法输入。

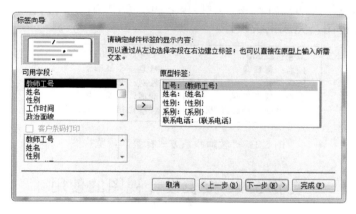

图 5.20 设置原型标签

(5) 单击 "下一步" 按钮，在打开的对话框中双击 "教师工号" 字段将其添加到 "排序依据" 列表框中，如图 5.21 所示。

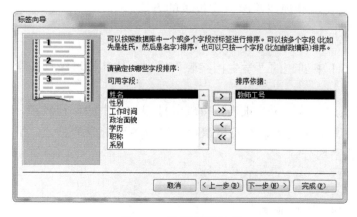

图 5.21 设置排序依据

(6)单击"下一步"按钮，在打开的对话框中输入报表的名称"教师联系方式标签"，如图 5.22 所示。

图 5.22　设置标签名称

(7)单击"完成"按钮，打开报表的预览视图，如图 5.23 所示。

(8)关闭预览视图，完成报表设计。

工号: ZZ0001	工号: ZZ0002
姓名: 蒋丽丹	姓名: 李钰湘
性别: 女	性别: 女
系别: 信息工程	系别: 计算机软件
联系电话: 13888975212	联系电话: 13052479852

图 5.23　"教师联系方式标签"预览视图

实验 5.4　报表设计视图的使用

1. 实验目的

(1)掌握使用报表设计视图创建报表的方法。

(2)掌握使用报表设计视图修改已有报表的方法。

2. 实验内容

(1)修改实验 5.1 中创建的"学生档案表"报表，使其按班级打印学生信息，并统计各班学生人数。

(2)创建"学生成绩统计表"报表，按班级打印各学生的课程成绩，并统计各位学生的平均分、最高分、所学课程数、不及格课程数以及各班的成绩总分、平均分，在报表结束处统计所有课程的平均分。

3. 实验操作

1)修改"学生档案表"报表

(1)打开"教学管理系统"数据库，在"导航"窗格中选定报表对象中的"学生档案表"

并右击，在弹出的快捷菜单中选择"设计视图"命令，在设计视图中将"学生档案表"报表打开。

（2）分组：单击"设计"选项卡"分组和汇总"组中的"分组和排序"按钮，在打开的"分组、排序和汇总"窗格中单击"添加组"按钮，在"选择字段"下拉列表框中选择"班级编号"选项；单击"更多"按钮，将组页脚设置为"有组页脚"；单击"汇总学号"按钮，取消对"学号"字段的计数统计，经过设置的"分组、排序和汇总"窗格如图 5.24 所示。

图 5.24 分组、排序和汇总设置

（3）对报表各节进行操作，操作后的设计视图如图 5.25 所示。

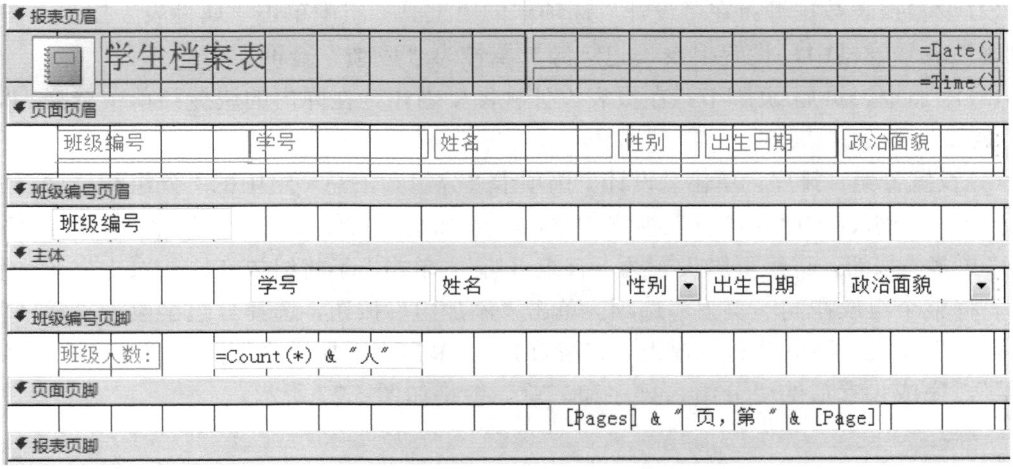

图 5.25 "学生档案表"设计视图

① 页面页眉节：调整其中控件的位置，使"班级编号"标签位于最左侧。

② 班级编号页眉节：将主体节中的"班级编号"文本框剪切、复制到班级编号页眉节中，调整班级编号页眉节的高度，使其紧靠"班级编号"文本框的下边沿。

③ 主体节：调整其中控件的位置，使它们在垂直方向上分别与页面页眉节的标签对齐。

④ 班级编号页脚节：添加一个文本框控件，将其附属标签的标题改为"班级人数："，将文本框的"控件来源"属性设置为"=Count(*) & "人""，调整班级编号页脚节的高度，使其紧靠"班级人数"文本框的下边沿。

⑤ 报表页脚节：将其高度调整为 0，即将报表页脚节隐藏起来。

（4）打印预览报表，结果如图 5.26 所示，效果满意后保存报表。

2）创建"学生成绩统计表"报表

（1）打开"教学管理系统"数据库，在"创建"选项卡中选择"报表"组，单击"报表设计"按钮，打开空白的报表设计视图。

学生档案表					2014年8月14日 14:57:21
班级编号	学号	姓名	性别	出生日期	政治面貌
计机12-1					
	201205001238	李锦恒	男	1990/11/3	团员
	201205001234	段雯	女	1993/12/12	群众
班级人数:	2人				
计机12-2					
	201205001241	杨妲	女	1992/6/9	团员
	201205001240	徐盛	男	1992/7/9	团员
	201205001239	曾源	男	1993/1/2	团员
	201205001235	孙俊波	男	1992/12/30	团员
班级人数:	4人				

图 5.26　"学生档案表"预览效果

(2)设置报表数据源：在"设计"选项卡的"工具"组中单击"属性表"按钮，在打开的"属性表"窗格中，设置报表"记录源"属性为"成绩"查询。

(3)添加报表页眉/页脚节：在报表设计视图中右击，在弹出的快捷菜单中选择 "报表页眉/页脚"命令。

(4)设置分组、排序：单击"设计"选项卡"分组和汇总"组中的"分组和排序"按钮，在打开的"分组、排序和汇总"窗格中单击"添加组"按钮，选择分组字段"班级编号"，单击"更多"按钮，将组页脚设置为"有组页脚"，单击"不将组放在同一页上"下拉按钮，选择"将整个组放在同一页上"选项。单击"添加组"按钮，选择分组字段为"学号"，单击"更多"按钮，将组页脚设置为"有组页脚"。单击"添加排序"按钮，选择排序字段为"学年"，完成设置后的"分组、排序和汇总"窗格如图 5.27 所示。

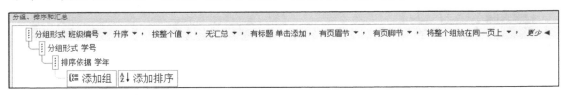

图 5.27　分组、排序和汇总设置

(5)对报表各节进行操作，操作后的设计视图如图 5.28 所示。

① 报表页眉节：设置"背景色"属性为灰色(12632256)；在其中添加标签控件，输入标题文本"学生成绩统计表"，设置标签的字号为 27，加粗，前景色为白色(16777215)。

② 页面页眉节：添加标签控件，其标题文本为"班级编号"，字号为 11，加粗，前景色为黑色(#000000)；按相同的格式依次添加"学号"、"姓名"、"学年"、"学期"、"课程名"、"平时"、"期中"、"期末"、"成绩"标签；在标签的下方添加一条直线，"边框宽度"设置为 2pt，颜色为蓝色(#0080FF)。

③ 班级编号页眉节：选择"设计"选项卡"工具"选项组中的"添加现有字段"命令，打开"字段列表"窗格，将"班级编号"字段拖动到"班级编号页眉"节中，删除自动生成的附属标签，将文本框的字号设置为 14。

图 5.28　"学生成绩统计表"设计视图

④ 学号页眉节：将"学号"和"姓名"字段从"字段列表"中拖动到学号页眉节中，删除其附属标签，将文本框字号设置为 10。

⑤ 主体节：将"学年"、"学期"、"课程名"、"平时"、"期中"、"期末"、"成绩"字段从"字段列表"拖动到主体节中，删除其附属标签；全选主体节中的文本框，将其字号设置为 10。

⑥ 学号页脚节：添加 4 个文本框，其附属标签的标题分别设置为"平均分："、"最高分："、"所学课程数："以及"不及格门数："；文本框的"控件来源"分别是"=Round（Avg（[成绩]），1）"、"=Max（[成绩]）"、"=Count（[课程名]）"、"=Sum（IIF（[成绩]<60，1，0））"；设置标签和文本框的字号为 10，字体粗细为"正常"，文本左对齐。

⑦ 班级编号页脚节：添加两个文本框，其附属标签的标题为"班总计："和"班平均值："；文本框的"控件来源"分别是"=Sum（[成绩]）"和"=Round（Avg（[成绩]），1）"；设置标签和文本框的字号为 10，字体粗细为"正常"，文本左对齐；在标签和文本框的下方添加一条直线，"边框宽度"为 2pt，颜色为蓝色（#0080FF）。

⑧ 页面页脚节：设置背景色属性为灰色（12632256）；添加两个文本框，删除其附属标签，控件来源分别为"=Now（）"和"="共" & [Pages] & " 页，第" & [Page] & "页""；文本框字号为 10，字体粗细为"加粗"。

⑨ 报表页脚节：添加一个文本框，附属标签标题设置为"学院平均值："，文本框的"控件来源"为"=Round（Avg（[成绩]），1）"；标签和文本框字号为 10，字体粗细为"加粗"，文本左对齐。

(6) 预览报表(图 5.29)，将报表保存为“学生成绩统计表”，完成报表的创建。

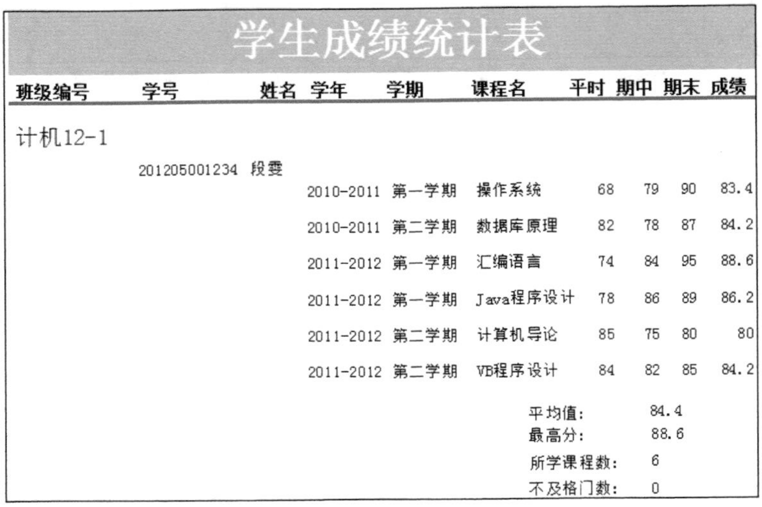

学生成绩统计表

班级编号	学号	姓名	学年	学期	课程名	平时	期中	期末	成绩
计机12-1									
	201205001234	段雯							
			2010-2011	第一学期	操作系统	68	79	90	83.4
			2010-2011	第二学期	数据库原理	82	78	87	84.2
			2011-2012	第一学期	汇编语言	74	84	95	88.6
			2011-2012	第一学期	Java程序设计	78	86	89	86.2
			2011-2012	第二学期	计算机导论	85	75	80	80
			2011-2012	第二学期	VB程序设计	84	82	85	84.2

平均值：84.4
最高分：88.6
所学课程数：6
不及格门数：0

图 5.29　“学生成绩统计表”预览效果

习　　题

一、选择题

1．下面关于报表对数据处理的叙述正确的是(　　)。

A．报表只能输入数据　　B．报表只能输出数据

C．报表可以输入和输出数据　　D．报表不能输入和输出数据

2．对报表属性中的数据源设置，下列说法正确的是(　　)。

A．只能是表对象　　B．只能是查询对象

C．既可以是表也可以是查询　　D．以上说法均不对

3．要使报表的标题在每一页上都显示，应该设置(　　)。

A．报表页眉　　B．页面页眉

C．组页眉　　D．以上说法均不对

4．当在一个报表中列出学生的 3 门课程 a、b、c 的成绩时，要对每位学生计算这 3 门课程的平均成绩，只要设置文本框的控件来源为(　　)。

A．$=a+b+c/3$　　B．$=(a+b+c)/3$

C．$(a+b+c)/3$　　D．以上表达式均错误

5．报表统计计算中，如果是进行分组统计并输出，则统计计算控件应该放置在(　　)节区内的相应位置。

A．主体　　B．报表页眉/页脚

C．页面页眉/页脚　　D．组页眉/页脚

6．计算型控件的控件源必是(　　)开头的一个计算表达式。

A. ,　　　　　　　B. <　　　　　　　C. =　　　　　　　D. >

7. 统计记录个数使用的函数是（　　）。

　　A. Sum（）　　　　B. Average（）　　　C. Count（）　　　D. Max（）

8. 如果需要根据数据库信息制作一个公司员工的名片，应该使用（　　）。

　　A. 标签式报表　　　　　　　　　B. 表格式报表

　　C. 图表式报表　　　　　　　　　D. 纵栏式报表

9. 要实现报表的总计，其操作区域是（　　）。

　　A. 报表页眉　　　B. 报表页脚　　　C. 页面页眉　　　D. 页面页脚

10. 下列关于报表的说法中正确的是（　　）。

　　A. 页面页眉中的任何内容都只能在报表的开始处打印一次

　　B. 想在每一页报表都打印出标题，可将标题移动到报表页眉中

　　C. 在设计报表时，主体节可以删除

　　D. 使用报表可以打印各种标签、名片等

二、填空题

1. 报表的数据源来自_____、_____和 SQL 语句。

2. _____是插入其他报表中的报表。

3. 报表的视图方式有_____、_____、_____和_____四种。

4. 报表在输出数据时不可缺少的部分是_____。

5. 通过应用 Access 预定义的_____可以一次性更改报表中所有文本的字体、字号、颜色等外观属性。

6. _____是让数据按某种规则排列，_____则是按照数据的特性将同类数据集合在一起，从而便于报表的综合和统计。

三、简答题

1. 简述报表与窗体的异同。

2. 创建报表的方式有哪几种？各有什么优点？

3. 要实现报表的分组分页打印，该如何设置？

四、拓展性操作题

1. 创建图表报表，比较各年出生的男女生人数，如图 5.30 所示。

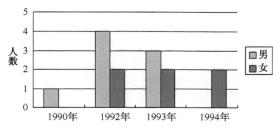

图 5.30　各年出生的男女生对比图表报表

2．利用主/子报表创建学生报表，输出学生基本信息及其各门课程的成绩，如图 5.31 所示。

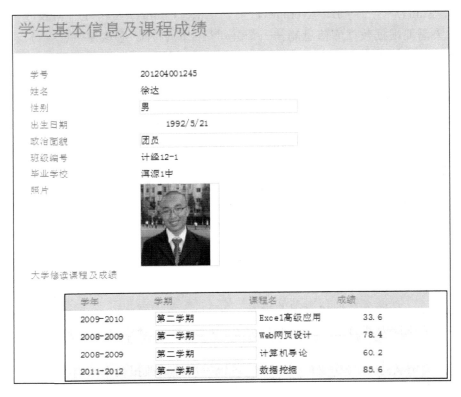

图 5.31　学生报表

3．创建一个分组统计报表，按教师输出其教授的各门课程的学生信息及成绩，并按成绩降序排列，计算出名次；统计各门课程的平均分、修读人数、不及格率，如图 5.32 所示。

任课教师	课程名	班级编号	学号	学生姓名	成绩	名次
白璐						
	Excel高级应用					
		计经12-1	20120500124	陈清泉	80.8	1
		计经12-1	20120400124	徐达	33.6	2
				课程平均分：		57.2
				修读人数：		2
				不及格率：		50.00%
	Web网页设计					
		计经12-1	20120500124	陈清泉	79.4	1
		计经12-1	20120400124	徐达	78.4	2
				课程平均分：		78.9
				修读人数：		2
				不及格率：		0.00%

图 5.32　教师授课成绩报表

第6章 宏 与 VBA

实验 6.1 创建宏并运行宏

1. 实验目的

(1) 掌握 Access 中创建宏的方法。

(2) 掌握常用的宏操作。

(3) 掌握 Access 中创建宏组的操作方法。

2. 实验内容

在"教学管理系统"数据库中创建宏组"登录的宏实现",完成"登录 VBA 实现"窗体的各个命令按钮的功能。

3. 实验操作

(1) 打开"教学管理系统"数据库,单击"创建"选项卡的"宏与代码"组中的"宏"按钮,进入"宏生成器"窗口,创建默认名称为"宏 1"的宏,如图 6.1 所示。

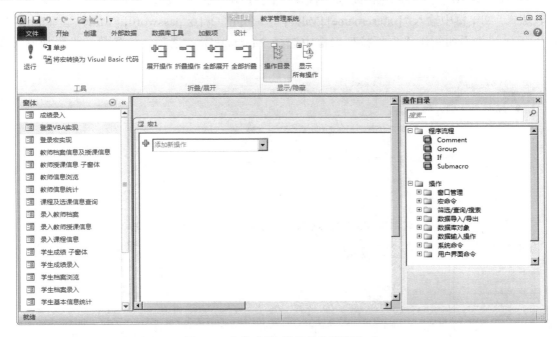

图 6.1 宏生成器-登录的宏实现(一)

(2) 双击"程序流程"目录下的 Submacro 选项,添加子宏 Sub1,将 Sub1 改为"确定"。

(3) 单击"添加新操作"下拉按钮,从其下拉菜单中选择 IF 选项,在"条件表达式"

文本框中输入"[txtusername].[Value]="admin" And [txtpassword].[Value]="admin""，在下一行的"添加新操作"下拉列表框中选择 OpenForm 选项，"窗体名称"设置为"主界面"，如图 6.2 所示。

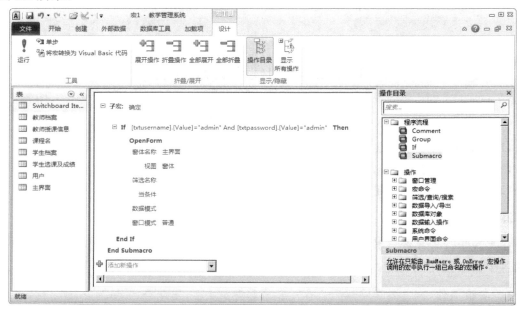

图 6.2　宏生成器-登录的宏实现（二）

（4）在"End If"下一行单击"添加新操作"下拉按钮，从其下拉菜单中选择 If 选项，在"条件表达式"文本框中输入"[txtusername].[Value]<>"admin" Or [txtpassword].[Value]<>"admin""，在下一行的"添加新操作"下拉列表框中选择 MessageBox 选项，各参数的设置如图 6.3 所示。

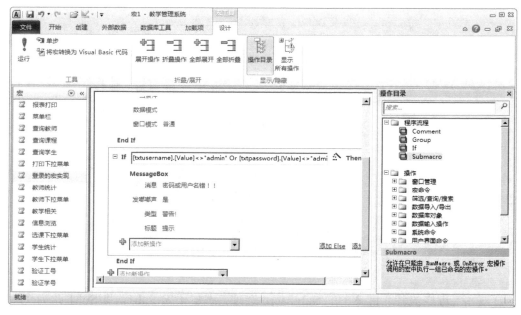

图 6.3　宏生成器-登录的宏实现（三）

(5)在"End If"下一行单击"添加新操作"下拉按钮,从其下拉菜单中选择 If 选项,在"条件表达式"文本框中输入"[txtusername].[Value]<>"admin" Or [txtpassword].[Value]<>"admin"",在下一行的"添加新操作"下拉列表框中选择 SetValue 选项,各参数的设置如图 6.4 所示。

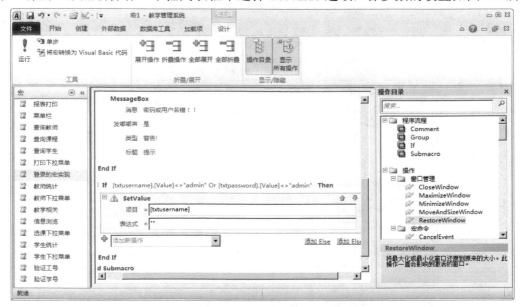

图 6.4　宏生成器-登录的宏实现(四)

(6)继续在"End If"下一行单击"添加新操作"下拉按钮,从其下拉菜单中选择 If 选项,在"条件表达式"文本框中输入"[txtusername].[Value]<>"admin" Or [txtpassword].[Value]<>"admin"",在下一行的"添加新操作"下拉列表框中选择 SetValue 选项,各参数的设置如图 6.5 所示。

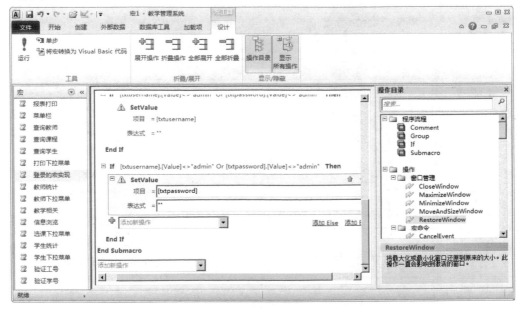

图 6.5　宏生成器-登录的宏实现(五)

（7）继续在"End If"下一行单击"添加新操作"下拉按钮，选择 If 选项，在"条件表达式"文本框中输入"[txtusername].[Value]<>"admin" Or [txtpassword].[Value]<>"admin""，在下一行的"添加新操作"下拉列表框中选择 GoToControl 选项，各参数的设置如图 6.6 所示。

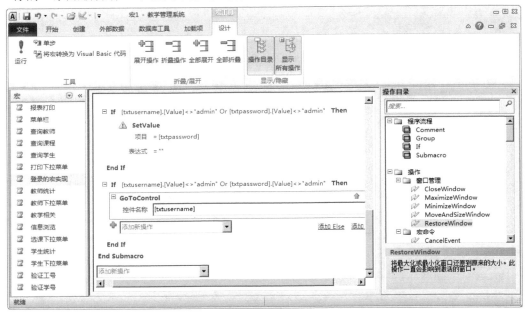

图 6.6　宏生成器-登录的宏实现（六）

（8）双击"程序流程"目录下 Submacro 选项，添加子宏 Sub2，将 Sub2 改为"取消"。

（9）单击"添加新操作"下拉按钮，从其下拉菜单中选择 CloseWindow 选项，如图 6.7 所示。

图 6.7　宏生成器-登录的宏实现（七）

(10) 双击"程序流程"目录下的 Submacro 选项，添加子宏 Sub3，将 Sub3 改为"退出"。

(11) 单击"添加新操作"下拉按钮，选择 QuitAccess 选项，如图 6.8 所示。

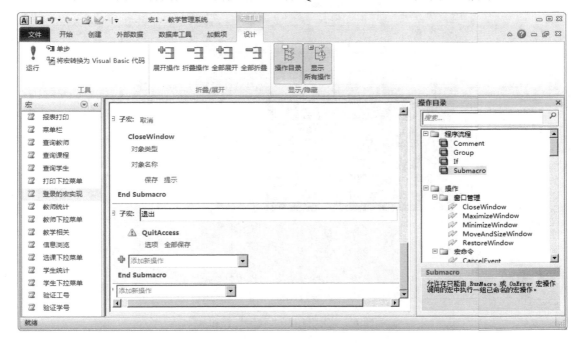

图 6.8 宏生成器-登录的宏实现（八）

(12) 在宏名称"宏 1"上右击，从弹出的快捷菜单中选择"保存"命令，打开"另存为"对话框，输入宏名称"登录的宏实现"，单击"确定"按钮。

实验 6.2 将宏附加到控件上

1. 实验目的

掌握将宏附加到控件的方法。

2. 实验内容

在"教学管理系统"数据库中，通过窗体"登录宏实现"的"命令按钮"控件运行实验 6.1 创建的宏组"登录的宏实现"。

3. 实验操作

(1) 打开"教学管理系统"数据库，展开导航窗格。

(2) 右击"登录的宏实现"窗体，在弹出的快捷菜单中选择"设计视图"命令。

(3) 在窗体中单击"确定"按钮，在其"事件"选项卡中单击"单击"右侧的下拉按钮，从其下拉菜单中选择"登录的宏实现.确认"选项，如图 6.9 所示。

图 6.9　宏附加到"确定"按钮

（4）单击"取消"按钮，在其"事件"选项卡中单击"单击"右侧的下拉按钮，从其下拉菜单中选择"登录的宏实现.取消"选项，如图 6.10 所示。

图 6.10　宏附加到"取消"按钮

(5)单击"退出"按钮,在其"事件"选项卡中单击"单击"右侧的下拉按钮,从其下拉菜单中选择"登录的宏实现.退出"选项,如图 6.11 所示。

图 6.11　宏附加到"退出"按钮

实验 6.3　创建菜单宏

1. 实验目的

掌握创建菜单宏的方法。

2. 实验内容

创建菜单,在"加载项"里可查看以下内容。

一级菜单:学生信息管理。

二级菜单:学生档案录入、学生成绩录入、学生信息查询、学生信息统计、学生档案浏览、综合信息浏览、其他查询。

三级菜单:按班级查、按姓名查、按学号查、不及格学生信息、90 分以上学生信息、某学期某课不及格信息、按班查不及格学生、查低于所在班平均分学生。

一级菜单:教师信息管理。

二级菜单:教师档案录入、教师授课录入、教师档案浏览、教师信息统计、综合信息浏览、其他查询。

三级菜单:按姓名、按工号、按系、按职称、按班级、按课程、按课时。

一级菜单:选课信息管理。

二级菜单：课程信息录入、选课信息录入、选课信息查询、其他查询。

三级菜单：按课程名、按课程类别、按学分、按班级编号、按学生学号、按课程名称。

一级菜单：打印。

二级菜单：打印授课表、打印学生档案表、打印课程平均分、打印教师档案表、打印授课班级成绩、打印各班学生成绩、打印授课学生名单、打印授课成绩统计。

3. 实验操作

(1)打开"教学管理系统"数据库，单击"创建"选项卡的"宏与代码"组中的"宏"按钮，进入"宏生成器"窗口，创建默认名称为"宏 1"的宏。

(2)运用实验 6.1 创建宏组的方法，为本例创建宏组"查询教师"，设计视图如图 6.12 所示。

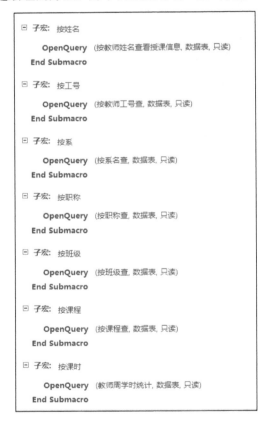

图 6.12　宏组"查询教师"设计视图

(3)采用同样的方法创建宏组"查询课程"、"查询学生"，设计视图如图 6.13 和图 6.14 所示，以上创建的三个宏组即三级菜单宏。

(4)继续创建宏组"教师下拉菜单"、"学生下拉菜单"、"选课下拉菜单"及"打印下拉菜单"，这四个宏组即二级菜单宏，设计视图分别如图 6.15～图 6.18 所示，其中宏名为连字符"-"，表明在两个菜单命令之间创建一条分隔线。若要创建访问键以便用户能够使用键盘来选择命令，应在命令名称后作为访问键的字母前面键入一个&号，该字母将在菜单中显示为带有下划线的形式。

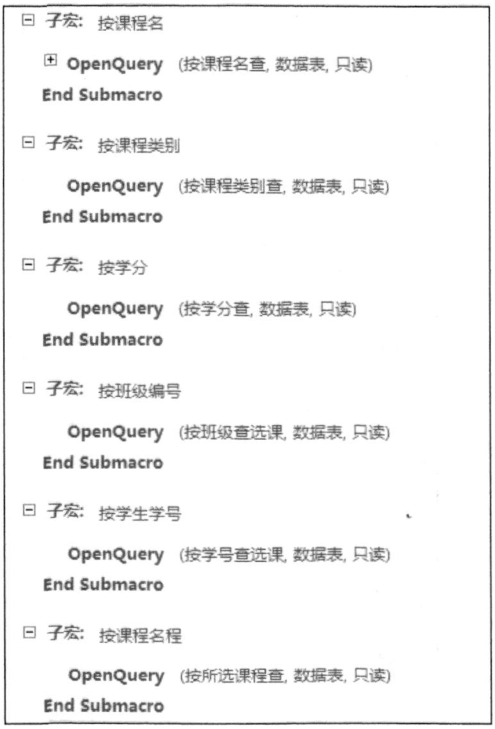

□ 子宏: 按课程名
　　⊞ **OpenQuery** (按课程名查, 数据表, 只读)
　　End Submacro

□ 子宏: 按课程类别
　　OpenQuery (按课程类别查, 数据表, 只读)
　　End Submacro

□ 子宏: 按学分
　　OpenQuery (按学分查, 数据表, 只读)
　　End Submacro

□ 子宏: 按班级编号
　　OpenQuery (按班级查选课, 数据表, 只读)
　　End Submacro

□ 子宏: 按学生学号
　　OpenQuery (按学号查选课, 数据表, 只读)
　　End Submacro

□ 子宏: 按课程名程
　　OpenQuery (按所选课程查, 数据表, 只读)
　　End Submacro

图 6.13 宏组"查询课程"设计视图

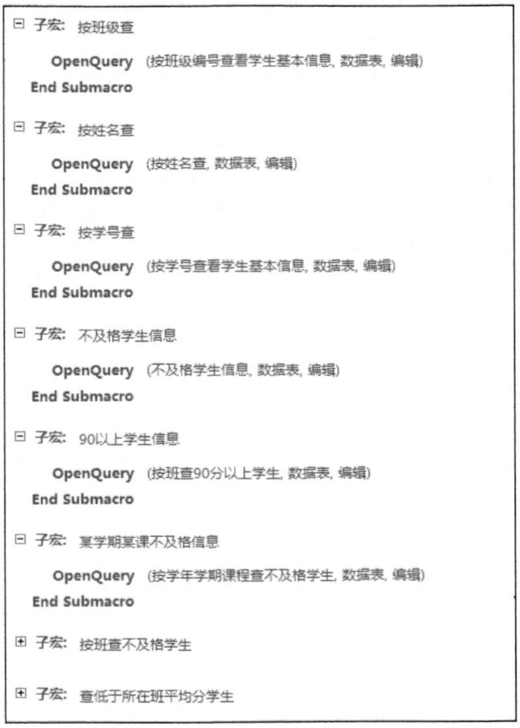

□ 子宏: 按班级查
　　OpenQuery (按班级编号查看学生基本信息, 数据表, 编辑)
　　End Submacro

□ 子宏: 按姓名查
　　OpenQuery (按姓名查, 数据表, 编辑)
　　End Submacro

□ 子宏: 按学号查
　　OpenQuery (按学号查看学生基本信息, 数据表, 编辑)
　　End Submacro

□ 子宏: 不及格学生信息
　　OpenQuery (不及格学生信息, 数据表, 编辑)
　　End Submacro

□ 子宏: 90以上学生信息
　　OpenQuery (按班查90分以上学生, 数据表, 编辑)
　　End Submacro

□ 子宏: 某学期某课不及格信息
　　OpenQuery (按学年学期课程查不及格学生, 数据表, 编辑)
　　End Submacro

⊞ 子宏: 按班级查不及格学生

⊞ 子宏: 查低于所在班平均分学生

图 6.14 宏组"查询学生"设计视图

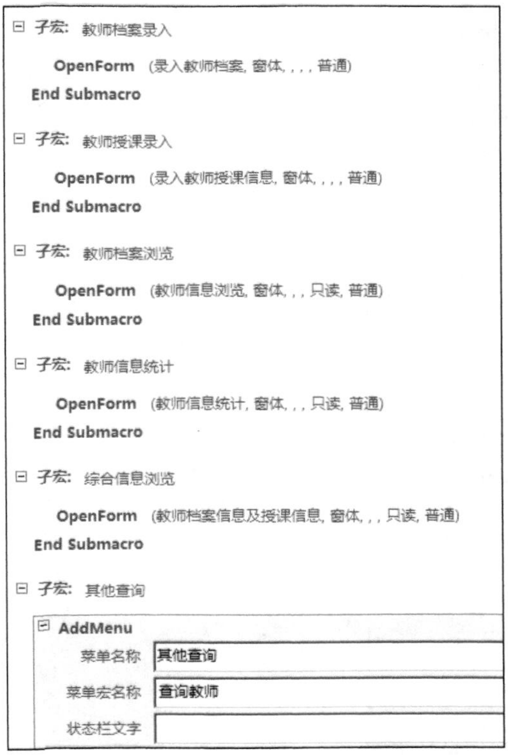

□ 子宏: 教师档案录入
　　OpenForm (录入教师档案, 窗体, , , , 普通)
　　End Submacro

□ 子宏: 教师授课录入
　　OpenForm (录入教师授课信息, 窗体, , , , 普通)
　　End Submacro

□ 子宏: 教师档案浏览
　　OpenForm (教师信息浏览, 窗体, , , 只读, 普通)
　　End Submacro

□ 子宏: 教师信息统计
　　OpenForm (教师信息统计, 窗体, , , 只读, 普通)
　　End Submacro

□ 子宏: 综合信息浏览
　　OpenForm (教师档案信息及授课信息, 窗体, , , 只读, 普通)
　　End Submacro

□ 子宏: 其他查询
　　□ **AddMenu**
　　　菜单名称　　其他查询
　　　菜单宏名称　查询教师
　　　状态栏文字

图 6.15 宏组"教师下拉菜单"设计视图

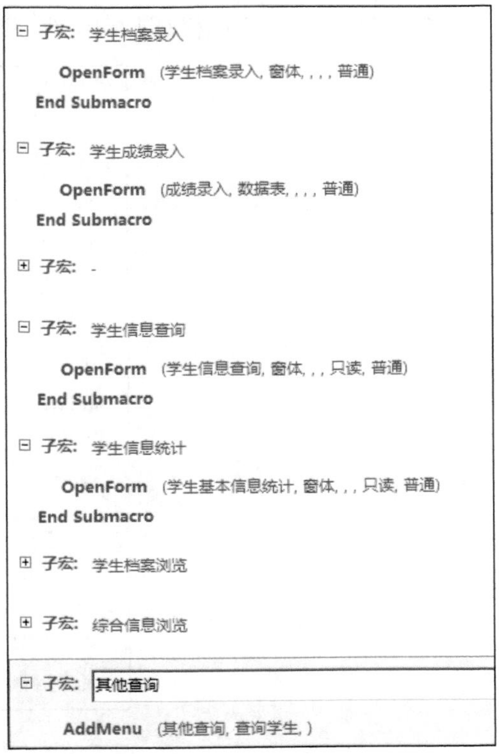

□ 子宏: 学生档案录入
　　OpenForm (学生档案录入, 窗体, , , , 普通)
　　End Submacro

□ 子宏: 学生成绩录入
　　OpenForm (成绩录入, 数据表, , , , 普通)
　　End Submacro

⊞ 子宏: -

□ 子宏: 学生信息查询
　　OpenForm (学生信息查询, 窗体, , , 只读, 普通)
　　End Submacro

□ 子宏: 学生信息统计
　　OpenForm (学生基本信息统计, 窗体, , , 只读, 普通)
　　End Submacro

⊞ 子宏: 学生档案浏览

⊞ 子宏: 综合信息浏览

□ 子宏: 其他查询
　　AddMenu (其他查询, 查询学生,)

图 6.16 宏组"学生下拉菜单"设计视图

```
□ 子宏: 课程信息录入

    OpenForm (录入课程信息, 窗体, , , , 普通)
  End Submacro

□ 子宏: 选课信息录入

    OpenForm (学生选课信息录入, 窗体, , , , 普通)
  End Submacro

□ 子宏: _

  End Submacro

□ 子宏: 选课信息查询

    OpenForm (课程及选课信息查询, 窗体, , , 只读, 普通)
  End Submacro

□ 子宏: 其他查询

    AddMenu
      菜单名称  其他查询
      菜单宏名称  查询课程
      状态栏文字
  End Submacro
```

```
□ 子宏: 打印授课表

    OpenReport (教师授课表, 打印预览, , , 普通)
  End Submacro

□ 子宏: 打印学生档案表

    OpenReport (学生档案表, 打印预览, , , 普通)
  End Submacro

□ 子宏: 打印课程平均分

    OpenReport (课程平均分, 打印预览, , , 普通)
  End Submacro

□ 子宏: 打印教师档案表

    OpenReport (教师档案表, 打印预览, , , 普通)
  End Submacro

□ 子宏: 打印授课班级成绩

    OpenReport (教师授课班级成绩, 打印预览, , , 普通)
  End Submacro

□ 子宏: 打印各班学生成绩

    OpenReport (学生成绩统计表, 打印预览, , , 普通)
  End Submacro

⊞ 子宏: 打印授课学生名单

⊞ 子宏: 打印授课成绩统计
```

图 6.17　宏组"选课下拉菜单"设计视图　　　　　图 6.18　宏组"打印下拉菜单"设计视图

(5)创建宏组"菜单栏(图 6.19)"，即一级菜单宏。

```
AddMenu
    菜单名称  学生信息管理(&S)
    菜单宏名称  学生下拉菜单
    状态栏文字

AddMenu
    菜单名称  教师信息管理(&T)
    菜单宏名称  教师下拉菜单
    状态栏文字

AddMenu
    菜单名称  选课信息管理(&C)
    菜单宏名称  选课下拉菜单
    状态栏文字

AddMenu
    菜单名称  打印(&P)
    菜单宏名称  打印下拉菜单
    状态栏文字
```

图 6.19　宏组"菜单栏"设计视图

(6)将窗体属性表中"其他"选项卡中的"菜单栏"属性设置为一级菜单宏"菜单栏"。

(7)查看窗体时，在"加载项"里即可查看创建的菜单。

实验 6.4　VBA 应用实例

1．实验目的

了解基本的 VBA 应用。

2．实验内容

设计窗体"登录 VBA 实现"，功能是引导"教学管理系统"的登录。

3．实验操作

(1)打开"教学管理系统"数据库，新建窗体"登录 VBA 实现"，如图 6.20 所示，并保存命名为"登录 VBA 实现"，表 6.1 给出了该窗体及各个控件的属性。

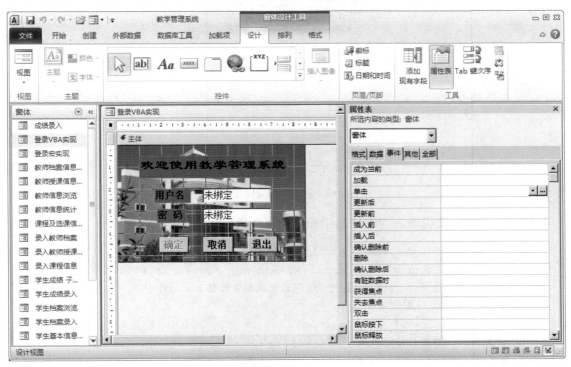

图 6.20　创建"登录 VBA 实现"窗体

(2)在该窗体的设计视图的空白位置右击，打开快捷菜单，从中选择"事件生成器"命令，打开如图 6.21 所示的对话框，选择"代码生成器"选项，单击"确定"按钮。

表 6.1　窗体及控件的属性

对象	对象名	属性
窗体	form	记录源：用户
		图片：这里选择的是 013000000941591207657456658388.jpg
		记录选择器：否
		导航按钮：否
		自动居中：是
标签	label0	标题：欢迎使用教学管理系统
	label1	标题：用户名
	label2	标题：密码
文本框	txtusername	
	txtpassword	
命令按钮	cmdenter	标题：确定 可用：否
	cmdcancle	标题：取消
	cmdexit	标题：退出

图 6.21　"选择生成器"对话框

（3）打开 VBA 编辑器，在编辑器中输入如下代码：

```
Option Compare Database
Public Function openrecord(str1 As String, record As ADODB.Recordset)
'创建一个查询，把符合 str1 中的 SQL 语句的记录集打开到 record 中
'为记录集 record 分配空间
 Set record = New ADODB.Recordset
'使用本数据库的连接打开记录集
record.Open str1,CurrentProject.Connection,adOpenKeyset,adLockOptimistic
End Function
```

（4）返回"登录 VBA 实现"窗体设计视图窗口，选择"确定"按钮控件，在"属性表"窗格中单击"单击"右侧的 按钮，如图 6.22 所示。

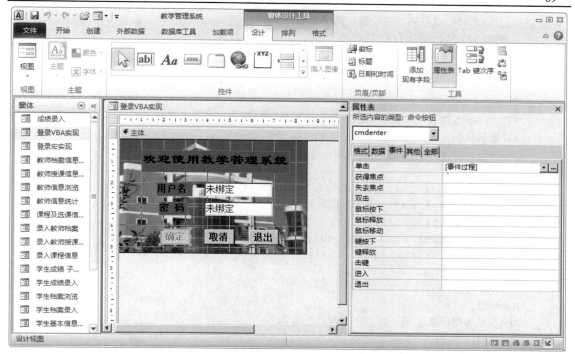

图 6.22　"确定"按钮设计

（5）选择"代码生成器"选项，单击"确定"按钮，在打开的 VBA 编辑器中输入如下代码：

```
Private Sub cmdenter_click()
   Dim strpassword, strusername As String
   Dim flag As Integer
   Dim record As ADODB.Recordset
   flag = 0
   '从"用户"表里读取用户名和密码
   openrecord "select * from 用户", record
   '循环判断用户名是否存在，密码是否正确
   Do Until record.EOF
      strusername = record("用户名")
      strpassword = record("密码")
      If UCase(Me.txtusername.Value) <> UCase(strusername) Then
         record.MoveNext
      '若相等，说明用户名存在，可以跳出循环
      Else
         flag = 1
         Exit Do
      End If
   Loop
   'flag=0 说明用户名不存在，进行处理
   '设置文本框的内容为空，"确定"按钮不可用，焦点设在 txtusername
   If flag = 0 Then
```

```
        MsgBox "没有这个用户名，请重新输入"
        Me.txtpassword.Value = ""
        Me.txtusername.Value = ""
        Me.txtusername.SetFocus
        cmdenter.Enabled = False
        Exit Sub
    '若 flag=1 则说明所输入的用户名存在，进一步比较密码是否正确
    '若密码出错，设置 txtusername 的内容不变，txtpassword 的内容为空
    '若密码出错，"确定"按钮不可用，并把焦点设在 txtpassword
    Else
        If UCase(Me.txtpassword.Value) <> UCase(strpassword) Then
            MsgBox ("密码错误，请重新输入")
            Me.txtpassword.Value = ""
            Me.txtpassword.SetFocus
            cmdenter.Enabled = False
            Exit Sub
        End If
    End If
    '用户名和密码都正确，打开"主界面"窗体
    DoCmd.Close
    DoCmd.OpenForm "主界面"
End Sub
```

（6）采用同样的方法为"取消"按钮编写如下代码：

```
Private Sub cmdcancle_Click()
'设置"取消"按钮的事件过程
'单击"取消"按钮后，文本框的内容为空，"确定"按钮不可用
On Error GoTo Err_login_cancel_Click
    DoCmd.Close
Exit_login_cancel_Click:
    Exit Sub
Err_login_cancel_Click:
    MsgBox Err.Description
    Resume Exit_login_cancel_Click
    End Sub
```

（7）采用同样的方法为"退出"按钮编写如下代码：

```
Private Sub cmdExit_Click()
'单击"退出"按钮退出 Access
    DoCmd.Quit
End Sub
```

（8）回到"登录 VBA 实现"窗体设计视图窗口，选择"窗体"对象，在"属性表"窗格中单击"打开"右侧的▪▪▪按钮，选择"代码生成器"选项，单击"确定"按钮，在打开的 VBA 编辑器中输入如下代码：

```
Private Sub form_open(Cancel As Integer)
'设置打开窗体时的属性
```

```
      cmdenter.Enabled = False
      Form.KeyPreview = True
End Sub
```

(9)采用同样的方法为窗体"键释放"属性添加如下代码：

```
Private Sub form_keyup(keycode As Integer, Shift As Integer)
'检测用户名、密码文本框是否都有字符，若有则设置"确定"按钮可用
'在 txtusername 或 txtpassword 中每键入一个字符，触发执行本段程序
'根据当前活动的控件名选择执行 txtusername 或 txtpassword 的模块语句
    Select Case Me.ActiveControl.Name
    '若 txtusername 和 txtpassword 中都至少有一个字符，则 cmdenter 可用，否则不可用
     Case "txtusername":
     '焦点在 txtusername 时，若此文本框为空，则 cmdenter 不可用，退出此过程
    If Me.ActiveControl.Text = "" Or IsNull(Me.ActiveControl.Text) Then
    cmdenter.Enabled = False
    Exit Sub
    '若 txtpassword 文本框为空，则 cmdenter 不可用，退出此过程
     Else
       If Me.txtpassword.Value = "" Or IsNull(Me.txtpassword.Value) Then
        cmdenter.Enabled = False
            Exit Sub
           End If
       End If
     Case "txtpassword":
        On Error GoTo 11
    '焦点在 txtpassword 时，若此文本框为空，则 cmdenter 不可用，退出此过程
       If Me.ActiveControl.Text = "" Or IsNull(Me.ActiveControl.Text) Then
          cmdenter.Enabled = False
          Exit Sub
      '若 txtusername 文本框为空，则 cmdenter 不可用，退出此过程
        Else
          If Me.txtusername.Value = "" Or IsNull(Me.txtusername.Value) Then
            cmdenter.Enabled = False
            Exit Sub
          End If
        End If
    Case Else:
      '焦点在其他控件，直接退出过程
        Exit Sub
    End Select
'txtusername 和 txtpassword 中都至少有一个字符，设置 cmdenter 可用
   cmdenter.Enabled = True
    Exit Sub
End Sub
```

(10)保存窗体。

习　题

一、选择题

1. 以下数据库对象中（　　）可以一次执行多个操作。
   A. 数据访问页　　　　　B. 菜单　　　　　　　C. 宏　　　　　　　D. 报表

2. 无论创建何类宏，一定要进行的是（　　）。
   A. 确定宏名　　　　　　B. 设置宏条件　　　　C. 选择宏操作　　D. 以上皆是

3. 用于打开查询和报表的宏命令分别是（　　）。
   A. OpenForm OpenReport　　　　　　　　B. OpenReport Messagebox
   C. SetValue Close　　　　　　　　　　　D. Openquery OpenReport

4. 用于打开窗体的宏命令是（　　）。
   A. OpenForm　　　　　B. OpenReport　　C. SetValue　　　　　D. RunApp

5. 在宏表达式中要引用 Form1 窗体中的 txt1 控件的值，正确的引用方法是（　　）。
   A. Form1!txt1　　　　B. txt1　　　　　C. Forms!Form1!txt1　　D. Forms!txt1

6. 在 Access 2010 中的 VBA 过程里，要运行宏可以使用 Docmd 对象的（　　）方法。
   A. Open　　　　　　　B. RunMacro　　　C. Query　　　　　　D. Close

7. 为窗体或报表的控件设置属性值的正确宏操作命令是（　　）。
   A. Set　　　　　　　　B. SetData　　　　C. SetValue　　　　　D. SetWarnings

8. 条件宏的条件项是一个（　　）。
   A. 字段列表　　　　　　　　　　　　　　B. 算术表达式
   C. 逻辑表达式　　　　　　　　　　　　　D. SQL 语句

9. 下列语句中，定义窗体的加载事件过程的头语句是（　　）。
   A. Private Sub Form_Chang()　　　　　　B. Private Sub Form_Load()
   C. Private Sub Form_LostFocus()　　　　D. Private Sub Form_Open()

10. RunSQL 命令用于（　　）。
   A. 执行指定的 SQL 语句　　　　　　　　B. 执行指定的外部应用程序
   C. 退出 Access　　　　　　　　　　　　D. 设置属性值

二、填空题

1. 宏的使用一般是通过窗体、报表中的_____实现的。

2. 由多个操作构成的宏在执行时按_____依次执行。

3. Messagebox 命令用于_____。

4. StopMacro 命令用于_____。

5. FindRecord 命令用于_____。

第 7 章　数据库安全与管理实验

实验 7.1　设置和撤消数据库密码

1．实验目的

掌握 Access 数据库密码设置和撤消的方法。

2．实验内容

以教学管理系统数据库为操作对象，进行密码设置和撤消操作。

3．实验操作

（1）以独占方式打开"教学管理系统"数据库。

（2）单击"文件"按钮，在 Backstage 视图中单击"设置数据库密码"按钮，系统弹出如图 7.1 所示的"设置数据库密码"对话框。输入要设置的密码"123"，并在"验证"文本框中再次输入"123"以确认，然后单击"确定"按钮。

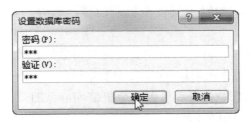

图 7.1　"设置数据库密码"对话框

（3）关闭数据库并重启，输入数据库密码，打开数据库，如图 7.2 所示。

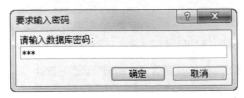

图 7.2　"要求输入密码"对话框

（4）启动 Access，以独占方式打开已加密的"教学管理系统"数据库，在 Backstage 视图中单击"撤消数据库密码"按钮，系统弹出如图 7.3 所示的"撤消数据库密码"对话框。输入密码"123"，然后单击"确定"按钮。下次启动该数据库时就可以发现，数据库密码已被撤消。

图 7.3　"撤消数据库密码"对话框

实验 7.2　数据库用户级安全机制设置

1.　实验目的

掌握 Access 数据库用户级安全机制的设置方法。

2.　实验内容

以教学管理系统数据库为操作对象，进行用户级安全机制设置。

3.　实验操作

(1)以共享方式打开教学管理系统数据库(仅对 MDB 文件有效)。

(2)添加完相关命令后，单击"数据库管理工具"选项卡的"数据库安全"组中的"用户级安全机制向导"按钮，启动设置安全机制向导，选中"新建工作组信息文件"单选按钮。

(3)单击"下一步"按钮，打开"设置安全机制向导"的第二个对话框，设置工作组信息文件的位置及文件名、工作组 ID，这里采用默认设置。

(4)单击"下一步"按钮，打开"设置安全机制向导"的第三个对话框，设置需要安全机制保护的数据库对象，如图 7.4 所示。

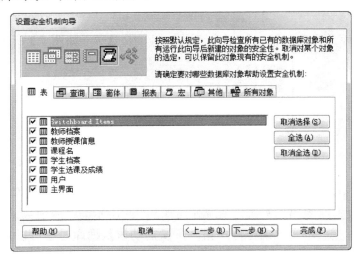

图 7.4　设置安全机制向导-确定要保护的数据库对象

(5)单击"下一步"按钮，打开"设置安全机制向导"的第四个对话框，设置工作组信息文件中包含的组，这里选择"备份操作员组"和"只读用户组"，如图 7.5 所示。

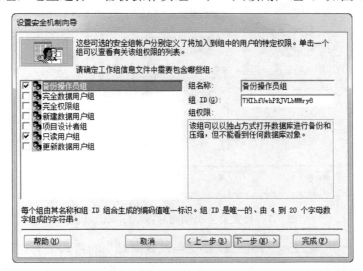

图 7.5　设置安全机制向导-确定信息文件中的组

(6)单击"下一步"按钮，打开"设置安全机制向导"的第五个对话框，确定是否授予用户组某些权限，这里选择第二个选项"不，用户组不应该具有任何权限"。

(7)单击"下一步"按钮，打开"设置安全机制向导"的第六个对话框，添加用户信息，指定用户名和密码，在本例中添加两个用户名，一个名为 stu1，密码为 123，另一个名为 stu2，密码为 456，单击 将该用户添加到列表(A) 按钮，分别将这两个用户添加到用户列表中，如图 7.6 所示。

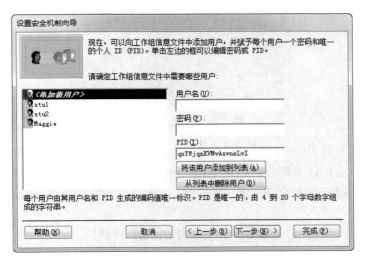

图 7.6　设置安全机制向导-添加用户

(8)单击"下一步"按钮，打开"设置安全机制向导"的第七个对话框，向只读用户组中添加用户 stu1，向备份操作员组中添加用户 stu2，如图 7.7 所示。

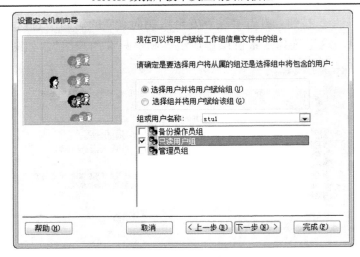

图 7.7　设置安全机制向导-将用户添加到组

(9) 单击"下一步"按钮，打开"设置安全机制向导"的第八个对话框，指定无安全机制的数据库备份文件的名称，安全起见，将原来没有设置安全机制的数据库进行备份。

(10) 单击"完成"按钮，结束用户级安全机制的设置操作，屏幕上将显示设置安全机制向导报表，通过向导设置的数据库密码和用户信息都保存在该报表中，可打印或导出报表，并将其保存在比较安全的地方。

(11) 关闭教学管理系统数据库，返回 Windows 桌面，在桌面将显示该数据库的快捷方式 (教学管理系统.mdb)，双击该图标，弹出"登录"对话框，输入登录信息，如图 7.8 所示，进入数据库后按设置的用户组权限完成相应的操作。需要注意的是，在完成用户级安全机制设置后，不能直接打开原数据库，只能通过快捷方式打开，否则系统提示出错。

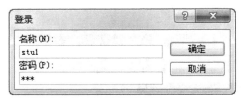

图 7.8　"登录"对话框

(12) 如果是用 stu1 用户名登录系统，因为 stu1 用户分配到了只读用户组，所以对数据表只能浏览，而不能作任何修改，如果是用 stu2 用户名登录系统，因为 stu2 用户分配到了备份操作员组，所以无权对任何对象进行浏览和修改，只能进行备份操作。

实验 7.3　拆分数据库

1. 实验目的

掌握拆分 Access 数据库的方法。

2. 实验内容

以教学管理系统数据库为操作对象，进行数据库拆分操作。

3. 实验操作

(1)单击"数据库管理工具"选项卡的"移动数据"组中的"Access 数据库"按钮启动数据库拆分器，如图 7.9 所示。

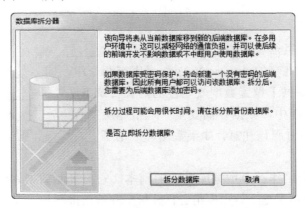

图 7.9 "数据库拆分器"向导

(2)单击"拆分数据库"按钮，设置后端数据库存放位置及名字，然后单击"拆分"命令按钮完成数据库的拆分，拆分后的表对象显示如图 7.10 所示。

拆分后，在前端数据库窗口的表对象中，每个表的名字前面都有一个小箭头，说明这些表是连接到后端数据库的，这里的表只是一个空壳，里面没有任何数据，当打开这些表时，Access 会自动连接到后端数据库上，取回数据。而在后端数据库中只有一些表，其他数据库对象都放在前端数据库中，如图 7.11 所示。

图 7.10 拆分后的表对象显示

图 7.11 拆分前的表对象显示

习 题

一、选择题

1. 在 Access 数据库安全设置操作中，不包括(   )。

    A. 设置数据库密码　　　　　　　　　　B. 编码/解码数据库

    C．生成 MDE 文件   D．设置安全机制向导

2．在 Access 数据库实用工具中，不包括（　　）。

    A．设置数据库密码   B．转换数据库

    C．压缩和修复数据库   D．生成 MDE 文件

3．修复数据库文件功能不可以修复数据库中的（　　）。

    A．表、窗体   B．窗体、报表   C．报表、表   D．查询、宏

二、填空题

1．保护数据库最灵活和最广泛的方法是采用_____。

2．默认情况下，共享的 Access 2003 数据库有两个组，即_____和_____。

3．Access 主要提供了设置数据安全性的两种传统方法，即_____和_____。

4．在 Access 2003 中，数据存储安全管理措施主要有_____和_____等。

5．在备份数据库时应该注意，如果数据库应用了_____，则工作组信息文件也应同时备份。

6．_____是指制作一个数据库文件的副本，它与复制数据库文件是不同的。

7．_____主要是对整个数据库组进行分析，并给出推荐和建议来改善数据库的性能。

8．_____可以把数据库应用系统一分为二，构成一个客户机/服务器应用。

第8章 系统登录功能实现实验

实验 添加系统登录功能

1. 实验目的

系统登录功能是在应用程序开发中十分常见的一项功能。本实验将对教学管理系统进行扩展，为其添加一个简单的系统登录功能，进一步体会 Access 简单、快捷的系统开发方式。

2. 实验内容

系统登录功能实验是一个涉及 Access 多方面知识的综合性实验，其中涉及数据库中表的创建、查询、Access 窗体及控件、VBA 事件处理、ADO/DAO 编程等多个知识点。由于所涉及的内容较广，在下面的实验步骤中如有未详细说明的地方，读者可参考其他资料。

3. 实验操作

(1)打开学生管理信息系统数据库，确认"用户"表是否存在。若"用户"表不存在，请先创建用户表，并向其中加入"用户名"、"密码"、"备注"字段，这三个字段的详细设置如图 8.1 所示。其中"密码"字段的数据类型设置为"文本"，并将"输入掩码"属性设置为"密码"(将"输入掩码"属性设为"密码"可创建密码输入控件，在该控件中键入的任何字符都将以原字符保存，但显示为星号(*)。使用"密码"输入掩码可以避免在屏幕上显示键入的字符)。

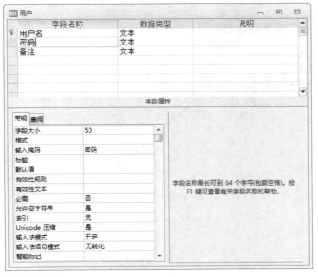

图 8.1 创建"用户"表

（2）打开"用户"表，并在其中填入一些初始"用户名"和"密码"，如图 8.2 所示。其中"密码"部分会自动以"*"进行显示。

（3）创建启动窗体，如图 8.3 所示。在设计视图下添加"用户名"文本框和"密码"文本框。同时，在启动窗体上添加"确定"、"取消"、"退出"三个按钮，并为"启动"窗体指定一张背景图片。

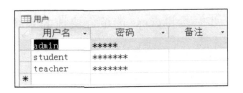

图 8.2　在"用户"表中填入一些数据　　　图 8.3　"启动"窗体设计视图

另外，在创建完"密码"文本框后，将其"输入掩码"属性设置为"密码"，如图 8.4 所示。

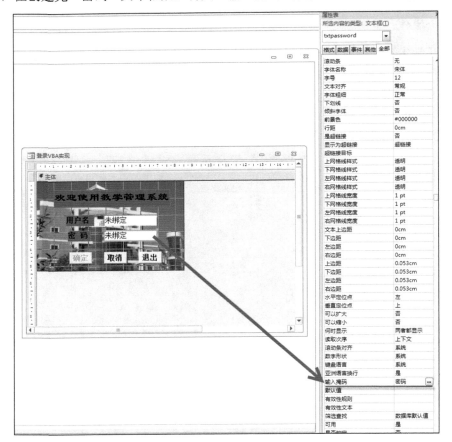

图 8.4　"密码"文本框设置

（4）右击启动窗体上的"确定"按钮，从弹出的快捷菜单中选择"事件生成器"命令，如图 8.5 所示。

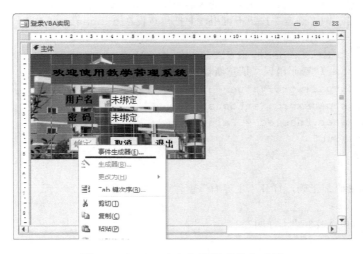

图 8.5　打开"确定"按键事件生成器

事件代码如下：

```
Private Sub cmdenter_click()
    Dim strpassword, strusername As String
    Dim flag As Integer
    Dim record As ADODB.Recordset
    flag = 0
    '从"用户"表里读取用户名和密码
    openrecord "select * from 用户", record
    '循环判断用户名是否存在，密码是否正确
    Do Until record.EOF
        strusername = record("用户名")
        strpassword = record("密码")
        If UCase(Me.txtusername.Value) <> UCase(strusername) Then
            record.MoveNext
        '若相等，说明用户名存在，可以跳出循环
        Else
            flag = 1
            Exit Do
        End If
    Loop
    'flag=0 说明用户名不存在，进行处理
    '设置文本框的内容为空，"确定"按钮不可用，焦点设在 txtusername
    If flag = 0 Then
        MsgBox "没有这个用户名，请重新输入"
        Me.txtpassword.Value = ""
        Me.txtusername.Value = ""
        Me.txtusername.SetFocus
        cmdenter.Enabled = False
```

```
        Exit Sub
    '若 flag=1 则说明所输入的用户名存在，进一步比较密码是否正确
    '若密码出错，设置 txtusername 的内容不变，txtpassword 的内容为空
    '若密码出错，则"确定"按钮不可用，并把焦点设在 txtpassword
    Else
        If UCase(Me.txtpassword.Value) <> UCase(strpassword) Then
            MsgBox ("密码错误，请重新输入")
            Me.txtpassword.Value = ""
            Me.txtpassword.SetFocus
            cmdenter.Enabled = False
            Exit Sub
        End If
    End If
    '用户名和密码都正确，打开"主界面"窗体
    DoCmd.Close
    DoCmd.OpenForm "主界面"
End Sub
```

以上代码中使用 DoCmd 对象及其相关方法，这里有必要对其进行简要说明：DoCmd 对象包含了若干方法，使用这些方法可以从 VBA 中调用 Microsoft Access 的多种常用操作。表 8.1 中列举了部分常用的 DoCmd 命令。

表 8.1　常用的 DoCmd 命令

命令格式	说明
DoCmd.OpenForm "窗体名"	打开指定窗体
DoCmd. OpenQuery "查询名"	打开指定查询
DoCmd.OpenReport "报表名"	打开指定报表
DoCmd.OpenTable "表名"	打开指定的数据表
DoCmd.RunMacro "宏名称"	打开指定的宏
DoCmd.Close	关闭当前窗体
DoCmd.Quit	退出 Access

上述 VBA 代码中使用 DAO 的方式打开并遍历了"教学管理系统"数据库中的"用户"表。Microsoft Office VBA 通过 Microsoft Jet 数据库引擎工具来支持对数据库的访问。所谓数据库引擎实际上是一组动态链接库(DLL)，当程序运行时被连接到 VBA 程序实现对数据库的数据访问功能。数据库引擎是应用程序与物理数据库之间的桥梁，它以一种通用接口的方式，使各种类型的物理数据库对用户而言都具有统一的形式和相同的数据访问与处理方法。在 Microsoft Office VBA 中主要提供了 3 种数据库访问接口：开放数据库互连应用编程接口(open database connectivity API，ODBC API)、数据访问对象(data access object，DAO)和 ActiveX 数据对象(ActiveX data object，ADO)。

在这里之所以选择 DAO 的方式访问数据库，是因为 DAO 中定义的一系列数据访问对象，如 Database、QueryDef、RecordSet 等非常适合单系统应用程序或在小范围本地分布使用(本例就是这种情况)，其内部已经对 Jet 数据库的访问进行了加速优化，使用起来也十分方便。所以如果数据库是 Access 数据库且仅在本地使用，都可以采用 DAO 的数据访问方式进行数据库操作。

通过 DAO 编程实现数据库访问时，首先要创建对象变量，然后通过对象方法和属性来进行操作。下面的代码中给出了数据库操作的一般语句和步骤，注意结合前面已给出的本次实验中的实际代码理解：

```
'定义对象变量
Dim ws  As Workspace
Dim db As Database
Dim rs As RecordSet
'通过 Set 语句设置各个对象变量的值
Set ws = DBEngine.Workspace(0)                  '打开默认工作区
Set db = ws.OpenDatabase(<数据库文件名>)        '打开数据库文件
Set rs = db.OpenRecordSet(<表名、查询名或 SQL 语句>)  '打开数据记录集
Do While Not rs.EOF                             '利用循环结构遍历整个记录集，直至末尾
    …                                          '安排字段数据的各类操作
    rs.MoveNext                                 '记录指针移至下一条
Loop
rs. close                                       '关闭记录集
db. close                                       '关闭数据库
Set rs = Nothing                                '回收记录集对象变量的内存占有
Set db = Nothing                                '回收数据库对象变量的内存占有
…
```

（5）使用 Access 2010 主界面上的"文件"标签页中的"选项"命令来打开"Access 选项"对话框，对系统启动时自动打开的窗体进行设置，如图 8.6 所示。

图 8.6　"Access 选项"对话框

（6）关闭并重新打开"教学管理系统"数据库，使用步骤(2)中初始化的用户密码来登录修改后的带登录功能的教学管理系统数据库(图 8.7)。

图 8.7　完成后的登录界面

（7）为了使登录窗体的功能更加完善，还需要为"取消"按钮和"退出"按钮设置相应的"取消"和"退出"事件。设置的方法参考步骤(4)，相应的事件代码如下：

```
Private Sub cmdcancle_Click()
'设置"取消"按钮的事件过程
'单击"取消"按钮后，文本框的内容为空，"确定"按钮不可用
On Error GoTo Err_login_cancel_Click
    DoCmd.Close
Exit_login_cancel_Click:
    Exit Sub
Err_login_cancel_Click:
    MsgBox Err.Description
    Resume Exit_login_cancel_Click
End Sub
Private Sub cmdExit_Click()
'单击"退出"按钮，退出 Access
    DoCmd.Quit
End Sub
```

习　　题

一、选择题

1. 在设置数据库密码时，使用的菜单是(　　)。
　　A. 编辑　　　　　　B. 文件　　　　　C. 窗口　　　　　D. 工具
2. 描述数据库物理结构的模型称为(　　)。
　　A. 内部模型　　　B. 外部模型　　C. 概念模型　　　D. 逻辑模型
3. DB、DBMS 和 DBS 三者之间的关系是(　　)。

　　A．DB 包括 DBMS 和 DBS　　　　　　　　B．DBS 包括 DB 和 DBMS

　　C．DBMS 包括 DB 和 DBS　　　　　　　　D．不能相互包括

　4．在 Access 数据库中，可以直接访问 Excel 电子表格中数据的数据库对象是（　　）。

　　A．查询　　　　　　B．窗体　　　　　C．报表　　　　　　　D．数据访问页

　5．在修改数据库期间，为了避免网络上其他用户同时访问该数据库，应该选择数据库的打开方式为（　　）。

　　A．共享　　　　　B．只读　　　　　C．独占　　　　　　　D．独占只读

　6．在创建表的过程中，设置有效性规则的目的是实施数据库的（　　）。

　　A．完整性约束　　　　　　　　　　　　B．安全性控制

　　C．一致性约束　　　　　　　　　　　　D．可靠性控制

　7．在 Access 中，通过查阅向导可创建一个值列表（也称为查阅列），下列选项不能作为值列表数据源的是（　　）。

　　A．表　　　　　　　B．查询　　　　　C．窗体　　　　　　D．键入值

　8．在下列数据类型中，不能建立索引的是（　　）。

　　A．文本型　　　　　B．数字型　　　　C．货币型　　　　　D．OLE 对象型

　9．操作查询不包括（　　）。

　　A．选择查询　　　B．更新查询　　　C．追加查询　　　　D．生成表查询

　10．在下图所示的 Access 工具箱中，"标签"控件的图标是（　　）。

二、填空题

　1．数据访问页是作为独立文件保存的，其文件扩展名为_____。

　2．在 Access 中，表有两种视图，其中_____视图用于定义或修改表结构。

　3．Access 提供的_____功能可以在 Word 文档中展示数据库中的数据。

　4．一个窗体可由窗体页眉、页面页眉、_____、页面页脚和窗体页脚五部分组成。

　5．窗体设计使用的控件中，组合框控件综合了_____和文本框两种控件的功能。

　6．在窗体设计中使用的控件可分为绑定型控件、非绑定型控件和_____三种类型。

　7．宏操作 OpenForm 的功能是_____。

　8．有班级（班级代号，班级名称，专业名称）和学生（学号，姓名，性别，班级代号）两个表，两个表分别设置了主键，且创建了参照完整性规则，如表 8.2 和表 8.3 所示。

表 8.2　班级表

班级代号	班级名称	专业名称
C01	CS-06	计算机
C02	MS-06	信息管理

表 8.3　学生表

学号	姓名	性别	班级代号
101	王明	男	C01
102	高兰	女	C02
104	姜禾	男	C01

　　要在学生表中插入下列 5 个新记录，并判断每个记录能否被正确插入，要求在括号中填"√"或"×"。

　　（1）{101，"李玲"，"女"，"C01"}　　　　　　　　（　　）

　　（2）{103，"田京"，"男"，"C03"}　　　　　　　　（　　）

　　（3）{104，"康瑜"，"男"，"C03"}　　　　　　　　（　　）

　　（4）{105，"何光"，"男"，"C02"}　　　　　　　　（　　）

　　（5）{107，"康瑜"，"男"，"C01"}　　　　　　　　（　　）

　　9. 假设某学校要使用 Access 创建一个教学数据库应用系统，系统主要有 5 个功能，请针对功能的需求在表 8.4 第 3 列中填写应创建的数据库对象类型。

表 8.4　系统功能需求

序号	主要功能需求	创建数据库对象的类型
1	存储学生、课程、教师、成绩等信息	
2	输入、修改、删除、查询信息	
3	通过 IE 浏览器访问和发布信息	
4	打印输出学生、课程、成绩信息	
5	编写代码整合数据库中的不同对象，构成数据库应用系统	

　　10. 按照下图中标注的位置编号分别填写 5 个控件的名称。

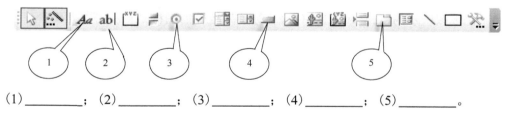

　　（1）_____；（2）_____；（3）_____；（4）_____；（5）_____。

参 考 文 献

程伟渊. 2007. 数据库基础——Access 2003 应用教程. 北京: 中国水利水电出版社.

高雅娟, 张媛, 张梅. 2013. Access 2010 数据库实例教程. 北京: 北京交通大学出版社.

纪澍琴, 刘威, 王宏志. 2007. Access 数据库应用基础教程. 北京: 北京邮电大学出版社.

解圣庆. 2006. Access 2003 数据库教程. 北京: 清华大学出版社.

科教工作室. 2011. Access 2010 数据库应用. 北京: 清华大学出版社.

李杰, 郭江. 2007. Access 2003 实用教程. 北京: 人民邮电出版社.

李新燕. 2005. 数据库应用技术——Access 篇. 北京: 人民邮电出版社.

李耀洲, 马广月, 王尧, 等. 2005. 中文 Access 2003 实用教程. 北京: 人民邮电出版社.

李禹生. 2006. Access 数据库技术. 北京: 北京交通大学出版社.

刘凡馨. 2007. Access 数据库实用教程. 北京: 清华大学出版社.

刘永宽, 吴荣华. 2007. 数据库(Access 2003)原理与应用. 北京: 北京师范大学出版社.

卢湘鸿, 陈恭和, 白艳. 2007. 数据库 Access 2003 应用教程. 北京: 人民邮电出版社.

卢湘鸿, 李吉梅, 何胜利. 2007. Access 数据库技术应用. 北京: 清华大学出版社.

钱丽璞. 2013. Access 2010 数据库管理. 北京: 中国铁道出版社.

萨师煊, 王珊. 2000. 数据库系统概论. 北京: 高等教育出版社.

申莉莉, 等. 2005. Access 数据库应用教程. 北京: 机械工业出版社.

沈祥玖, 尹涛. 2007. 数据库原理与应用——Access. 北京: 高等教育出版社.

史秀璋, 林洁梅. 2003. Access 应用技术教程. 北京: 高等教育出版社.

徐卫克. 2012. Access 2010 基础教程. 北京: 中国原子能出版社.

张强, 杨玉明. 2011. Access 2010 中文版入门与实例教程. 北京: 电子工业出版社.

郑小玲. 2007. Access 数据库实用教程. 北京: 人民邮电出版社.

习 题 答 案

第 1 章　Access 功能浏览实验

填空题

1．10
2．48
3．茶，价格 100.00
4．￥22 636.00

第 2 章　数据库和表

一、选择题

1．A　2．A　3．D　4．A　5．B　6．A　7．C　8．A　9．A
10．C　11．D　12．A　13．C　14．B　15．D　16．C　17．A　18．A
19．D　20．B　21．B　22．B　23．D　24．B　25．C

二、填空题

1．表
2．是/否　OLE　超链接　查阅向导
3．输入掩码
4．表之间的关系　实施参照完整性
5．自动编号
6．对象　数据来源
7．表的结构
8．表的设计
9．字段名称
10．限制条件
11．主键或索引
12．数据类型
13．64K
14．1 个
15．文本　备注　数字　日期/时间　货币　是/否　OLE对象　超链接　查阅向导
自动编号

第 3 章　查询设计和 SQL

一、选择题

1．B　2．D　3．C　4．B　5．C

二、填空题

1. 查询 统计数据
2. 查询
3. 静态
4. 查询向导 查询设计视图
5. SELECT

第4章 窗 体 设 计

一、选择题

1. D 2. B 3. A 4. C 5. C 6. D 7. D 8. D 9. D

二、填空题

1. 查询
2. 复选框 单选按钮 切换按钮
3. 图片
4. 控件来源
5. 链接关系
6. 视图 工具栏
7. 窗体视图 打印窗体 打印窗体
8. 其他 仅设计视图
9. 组合框

第5章 报 表 设 计

一、选择题

1. B 2. C 3. B 4. B 5. D 6. C 7. C 8. A 9. B 10. D

二、填空题

1. 表 查询
2. 子报表
3. 设计视图 打印预览视图 报表视图 布局视图
4. 主体节
5. 主题
6. 排序 分组

第6章 宏 与 VBA

一、选择题

1. C 2. D 3. D 4. A 5. C 6. B 7. C 8. C 9. B 10. A

二、填空题

1. 控件

2. 排序次序

3. 显示警告或提示信息

4. 停止当前正在运行的宏

5. 查找符合 FindRecord 参数指定条件的数据的第一个实例

第7章 数据库安全与管理实验

一、选择题

1. C 2. A 3. D

二、填空题

1. 用户级安全机制

2. 管理员组 用户组

3. 设置数据库密码 用户级安全机制

4. 备份/恢复数据库 压缩和修复数据库

5. 用户级安全机制

6. 复制数据库

7. 性能分析器

8. 数据库拆分

第8章 系统登录功能实现实验

一、选择题

1. B 2. A 3. B 4. A 5. C 6. A 7. C 8. D 9. A 10. A

二、填空题

1. .htm

2. 设计

3. 导出

4. 主体

5. 列表框

6. 计算型

7. 打开窗体

8. × × × √ √

9. 表 窗体 数据访问页 报表 宏和模块

10. （1）标签控件 （2）文本框控件 （3）单选按钮控件 （4）按钮控件 （5）标签页控件